工业和信息化"十三五"
人才培养规划教材

大数据技术类

Python
数据分析基础教程

郑丹青 编著

Basic Course Of
Data Analysis

人民邮电出版社
北 京

图书在版编目（CIP）数据

Python数据分析基础教程 / 郑丹青编著. -- 北京：人民邮电出版社，2020.3

工业和信息化"十三五"人才培养规划教材. 大数据技术类

ISBN 978-7-115-51157-7

Ⅰ. ①P… Ⅱ. ①郑… Ⅲ. ①软件工具－程序设计－高等学校－教材 Ⅳ. ①TP311.561

中国版本图书馆CIP数据核字(2019)第077315号

内 容 提 要

本书详细讲解了 Python 数据分析的相关内容，共分为 10 章，第 1～9 章分别讲解了数据分析概述、Python 与数据分析、Python 语言基础、NumPy 数组与矢量计算、用 NumPy 进行简单统计分析、数据可视化——Matplotlib 库、pandas 数据分析基础、用 pandas 进行数据预处理、机器学习库 scikit-learn 入门；第 10 章用一个综合案例——电影数据分析项目，带领读者灵活掌握本书所学内容。

本书适合作为高等院校本、专科计算机相关专业的教材，也可供爱好者自学使用。

- ◆ 编　著　郑丹青

  责任编辑　范博涛

  责任印制　王　郁　马振武
- ◆ 人民邮电出版社出版发行　　北京市丰台区成寿寺路 11 号

  邮编　100164　　电子邮件　315@ptpress.com.cn

  网址　http://www.ptpress.com.cn

  三河市兴达印务有限公司印刷

- ◆ 开本：787×1092　1/16

  印张：15.5　　　　　　　　　　2020 年 3 月第 1 版

  字数：477 千字　　　　　　　　2025 年 1 月河北第 11 次印刷

定价：49.80 元

读者服务热线：**(010)81055256**　印装质量热线：**(010)81055316**

反盗版热线：**(010)81055315**

广告经营许可证：京东市监广登字 20170147 号

前言 FOREWORD

本书在编写的过程中，结合党的二十大精神进教材、进课堂、进头脑的要求，将知识教育与思想品德教育相结合，通过案例学习加深学生对知识的认识与理解，让学生在学习新兴技术的同时了解国家在科技发展上的伟大成果，提升学生的民族自豪感，引导学生树立正确的世界观、人生观和价值观，进一步提升学生的职业素养，落实德才兼备、高素质和高技能的人才培养要求。

随着云计算与大数据技术的发展，大数据分析技术已开始应用到各行各业中，应用范围已呈现逐渐扩大的趋势。Python 是一种面向对象的解释型计算机程序设计语言。由于 Python 具有大量的库，可为数据分析和处理提供完整的工具集，因此，Python 被广泛应用于科学计算领域，并成为大数据分析中的主流技术之一。因此，掌握 Python 数据分析技术已成为大数据应用技术专业、软件技术专业、计算机应用技术专业、信息管理专业学生必须掌握的关键技术之一。

本书的特点

本书通过数据分析案例，介绍了数据分析的概念、数据分析的过程及 Python 数据分析常用库的运用。同时，为便于读者能更好地理解 Python 与数据分析的关系，本书先介绍了 Python 的基础语法，然后，运用所学的数据分析技术，完成相关的数据分析项目。

本书的各个章节中都有示例代码，这些示例代码能够帮助读者更好地理解 Python 数据分析中的基本概念。同时，为提高读者对数据分析技术的综合运用能力，本书在第 2~9 章中还设置了项目实践和思考练习等内容，第 10 章为综合项目案例，逐层递进式教学，并配有教学 PPT、程序源代码和数据集，可方便教师教学、读者自学和练习。

本书参考学时为 96~128 学时，建议采用理论实践一体化教学模式，各章节的参考学时见下面的学时分配表。

学时分配表

教学章节	课程内容	学时
第 1 章	数据分析概述	1
第 2 章	Python 与数据分析	3
第 3 章	Python 语言基础	16~24
第 4 章	NumPy 数组与矢量计算	12~16
第 5 章	用 NumPy 进行简单统计分析	8~12
第 6 章	数据可视化——Matplotlib 库	8~12
第 7 章	pandas 数据分析基础	16~20
第 8 章	用 pandas 进行数据预处理	16~20
第 9 章	机器学习库 scikit-learn 入门	12~16
第 10 章	电影数据分析项目	4
课时总计		96~128

作者简介

郑丹青，教授，高级工程师，湖南省计算机应用技术省级专业带头人，现任职于湖南汽车工程职业学院，具有多年的计算机教学工作经验，有着近 20 年的企业软件项目开发经验，获得过株洲市科技局的奖励。

由于编者水平和经验有限，书中难免有欠妥和疏漏之处，恳请读者批评指正。

编者
2023 年 7 月

目录 CONTENTS

第9章

机器学习库 scikit-learn

入门 ····················· 206

第10章

第1章
数据分析概述

01

学习目标

① 了解数据、数据类型的基本概念。
② 了解数据分析的基本概念。
③ 了解数据分析的过程。

④ 了解数据分析的作用。
⑤ 了解数据分析的常用工具。

1.1 数据的性质

1.1.1 数据的概念

所谓数据就是描述事物的符号，是对客观事物的性质、状态和相互关系等进行记载的物理符号或者是这些物理符号的组合。在计算机系统中，各种文字、字母、数字符号的组合，图形、图像、视频、音频等统称为数据，数据经过加工后就成为了信息。在现实生活中，数据无所不在，如天气预报、居民身份证号码、快递单号和火车时刻表中就包含了大量的数据。人们通过数据来认识世界，交流信息。

数据是对世界万物的记录，任何可以被测量或是分类的事物都能用数据来表示。在采集完数据后，可以对数据进行研究和分析，从而获得有价值的信息。数据与信息既有联系，又有区别。数据是信息的表现形式和载体，而信息则是数据的内涵，信息是加载于数据之上的，对数据做具体含义的解释。数据和信息是不可分离的，信息依赖数据来表达，数据则生动具体地表达出信息。数据是符号，是物理性的，信息是对原始数据进行加工处理后得到的并对决策产生影响的数据，信息是数据有意义的表示。人们也常常借助信息进行预测，或者即使做不到预测，至少也能让推测更有根据。

当信息转化为一组有助于更好地理解特定机制的规则时，信息就已经转化为了知识，人们可以利用这些知识来预测事件的演变。

1.1.2 数据的类型

数据可以分为以下两个不同的类型。
- ❑ 类别型：定类和定序。
- ❑ 数值型：离散和连续。

类别型数据是指可以被分成不同组或类别的值或观察结果，通常可分两种，即定类（Nominal）和定序（Ordinal）。定类型数据的各类别没有内在的顺序，而定序型数据有预先指定的顺序。

数值型数据是指通过测量得到的数值或观察结果，通常可分为两种，即离散和连续。离散型数据是指只能按计量单位数计数的数据，例如：职工人数、设备台数等。相反，连续型数据是指在一定范围内可以任意取值，数值是连续不断的，相邻两个数值可做无限分割（即可取无限个数值）的数据。例如：

人体测量的身高和体重等。

1.2 数据分析

1.2.1 数据分析的概念

随着移动互联时代的到来，特别是虚拟现实、人工智能、物联网和车联网等科学技术的不断发展，使得当今世界对信息技术的依赖程度日渐加深，每天都会产生和存储海量的数据。数据来源多种多样，除了生产过程中的自动检测系统、传感器和科学仪器会产生大量的数据外，日常生活中的网上购物、预订车票、发微信、写微博等，也都会产生大量的数据。处理这些海量数据，并从中提取出有价值的信息的过程就是数据分析。

数据分析是指用适当的统计分析方法对收集来的大量原始数据进行分析，为提取有用信息和形成结论而对数据加以详细研究和概括总结的过程。数据分析的目的是提取不易推断的信息并加以分析，一旦理解了这些信息，就能够对产生数据的系统的运行机制进行研究，从而对系统可能的响应和演变做出预测。

数据分析最初用作数据保护，现已发展成为数据建模的方法论。模型实际上是指将所研究的系统转化成数学形式，一旦建立了数学或逻辑模型，就能对系统的响应做出不同精度的预测。而模型的预测能力不仅取决于建模的质量，还取决于选择出供分析用的优质数据集的能力。因此，数据采集、数据提取和数据准备等预处理工作也属于数据分析的范畴，它们对最终结果有着重要的影响。

在数据分析中，理解数据的最好方法莫过于将其转变为可视化图形，从而传达出数字中蕴含（有时是隐藏）的信息。因此，数据分析可看成是模型和图形化的展示。根据模型可以预测所研究系统的响应，用已知输出结果的一个数据集对模型进行测试。这些数据不是用来生成模型的，而是用来检验系统能否重现实际观察到的输出，从而掌握模型的误差，了解其有效性和局限性。然后，将新模型与原来模型进行比较，如果新模型胜出，即可进行数据分析的最后一步——部署。部署阶段需要根据模型给出预测结果，实现相应的决策，同时还要防范模型预测到的潜在风险。

1.2.2 数据分析的过程

数据分析的过程可以用以下几步来描述：转换和处理原始数据，用可视化方式呈现数据，建模并做预测，其中每一步所起的作用对后面的步骤而言都是至关重要的。因此，数据分析可以概括为问题定义、数据采集、数据预处理、数据探索、数据可视化、预测模型的创建和选择、模型评估和部署几个阶段。

1. 问题定义

在数据分析前，首先需要明确数据分析的目标，即本次数据分析要研究的主要问题和预期的分析目标等，这称为问题定义。

只有深入探究作为研究对象的系统后，才有可能准确定义问题。事实上，对系统进行全面或详尽的研究有时会很复杂，一开始可能没有足够的信息。因此问题的定义，尤其是问题的规划，将是整个数据分析项目所遵循的指导方针。

问题定义会产生一些相关文档，在定义好问题并形成文档后，接下来就可以进入数据分析的项目规划环节。该环节要弄清楚高效完成数据分析项目需要哪些专业人士和资源，此时就需要寻找相关领域的专家和安装数据分析软件。因此，在项目规划过程中要组建起高效的数据分析团队。一般而言，这个团队应该是跨学科的，因为从不同角度研究数据有助于解决问题。

2. 数据采集

经过问题定义阶段后，在分析数据之前，首先要做的就是获取数据。数据选取一定要本着创建预测模型的目的，数据选取对数据分析的成功起着至关重要的作用。所采集的样本数据应尽可能多地反映实际情况，即能够描述系统对来自现实刺激的反应。如果选取了不当的数据，或者对不能很好地代表系统的数据集进行数据分析，得到的模型将会偏离作为研究对象的系统。例如，如果需要探究北京空气质量变化的趋势，就需要收集北京最近几年的空气质量数据、天气数据，甚至工厂环境状况数据、气体排放数据、重要日程数据等；如果需要分析影响公司销售的关键因素，就需要调用公司的历史销售数据、用户数据、广告投放数据等。

数据的获取方式有以下几种：

① 利用 SQL 语句直接从企业管理数据库中调取相关业务数据。例如，提取 2017 年度所有的销售数据和销量排名前 20 位的商品数据，提取华东、华南、西部地区用户的消费数据等。

② 到特定的网站上去下载一些科研机构、企业、政府开放的公开数据集。这些数据集通常比较完善，质量相对较高。当然这种方式也有一些缺陷，就是通常这些数据的发布比较滞后，但因其具有较高的客观性和权威性，故依然具有很大的价值。

③ 编写网页爬虫，去收集互联网上的数据。例如，可以通过爬虫获取淘宝网上商品的销售和评价信息、租房网站上某城市的租房信息、豆瓣网上电影和电影评分的列表信息、网易云音乐评论排行列表信息等。基于互联网爬取的数据，可以针对某个行业、某一类人群进行分析，是一种非常精准的市场调研和竞品分析的方式。

虽然数据采集不能获得所有需要的数据，但是可以通过有限的可获取的数据，提取出更多有用的信息。

3．数据预处理

通过数据采集获得的数据大部分是不完整、不一致的"脏数据"，无法直接进行数据分析，若直接用会使分析结果差强人意。数据预处理就是使数据采集阶段中获得的原始数据，经过数据清洗和数据转换后，转变为"干净"的数据。使用这些"干净"的数据，才能获得更加精确的分析结果。

数据清洗是对数据重新审查和校验的过程，目的是删除重复信息、纠正存在的错误，检查数据一致性，处理无效值和缺失值等。例如，空气质量数据中有许多天的数据由于设备的原因没有监测到，有些数据是重复记录，还有一些数据是由于设备故障造成监测数据无效。那么，对于这些残缺的数据，是直接删除，还是用临近的值去补全，这些都是需要考虑的问题。

数据转换是将数据从一种表示形式转变为另一种表现形式的过程。如日期格式转换，数据计量单位转换等。

另外，还可以利用基本描述统计量的计算和基本统计图形的绘制来发现缺失值和异常值。

4．数据探索和数据可视化

数据探索的本质是从图形或统计数字中搜寻数据，以发现数据中的模式、联系和关系。数据可视化是获得信息的最佳方式之一。通过可视化呈现数据的方式，不仅能快速抓住要点信息，而且，还可以揭示通过简单统计不能观察到的模式和结论。

数据探索包括初步的数据检验；确定数据类型，即是类别型数据，还是数值型数据；选择出最适合的定义模型的数据分析方法。

一般情况下，在这个阶段，除了细致研究用数据可视化方法得到的图表外，可能还包括以下一种或多种活动。

- ❑ 总结数据。
- ❑ 为数据分组。
- ❑ 探索不同属性之间的关系。
- ❑ 识别模式和趋势。
- ❑ 建立回归模型。
- ❑ 建立分类模型。

通常，数据分析需要总结与数据分析相关的各种表述。在总结过程中，在不损失重要信息的情况下，将数据浓缩为对系统的解释。

聚类这种数据分析方法用来找出由共同的属性所组成的组。

数据分析的另外一个重要步骤是关注识别数据中的关系、趋势和异常现象。为了找到这些信息，需要使用合适的工具，同时，还要分析可视化后得到的图像。

其他数据挖掘方法，如决策树或关联规则挖掘，则是自动从数据中抽取重要的事实或规则。这些方法可以与数据可视化配合使用，以便发现数据之间存在的各种关系。

5. 预测模型的创建和选择

预测模型是指用于预测的、用数学语言或公式来描述的事物间的数量关系。它在一定程度上揭示了事物间的内在规律性，预测时把它作为计算预测值的直接依据。在数据分析的预测模型的创建和选择阶段，要创建或选择合适的统计模型来预测某一个结果的概率。

具体来说，模型主要有以下两个方面的用途。

① 使用回归模型来预测系统所产生数据的值。

② 使用分类模型或聚类模型为新数据分类。

事实上，根据输出结果的类型，模型可分为以下3种。

① 分类模型：模型输出结果为类别型数据。

② 回归模型：模型输出结果为数值型数据。

③ 聚类模型：模型输出结果为描述型数据。

生成这些模型的简单方法包括线性回归、逻辑回归、分类、回归树和K-近邻算法。但是分析方法有许多种，每一种都有各自擅长处理和分析的特定的数据类型。每一种方法都能生成一种特定的模型，选取哪种方法与模型的自身特点有关。

有些模型输出的预测值与系统实际表现一致，这些模型的结构使得它们能够以一种简洁清晰的方式解释所研究的系统的某些特点。另外一些模型也能够给出正确的预测值，但是它们的结构为"黑箱"，对系统特点的解释能力有限。

6. 模型评估

模型评估阶段也就是测试阶段，该阶段是从整个数据分析的原始数据集中抽取出一部分用作验证集，并用验证集去评估使用先前采集的数据所创建的模型是否有效。

一般来说，用于建模的数据称为训练集，用于验证模型的数据称为验证集。

通过比较模型和实际系统的输出结果，就能评估错误率。使用不同的测试集，可以得出模型的有效性区间。实事上，预测结果只在一定范围内才有效，或因预测值取值范围而异，预测值和有效值之间存在不同层次的对应关系。

模型评估过程，不仅可以得到模型确切的有效程度，还可以比较出它与其他模型的不同之处。模型评估的技巧有许多，其中最著名的是交叉验证。它的基本操作是将训练集分成不同部分，每一部分轮流作为验证集，同时其余部分用作训练集。通过这种迭代的方式，可以获得最佳模型。

7. 部署

数据分析的最后一步是部署，旨在展示结果，也就是给出数据分析的结论。若应用场景为商业领域，部署过程将分析结果转换为对购买数据分析服务的客户有益的方案。若应用场景为科技领域，则将成果转换为设计方案或科技出版物。也就是说，部署过程基本上就是把数据分析得到的结果应用到实践中去。

数据分析的结果有多种部署方案，通常这个阶段也称为数据报告的撰写。数据报告的撰写应详细描述以下几点。

❑ 分析结果。

❑ 决策部署。

❑ 风险分析。

❑ 商业影响评估。

如果项目的产出包括生成预测模型，那么这些模型就可以以单独应用的形式进行部署或集成到其他软件中。

1.2.3　数据分析的作用

当前，无论是互联网企业，还是传统型企业，都需要数据分析。企业如果需要进行企业经营决策或者推出某种新型产品，就需要利用数据分析将一些凌乱的数据整合汇总，从中判断出具体方向。其实，在企业的经营分析中，数据分析具有三大作用。

① 现状分析。所谓现状有两层含义，一层含义是指已经发生的事情，另一层含义是指现在所发生的事情。通过对企业的基础周报或月报进行分析，可了解企业的整体运营情况，发现企业经营中的问题，了解企业的现状。

② 原因分析。如果通过现状分析，了解到企业存在着某种隐患后，就需要分析该隐患。了解该隐患存在的原因和它是如何产生的。

③ 预测分析。在分析了现状，也分析了原因后，就需要进行预测分析。通过现在所掌握的数据，来预测未来的发展趋势等。

其实，这 3 种作用就是分析过去企业整体运营情况，分析现在所存在的隐患，以及预测未来企业的发展趋势。

1.2.4　数据分析的常用工具

目前主流的数据分析语言有 3 种，分别为 Python、R 语言、MATLAB。其中，Python 具有丰富且强大的库，它常被称为胶水语言，能够把其他语言制作的各种模块（尤其是 C/C++）很轻松地连接在一起，是一门更易学、更严谨的程序设计语言。R 语言是用于统计分析、绘图的语言和操作环境。它属于 GNU 系统的一个自由、免费、源代码开放的软件。MATLAB 的作用是进行矩阵运算、绘制函数与数据、实现算法、创建用户界面和连接其他编程语言的程序等，主要应用于工程计算、控制设计、信号处理与通信、图像处理、信号检测、金融建模设计与分析等领域。

Python、R 语言、MATLAB 这 3 种语言均可以进行数据分析。表 1-1 从语言学习难易程度、使用场景、第三方支持、流行领域和软件成本 5 个方面比较了这 3 种数据分析工具。

表 1-1　Python、R 语言、MATLAB 3 种数据分析工具的比较

数据分析工具	Python	R 语言	MATLAB
语言学习难易程度	接口统一，学习曲线平缓	接口众多，学习曲线陡峭	自由度大，学习曲线较为平缓
使用场景	数据分析、机器学习、矩阵运算、科学数据可视化、数字图像处理、Web 应用、网络爬虫、系统运维等	统计分析、机器学习、科学数据可视化等	矩阵运算、数值分析、科学数据可视化、机器学习、数字图像处理、数字信号处理、仿真模拟等
第三方支持	拥有大量的第三方库，能够简便地调用 C、C++、Fortran、Java 等其他程序语言	拥有大量的包，能够调用 C、C++、Fortran、Java 等其他程序语言	拥有大量专业的工具箱，在新版本中加入了对 C、C++、Java 的支持
流行领域	工业界	经济界	学术界
软件成本	开源免费	开源免费	商业收费

◣ 本章小结

本章介绍了数据和数据分析的基本概念，重点介绍数据分析的过程，包括问题定义、数据采集、数据预处理、数据探索和数据可视化、预测模型的创建和选择、模型评估和部署等，以及数据分析的作用和数据分析的常用工具。

◤ 思考练习

1. 简述数据的概念，数据、信息和知识三者之间的关系。
2. 什么是数据分析？数据分析包括哪些步骤？
3. 数据的获取方式有哪些？
4. 为什么要进行数据预处理？数据预处理包括哪些方面？
5. 数据可视化的作用是什么？
6. 数据分析有哪些作用？
7. 数据分析的常用工具有哪些？各有什么优劣？

第2章
Python与数据分析

学习目标

① 了解 Python 语言的特点。
② 了解 Python 与数据分析的关系。
③ 了解 Python 数据分析常用的类库。

④ 掌握 Python 的环境搭建。
⑤ 掌握 PyCharm 的安装与使用。
⑥ 掌握 Jupyter Notebook 的安装与使用。

2.1 Python 简介

2.1.1 Python 语言的特点

Python 是由 Guido van Rossum 于 1991 年在荷兰国家数学和计算机科学研究所设计出来的。它是由 ABC 语言发展而来，与 Perl 语言一样，Python 源代码同样遵循 GPL（GNU General Public License，通用公共授权许可）协议。

Python 是一种面向对象的解释型计算机程序设计语言。Python 语言具有如下特点。

（1）Python 是一种解释型编程语言。它采用的是伪编译的方法，编写完程序后，要用解释器才能运行，因此，需要在计算机上安装解释器程序。Python 与 C、C++和 Java 等语言不同，Python 程序不需要编译。

（2）Python 是一种交互式编程语言。由于 Python 是用解释器执行代码，因此，可以输入一行命令就执行，这样可以马上得到命令执行的结果，然后根据返回的结果来决定下一行将要输入的命令代码；或者也可像 C++或 Java 那样，编写大量的程序代码后再运行。

（3）Python 是一种面向对象的编程语言。它支持面向对象的编程技术，它的类模式支持诸如多态、操作符重载、多重继承等高级概念。而且，Python 的动态类型、面向对象编程（Object Oriented Programming，OOP）都十分易于应用。

（4）Python 具有很高的可移植性。对于任何现有的系统（Linux、Windows 和 Mac），只要安装了相应版本的解释器，Python 代码无须修改就可在其上运行。

（5）Python 具有可扩展性。它可以用作胶水，黏合 C 或 C++和 Fortran 等其他编程语言。例如，为了弥补 Python 执行速度慢的问题或者为了对程序中的一段关键代码进行加密，可以将这部分程序代码用其他语言（C 或 C++）编写，然后，在 Python 语言中无缝使用编译好的其他语言的代码。

（6）Python 具有可嵌入性。人们可以把 Python 嵌入到 C 或 C++程序中，从而实现为 C 或 C++程序提供脚本的功能。

（7）Python 提供了许多商业数据库的接口，这使得用户在进行数据分析时，可以直接调用数据库中的数据，而不需要进行数据格式的转换和导入。同时，Python 还支持 GUI 编程。

（8）Python 是一门开源的编程语言，同时，Python 还是一门易于学习和使用的语言，它的代码非常直观，读起来简单易懂，Python 与 C 或 C++和 Fortran 等其他编程语言相比，其处理各种任务更加简单。

但是，Python 也有它的缺点，由于 Python 命令是通过解释执行的，因此，Python 程序的执行速度相对于用 C、C++或 Java 语言编写的程序要慢。同时，Python 程序代码不能加密，要实现加密功能只能是用其他语言编写后再在 Python 语言中使用。

由于 Python 具有大量的库，可为数据分析和处理提供完整的工具集，因此，Python 被广泛地应用于科学计算领域。

2.1.2　Python 解释器

Python 是一种解释型编程语言，每次运行 Python 命令时，Python 的解释器就会启动，此时就会出现 Python 命令提示符>>>。

Python 的解释器可分为 CPython、IPython、Jython、PyPy 和 IronPython 几种，具体如下。

（1）CPython 是 Python 的标准解释器，它是用 C 语言编写的。当从 Python 官方网站上下载并安装好 Python 后，就可直接获得 Python 的标准解释器。

（2）IPython 是基于 CPython 之上的一个交互式解释器。

（3）Jython 是运行在 Java 平台上的 Python 解释器，可以直接把 Python 代码编译成 Java 字节码执行。

（4）PyPy 解释器是一种即时的编译器，它在运行时直接将 Python 代码转换成机器码，这样做是为了提升代码的执行速度。但是，由于 PyPy 不支持所有的 CPython 库，这就导致无法使用如 NumPy、SciPy 等重要的第三方库。

（5）IronPython 是用 C#开发的只适用于 Windows 系统的解释器。

2.2　Python 与数据分析的关系

常用的数据分析工具有 Python、R 语言、MATLAB 等，但在大数据分析领域，Python 是最受欢迎的主流程序语言。究其原因主要有以下几点。

（1）Python 是一种解释型编程语言，在数据分析的场景中，解释型语言的好处是不需要对代码进行编译链接，只需要编写好程序，就可直接运行，这样就可以避免解决编译链接过程中所出现的各种问题。同时，Python 语言语法和结构相对简单，便于专注于数据分析的新手快速掌握。

（2）Python 语言拥有与数据分析相关的大量开源库和分析框架，可直接使用，非常方便。另外，Python 不仅提供了数据处理的平台，而且它还能跟很多语言（C 和 Fortran）对接。

（3）Python 其实不是只能用于数据分析，它还有很多其他方面的用途。例如，Python 是一门通用型的编程语言，它也可以作为脚本来使用，还能操作数据库；而且由于 Django 等框架的问世，Python 近年来还可用于开发 Web 应用，这就使 Python 开发的数据分析项目完全可以与 Web 服务器兼容，从而可以整合到 Web 应用中。

由此可见，由于 Python 具有比其他数据分析语言更多的优势，因此，使其成为数据分析中的最佳选择。

2.3　Python 数据分析常用的类库

类库是用来实现各种功能的类的集合。Python 数据分析中常用的库有 NumPy、pandas、Matplotlib 和 SciPy 等，这些库在数据分析中起着很重要的作用，有关这些库的使用将在后面的章节中做详细介绍。

本节只对这些库进行一个简单介绍。

1. NumPy

NumPy（Numerical Python）是 Python 科学计算的基础包，它可以提供以下功能。

- ❏ 快速高效的多维数组对象 ndarray。
- ❏ 用于对数组执行元素级计算和直接对数组执行数学运算的函数。
- ❏ 用于读写硬盘上基于数组的数据集的工具。
- ❏ 线性代数运算、傅里叶变换，以及随机数生成。
- ❏ 用于将 C、C++、Fortran 代码集成到 Python 的工具。

除了为 Python 提供快速的数组处理能力，NumPy 在数据分析方面还有另外一个主要作用，即作为算法之间传递数据的容器。对于数值型数据，NumPy 数组在存储和处理数据时要比内置的 Python 数据结构高效得多。此外，由高级语言（如 C 和 Fortran）编写的库可以直接操作 NumPy 数组中的数据，无须进行任何数据复制工作。

2. pandas

pandas 是 Python 数据分析的核心库，它是基于 NumPy 构建的含有复杂数据结构和工具的数据分析包。pandas 最初是被作为金融数据分析工具而开发出来的，因此，它为时间序列分析提供了很好的支持。pandas 纳入大量库和标准数据模型，提供了大量的可快速便捷处理数据的函数和高效操作数据集所需的工具。

类似于 NumPy 的核心是 ndarray，pandas 则是围绕着 Series 和 DataFrame 这两个核心数据结构展开的，而 Series 和 DataFrame 分别对应一维的序列和二维的表结构。pandas 提供了复杂精细的索引功能，以便快捷地完成重塑、切片、聚合和选取数据子集等操作。

3. Matplotlib

Matplotlib 是最流行的用于绘制数据图表的 Python 库，它非常适合创建出版物中用的图表。Matplotlib 提供了一整套与 MATLAB 相似的命令 API，十分适合交互式地进行制图，而且也可以方便地将它作为绘图控件，嵌入 GUI 应用程序中。通过 Matplotlib 的 pyplot 子库提供的与 MATLAB 类似的绘图 API，可方便用户快速绘制 2D 图表，例如直方图、条形图、散点图等。

Matplotlib 还提供了名为 pylab 的模块，其中包括了许多 NumPy 和 pyplot 中常用的函数，方便用户快速进行计算和绘图。Matplotlib 与 IPython 结合提供了一个非常好的交互式数据绘图环境，绘制的图表也是交互式的，用户可以利用绘图窗口工具栏中的相应工具放大图表的某个区域，或对某个图表进行平移浏览。

4. SciPy

SciPy 是一组专门用于科学计算的开源 Python 库，它构建于 NumPy 的基础上，提供了一个用于在 Python 中进行科学计算的工具集。SciPy 经常与 NumPy、pandas、Matplotlib 和 IPython 这些核心库一起使用，SciPy 主要包括 8 个包，这些包分别对应着不同的科学计算领域，SciPy 主要包括的包见表 2-1。

表 2-1　SciPy 的包简介

包名	描述
scipy.integrate	数值积分例程和微分方程求解器
scipy.linalg	扩展了由 numpy. linalg 提供的线性代数例程和矩阵分解功能
scipy.optimize	函数优化器（最小化器）和跟踪查找算法
scipy.signal	信号处理工具
scipy.sparse	稀疏矩阵和稀疏线性系统求解器
scipy.special	SPECFUN（是一个实现了许多常用数学函数的 Fortran 库）的包装器
scipy.stats	标准连续和离散概率分布（如密度函数、采样器、连续分布函数等），各种统计检验方法，以及更好的描述统计法
scipy.weave	利用内联的 C++ 代码加速数组计算的工具

注意 NumPy 与 SciPy 的有机结合完全可以替代 MATLAB 的计算功能。

5. scikit-learn

scikit-learn 是一个简单有效的数据挖掘和数据分析工具,可供用户在各种环境下重复使用,而且 scikit-learn 是建立在 NumPy、SciPy 和 Matplotlib 的基础上的,对一些常用的算法进行了封装。 scikit-learn 的基本功能主要分为六大部分:分类、回归、聚类、数据降维、模型选择和数据预处理。在数据量不大的情况下,scikit-learn 可以解决大部分问题。对算法不精通的用户在执行建模任务时,并不需要自行编写所有算法,只需要简单地调用 scikit-learn 库里的模块就可以了。

6. IPython

IPython 是 Python 科学计算标准工具集的组成部分,它为交互式和探索式计算提供了一个高效的开发环境。它是一个增强的 Pythonshell,目的是提高编写、测试、调试 Python 代码的速度,主要用于交互式数据处理和利用 Matplotlib 对数据进行可视化处理。除了标准的基本终端的 Pythonshell 外,该项目还提供了如下功能。

❑ 一个类似于 Mathematica 的数据分析型软件,具有 Notebook 编辑窗口,即通过 Web 浏览器连接 IPython。

❑ 一个基于 Qt 框架的 GUI 控制台,其中含有绘图、多行编辑和语法高亮显示等功能。

❑ 用于交互式并行和分布式计算的基本框架。

2.4 Python 开发环境的搭建

Python 有 2.7 版本和 3.x.x 版本,早期人们采用 Python 2.7 版本,但随着 Python 3.x.x 版本的发展, Python 2.7 版本将逐步被淘汰。因此,在搭建 Python 的开发环境时,建议选择安装 Python 3.x.x 版本。

Python 的安装软件与用户计算机操作系统有关,在 Python 官网上分别提供了 Windows、 Linux/UNIX、Mac OS X 和 Other 平台操作系统的安装软件。下面以在 Windows 操作系统下安装 Python 3.6.3 版本软件为例,并设置 Python 安装路径为 D:\python,介绍 Python 的开发环境的搭建。

1. Python 3.6.3 的安装

(1)首先到 Python 官网下载与用户 Windows 操作系统位数(32 位或 64 位)相对应的 Python 3.6.3 版本。如:

❑ Windows 是 32 位就下载 Python 3.6.3 Windows x86 executable installer;

❑ Windows 是 64 位就下载 Python 3.6.3Windows x86-64 executable installer。

此时下载文件是 python-3.6.3.exe(32 位)或 python-3.6.3-amd64.exe(64 位)的可执行的 Python 安装程序。

(2)如果用户的计算机是 64 位 Windows 操作系统,则双击 python-3.6.3-amd64.exe 可执行的 Python 安装文件,在安装界面上,勾选 "Add Python 3.6 to PATH" 选项,如图 2-1 所示。

(3)在【安装】界面上,选择 "Customize installation(自定义安装)" 项,进入选项功能界面,如图 2-2 所示。勾选选项功能界面上的所有选项,单击【Next】按钮,进入高级选项界面,如图 2-3 所示。

(4)在高级选项界面上,勾选 "Associate files with Python (requires the pylauncher)" "Create shortcuts for installed applications" 和 "Add Python to environment variables" 这 3 个选项。单击【Browse】按钮,更改 Python 软件安装的路径为 D:\python。若单击【Back】按钮,可返回到选项功能界面;单击【Install】按钮,则开始软件安装。

图 2-1　Python 3.6.3 安装界面

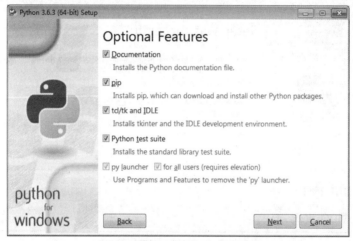

图 2-2　Python 3.6.3 选项功能界面

（5）软件安装进度界面如图 2-4 所示。软件安装成功后，弹出软件安装成功界面，如图 2-5 所示。单击【Close】按钮关闭界面。

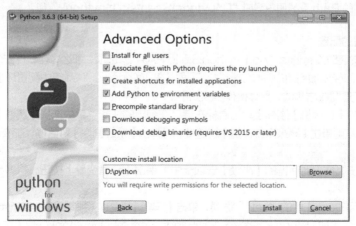

图 2-3　Python 3.6.3 高级选项界面

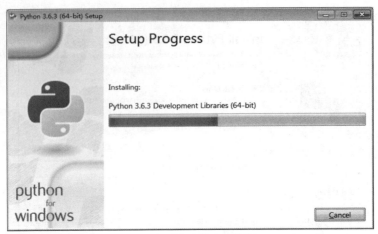

图2-4　软件安装进度界面

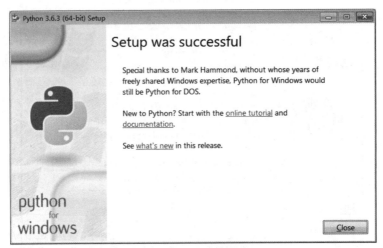

图2-5　软件安装成功界面

 注意　由于在安装软件时选择了"Add Python 3.6 to PATH"选项，因此会自动在环境变量的用户变量的 Path 变量值中增加"D:\python\Scripts\;D:\python\;"值。

2. 环境变量的配置

　　如果在软件安装时没有选择"Add Python 3.6 to PATH"选项，那么，在软件安装完成后，还需要将 Python 安装路径添加到用户环境变量中。下面以在 Windows 7 系统中配置环境变量为例，介绍 Python 的环境变量配置与测试。具体操作步骤如下。

　　（1）在桌面的【计算机】图标上单击鼠标右键，在弹出的快捷菜单中选择【属性】命令，在弹出的【属性】对话框的左侧单击【高级系统设置】超链接，将弹出【系统属性】对话框，在该对话框中选择【高级】选项卡。

　　（2）在【系统属性】对话框的【高级】选项卡中，单击【环境变量】按钮，将弹出【环境变量】对话框。

　　（3）选中【用户变量】中的"path"选项，单击【编辑】按钮，将弹出图 2-6 所示的对话框。然后，在 path 变量值后面增加 Python 安装路径"D:\python\Scripts\;D:\python\;"值（注意：最后面的"；"不能丢掉，它用于分割不同的变量值），如图 2-7 所示。

图 2-6 修改前 path 变量值　　　　　　　图 2-7 修改后 path 变量值

（4）单击【确定】按钮完成环境变量的设置。

3. 测试 Python

按【Windows】+【R】键，进入 cmd，输入 python，按【Enter】键，进入 Python 的交互式终端，如图 2-8 所示。在 Python 命令提示符>>>后可输入 Python 命令代码，按【Enter】键后直接运行。

图 2-8　Python 交互式终端

2.5　Python 集成开发环境的搭建

安装好 Python 后，可以直接在 shell（Python 或 IPython）中编写代码。除此之外，还可以采用 Python 的集成开发环境（Integrated Development Environment，IDE）或交互式开发环境来编写代码。Python 常用的集成开发环境有 PyCharm 和 Jupyter Notebook 等。其中，PyCharm 适合用于开发 Python 的项目程序，而 Jupyter notebook 是新生代的数据科学界的 IDE，非常适合做交互式的数据分析。下面将分别介绍 PyCharm 和 Jupyter Notebook 这两款集成开发软件的安装与使用。

2.5.1　PyCharm 的安装与使用

1. PyCharm 简介

PyCharm 是由 JetBrains 公司开发的一款 Python 的 IDE 软件，该软件除了具备一般 IDE 的功能（如调试、语法高亮、Project 管理、代码跳转、智能提示、自动完成、单元测试和版本控制）外，还提供了一些高级功能，用于支持 Django 框架下的专业 Web 开发。同时，PyCharm 还支持 Google App Engine 和 IronPython。由于 PyCharm 是一款专门服务于 Python 程序开发的 IDE，又具有配置简单、功能强大、使用方便等优点，因而已成为 Python 专业开发人员和初学者经常使用的工具。

PyCharm 有免费的社区版和付费的专业版两个版本。专业版额外增加了项目模板、远程开发、数据库支持等高级功能，而对于个人学习者而言，使用免费的社区版即可。

2. PyCharm 的安装

（1）首先到 JetBrains 官网下载社区版本的 PyCharm 软件，软件名称为 pycharm-community-2017.3.exe。

（2）双击 pycharm-community-2017.3.exe，打开 PyCharm 软件安装界面，如图 2-9 所示，单击【Next】按钮。

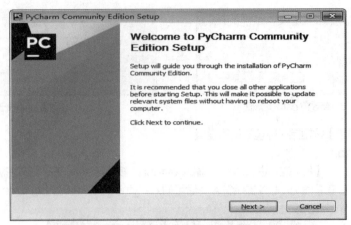

图2-9　PyCharm 软件安装界面

（3）进入选择安装位置界面，如图 2-10 所示，单击【Browse】按钮，修改 PyCharm 软件安装路径为 D:\pycharm，再单击【Next】按钮。

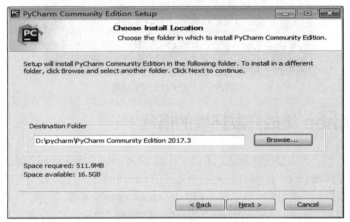

图2-10　选择安装位置

（4）进入安装选项界面，如图 2-11 所示，勾选 "64-bit launcher" 和 "Download and install JRE x86 by JetBrains" 选项，再单击【Next】按钮。

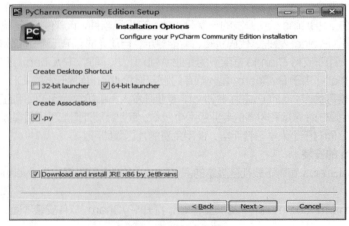

图2-11　选择安装选项

（5）进入选择开始菜单界面，如图 2-12 所示，单击【Install】按钮。

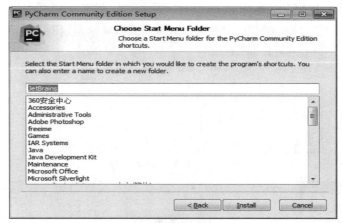

图 2-12　选择开始菜单

（6）进入程序安装进度界面，如图 2-13 所示。

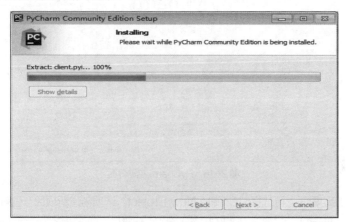

图 2-13　程序安装进度

（7）之后进入程序安装完成界面，如图 2-14 所示，单击【Finish】按钮，完成 PyCharm 的安装，此时，在桌面上会创建一个 PyCharm 的快捷启动图标。

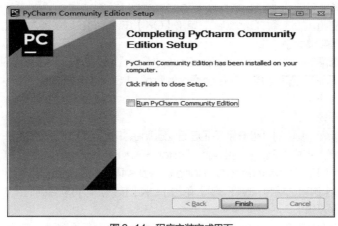

图 2-14　程序安装完成界面

（8）双击桌面上的 PyCharm 快捷启动图标，将弹出图 2-15 所示的对话框，选择"Do not import settings"选项，单击【OK】按钮。进入 PyCharm 启动界面，如图 2-16 所示。

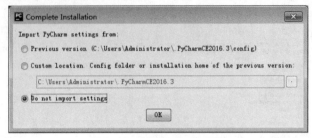

图 2-15　选择 PyCharm 配置

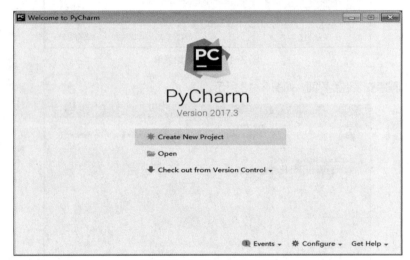

图 2-16　PyCharm 启动界面

在 PyCharm 启动界面上可选择"Create New Project"选项创建新项目，也可选择"Open"选项打开已有的项目，或通过"Check out from Version Control"选项进行项目的版本控制。

3. PyCharm 的简单设置

（1）更换主题

如果要修改软件的界面，可以采用更换主题的方法。

操作步骤：选择菜单栏"File→Settings→Appearance & Behavior→Appearance→theme"，可在下拉列表中选择主题，如选择"Darcula"，单击【OK】按钮，将主题设置为背景为黑色的经典样式。

（2）修改源代码字体大小

操作步骤：选择菜单栏"File→Settings→Editor→Font"，修改【Font】和【Size】选项，可调整字号大小。例如，【Font】选项选择"Source Code Pro"，【Size】选项选择"20"，单击【OK】按钮，将源代码字号设置为 20。

（3）修改编码设置

PyCharm 使用编码设置的 3 处分别是 IDE Encoding、Project Encoding 和 Property Files。

操作步骤：选择菜单栏"File→Settings→Editor→File Encodings"，调整【Global Encoding】【Project Encoding】和【Default encoding for properties files】这 3 个选项的文件编码方式。例如，【Project Encoding】选项选择为"UTF-8"，单击【OK】按钮，可将项目编码设置为 UTF-8。

（4）选择解释器设置

如果在计算机上安装了多个 Python 的版本，当需要更改解释器设置时，其操作步骤为：选择菜单栏"File→Settings→Project:untitled→Project Interpreter",将弹出如图 2-17 所示的选择解释器【设置】对话框。

首先通过【Project Interpreter】栏的下拉列表按钮,选择解释器;然后通过【Project Interpreter】栏的下拉列表按钮右边的 ⚙ 按钮,创建虚拟环境或添加新的 Python 路径;通过对话框右侧的 ＋ 按钮或 － 按钮可添加库或卸载库。当单击 ⚙ 按钮时,将会弹出 上下文菜单,选择【Add Local】菜单,将弹出图 2-18 所示的创建虚拟环境对话框。

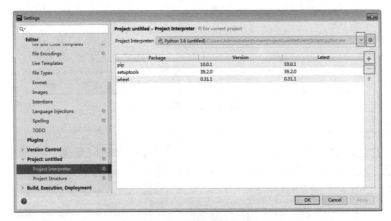

图 2-17　选择解释器设置

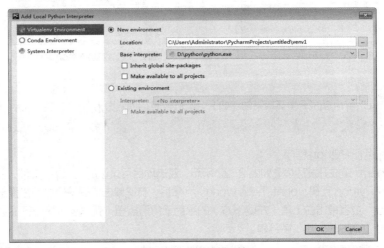

图 2-18　创建虚拟环境

（5）设置快捷键方案

PyCharm 可以为不同平台的用户提供不同的定制快捷键方案,其操作步骤为:选择菜单栏"File→Settings→Keymap",单击【Keymap】的下拉列表按钮,可选择一个快捷键配置方案,单击【Apply】按钮,保存更改。

4. PyCharm 的使用

（1）新建项目

操作步骤:打开 PyCharm,选择"File→New Project",弹出图 2-19 所示的【创建新项目】对话框,在此对话框中,可选择项目的路径和项目解释器（Python 的安装路径）与项目的虚拟环境,然后单击【Create】按钮。弹出图 2-20 所示【打开项目】对话框。选择"Open in current windows"选项,单击【OK】按钮,进入【创建项目】界面,完成新建项目。

Python数据分析
基础教程

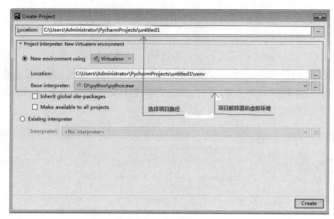

图2-19 【创建新项目】对话框

（2）创建 Python 文件

操作步骤：右键单击项目名称，选择"New→Python File"，弹出【创建 Python 文件】对话框，如图2-21所示，输入 Python 文件名为 test，单击【OK】按钮，创建 test.py 文件。

图2-20 打开项目选择

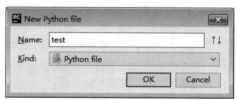

图2-21 创建 Python 文件

 注意 在 PyCharm 集成开发环境下创建的 Python 文件后缀名为.py。

（3）编写和运行 Python 程序

打开 PyCharm 集成开发环境，如图2-22所示，双击项目目录区的 test.py 文件，在右边的代码编辑区中输出一行 Python 代码：print("hello world!")；然后，右键单击代码编辑区，在弹出的快捷菜单中选择"Run test"或者单击右上角（左侧下方）的绿色三角形按钮，就可运行这一行 Python 代码，并在控制台上输出"hello world!"字符串。

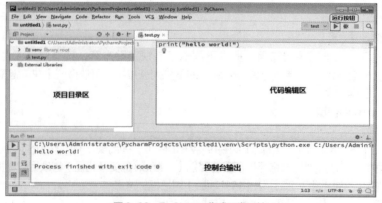

图2-22 PyCharm 集成开发环境

2.5.2　Jupyter Notebook 的安装与使用

1. Jupyter Notebook 简介

Jupyter Notebook（又称 IPython Notebook）是一个交互式的在线编辑器，它可以每编辑一行代码就运行该行代码，并且将运行的结果显示在代码的下方，以方便用户查看。对于数据分析而言，Jupyter Notebook 的最大优势是可以重现整个分析过程。

Jupyter Notebook 本质上是一个支持实时代码、数学方程式、可视化和 Markdown 的 Web 应用程序。它允许用户创建和共享包含代码、方程式、可视化和文本的文档。它的用途包括：数据清理和转换、数值模拟、统计建模、数据可视化、机器学习等。它具有以下优势。

（1）可选择语言：支持超过 40 种编程语言，包括 Python、R、Julia、Scala 等。

（2）分享笔记本：可以使用电子邮件、Dropbox、GitHub 和 Jupyter Notebook Viewer 与他人共享。

（3）交互式输出：代码可生成丰富的交互式输出，包括 HTML、图像、视频、LaTeX 等。

（4）大数据整合：通过 Python、R、Scala 编程语言使用 Apache Spark 等大数据框架工具。

2. Jupyter Notebook 的安装

在 Windows 操作系统下安装 Jupyter Notebook 的方法是通过 pip 命令安装 Jupyter 模块来实现的，其安装步骤具体如下。

（1）按【Windows】+【R】键，进入 cmd 状态。

（2）在 cmd 状态的打开栏中输入 pip install jupyter 命令，按【Enter】键，进行 Jupyter 模块的安装，安装界面如图 2-23 所示。

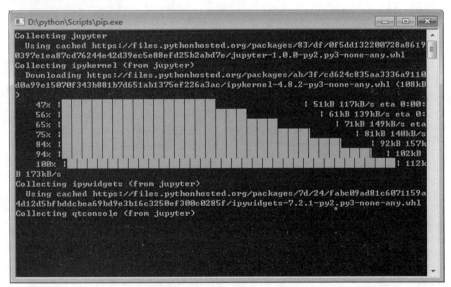

图 2-23　Jupyter Notebook 安装

（3）安装完成后，进入 cmd 状态，在 cmd 状态的打开栏中输入 Jupyter Notebook 命令，按【Enter】键，即可启动 Jupyter Notebook，如图 2-24 所示。

3. 新建一个 Notebook

打开 Jupyter Notebook 后，会在系统默认的浏览器中出现图 2-25 所示的界面。单击界面上【New】的下拉列表，会弹出可新建的文件类型，其中，"Python 3" 为 Python 运行脚本，"Text File" 为纯文本类型，"Folder" 为文件夹，灰色字体表示为不可用项目，如图 2-26 所示。选择 "Python 3" 选项，进入 Python 脚本的编辑界面，如图 2-27 所示。

图 2-24　启动 Jupyter Notebook

图 2-25　Jupyter Notebook 界面

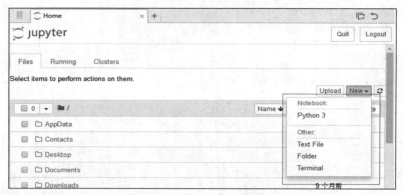

图 2-26　选择新建文件类型

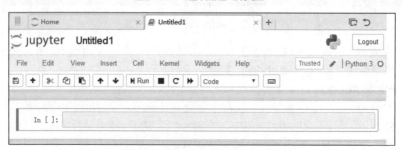

图 2-27　Python 脚本的编辑界面

4. Jupyter Notebook 的使用

（1）界面构成

Jupyter Notebook 界面是由 Notebook 的名称、菜单栏、工具栏和 Notebook 的内容编辑区组成的。Notebook 的内容编辑区由一系列单元（Cell）组成，其中，主要由代码单元（Code Cell）和 Markdown 单元组成。如果要详细了解有关 Notebook 或一些库，可以使用菜单栏右侧的帮助菜单，如图 2-28 所示。

图 2-28　Jupyter Notebook 界面构成

（2）菜单栏组成

菜单栏中有 File、Edit、View、Insert、Cell、Kernel、Help 等菜单。

其中，File 菜单功能见表 2-2。

表 2-2　File 菜单功能

选项	功能
New Notebook	新建一个 Notebook
Open...	在新的页面中打开主面板
Make a Copy...	复制当前 Notebook 生成一个新的 Notebook
Rename...	Notebook 重命名
Save and Checkpoint	将当前 Notebook 状态存为一个 Checkpoint
Revert to Checkpoint	恢复到此前存过的 Checkpoint
Print Preview	打印预览
Download as	下载 Notebook 存为某种类型的文件
Close and Halt	停止运行并退出该 Notebook

Edit 菜单功能见表 2-3。

表 2-3　Edit 菜单功能

选项	功能
Cut Cells	剪切单元
Copy Cells	复制单元
Paste Cells Above	在当前单元上方粘贴复制的单元
Paste Cells Below	在当前单元下方粘贴复制的单元
Paste Cells & Replace	替换当前的单元为复制的单元
Delete Cells	删除单元
Undo Delete Cells	撤回删除操作
Split Cell	从光标位置处拆分当前单元为两个单元
Merge Cell Above	当前单元和上方单元合并
Merge Cell Below	当前单元和下方单元合并
Move Cell Up	将当前单元上移一层

续表

选项	功能
Move Cell Down	将当前单元下移一层
Edit Notebook Metadata	编辑 Notebook 的元数据
Find and Replace	查找替换,支持多种替换方式:区分大小写、使用 JavaScript 正则表达式、在选中单元或全部单元中替换

View 菜单功能见表2-4。

表2-4　View 菜单功能

选项	功能
Toggle Header	隐藏/显示 Jupyter Notebook 的 Logo 和名称
Toggle Toolbar	隐藏/显示 Jupyter Notebook 的工具条
Cell Toolbar	更改单元展示式样

Insert 菜单功能就是在当前单元上方/下方插入新的单元。

Cell 菜单功能见表2-5。

表2-5　Cell 菜单功能

选项	功能
Run Cells	运行单元内代码
Run Cells and Select Below	运行单元内代码并将光标移动到下一单元
Run Cells and Insert Below	运行单元内代码并在下方新建一单元
Run All	运行所有单元内的代码
Run All Above	运行该单元(不包含该单元)上方所有单元内的代码
Run All Below	运行该单元(包含该单元)下方所有单元内的代码
Cell Type	选择单元内容的性质
Current Outputs	对当前单元的输出结果进行隐藏/显示/滚动/清除
All Output	对所有单元的输出结果进行隐藏/显示/滚动/清除

Kernel 菜单功能见表2-6。

表2-6　Kernel 菜单功能

选项	功能
Interrupt	中断与内核的连接(等同于【Ctrl】+【C】)
Restart	重启内核
Restart & Clear Output	重启内核并清空现有输出结果
Restart & Run All	重启内核并重新运行 Notebook 中的所有代码
Reconnect	重新连接到内核
Change kernel	切换内核

Help 菜单功能见表2-7。

表2-7　Help 菜单功能

选项	功能
User Interface Tour	用户使用指南,可使用户全面了解 Notebook
Keyboard Shortcuts	快捷键大全
Notebook Help	Notebook 使用指南
Markdown	Markdown 使用指南
Python/Ipython/NumPy/SciPy/Matplotlib/SymPy/pandas	各类使用指南
About	关于 Jupyter Notebook 的一些信息

（3）工具栏组成

工具栏从左到右的按钮依次为：保存、新建、剪切、复制、粘贴、上移 Cell、下移 Cell、运行代码、终止运行、重启内核、改变 cell 类型和命令面板等。

（4）单元模式

Notebook 中的单元有两种模式：命令模式（Command Mode）和编辑模式（Edit Mode）。在编辑模式（Edit Mode）下，右上角出现铅笔的图标，单元左侧边框线呈现绿色，按【Esc】键或单击菜单栏上"Cell"菜单项就会切换回命令模式。在命令模式（Command Mode）下，铅笔图标消失，单元左侧边框线呈现蓝色，按【Enter】键或者单击单元变为编辑状态。

（5）标题单元（Heading Cell）的使用

标题单元（Heading Cell）用于为 Notebook 在顶部添加一个标题，它的设置方法如下。

首先，选中第一个单元，然后，选择菜单栏"Insert → Insert Cell Above"，即可在选中的单元上方插入一个新单元。再单击工具栏中【Code】下拉列表按钮，选中下拉选项中的"Heading"，就会出现一个弹出消息框，单击【OK】按钮，将此单元变成一个标题单元。标题单元是以#标记开头的，格式如下。

```
#  ：一级标题
##  ：二级标题
### ：三级标题
...
```

最多有六级标题，在#之后写下文档的标题，例如，输入标题为"算术运算"。

（6）代码单元（Code Cell）的使用

代码单元（Code Cell）是用户编写代码的地方，用户可按【Shift】+【Enter】组合键运行代码，其结果会显示在本单元的下方。代码单元左边有"In[ ]:"编号，方便用户查看代码的执行次序。

例如：在"In[ ]:"单元中输入"3+2"，按【Shift】+【Enter】组合键后，就会在本单元的下方出现运算结果为"out[1]: 5"，其中，"out[1]:"是红色标记。而光标也会被移动到一个新的单元中，这时该新单元用绿色边框线标记，表明该单元是当前工作的单元格。代码运行结果如图 2-29 所示。在代码单元中各提示符及其含义见表 2-8。

表 2-8　代码单元中提示符及其含义

提示符	含义
In[ ]	程序未运行
In[num]	程序运行后
In[*]	程序正在运行

图 2-29　代码运行结果

Notebook 有一个特性，就是可以修改之前的单元，对其重新计算，这样就可以更新整个文档。例如，将光标移到第一个单元，并将 3+2 修改成 3+2+1，然后，按下【Shift】+【Enter】组合键后，请观察输出结果的变化。

Notebook 的这个特性，可以实现不用运行整个脚本，就可用不同的参数测试某个方程式的功能。如果想重新计算整个 Notebook，只要选择菜单"Cell → Run all"即可。

（7）Markdown 单元使用

Markdown 单元可对文本进行编辑，采用 Markdown 的语法规范，可以设置文本格式，并插入链接、图片或数学公式，同时，按【Shift】+【Enter】组合键可运行 Markdown 单元，显示格式化文本。

（8）单元操作

单元操作使编写 Notebook 变得更加方便。

❑ 删除单元，首先选择要删除的单元，再单击菜单"Edit → Delete Cell"。

❑ 移动单元，首先选择要移动的单元，再单击菜单"Edit → Move Cell Up/Down"。

❑ 剪贴单元，首先选择要剪贴的单元，再单击菜单"Edit → Cut Cell"，然后单击菜单"Edit → Paste Cell Above/Below"。

❑ 合并单元，首先选择要合并的单元，再单击菜单"Edit → Merge Cell Above/Below"。利用合并单元方法，可实现一次执行一大段代码的操作。

（9）其他操作

Jupyter Notebook 的其他操作见表 2-9。

表 2-9 Jupyter Notebook 的其他操作

操作符	用途
Tab	查看提示信息或者补全命令
？	在一个库、方法或变量前加上"？"，就可以获得它的一个快速语法说明
；	使用分号可以阻止该行函数的结果输出

（10）JupyterNotebook 的常用快捷键

Jupyter Notebook 的常用快捷键见表 2-10。

表 2-10 Jupyter Notebook 的常用快捷键

快捷键	作用
【Shift】+【Enter】	执行当前 Cell，并自动跳到下一个 Cell
【Ctrl】+【Enter】	执行当前 Cell，执行后不自动调转到下一个 Cell
【Enter】	使当前的 Cell 进入编辑模式
【Esc】	退出当前 Cell 的编辑模式
【Esc】+【F】	在代码中查找、替换，忽略输出
【Esc】+【O】	在 Cell 和输出结果间切换
【Shift】+【M】	合并 Cell
【Z】	撤销对某个 Cell 的删除

5. Jupyter Notebook 的高级功能

（1）Markdown

Markdown 用于编辑文本，其常用功能见表 2-11。

表 2-11 Markdown 常用功能

功能	实现方法	示例
标题	文字前面加"#"和 1 个空格，最多六级标题	# 一级标题 ## 二级标题 ### 三级标题 …… ##### 六级标题

功能	实现方法	示例
字体加粗	文字两侧加 "**"	**加粗**
字体斜体	文字两侧加 "*"	*斜体*
无序列表	文字前面加 "-" "+" "*" 1 个空格	- 文本 1 - 文本 2 - 文本 3
有序列表	文字前面加 "1." "2." "3." 等再加 1 个空格	1. 文本 1 2. 文本 2 3. 文本 3
引用	文字前面加 ">" 和 1 个空格	> 引用文字
代码引用	...代码种类 多段代码 ...	...python print("hello") ...
表格	使用 " | " 和 "-" 可以绘制表格，默认为左对齐，可用 ":" 来调整对齐方式	|名次|姓名|成绩| |:---|:---:|---:| |1|王明|95|
链接	[显示文本](链接地址)	[新浪](http://www.sina.com.cn)
图片链接		

（2）导出功能

Notebook 还有一个强大的特性，就是其导出功能。它可以将 Notebook 导出为多种格式，如 HTML、Markdown、ReST、PDF（通过 LaTeX）和 Raw Python 等，还可以将 Notebook 作为网页发布到网站上，甚至还可以导出为 ReST 格式，以作为软件库的文档。

◣ 项目实践

1. 在 Windows 系统下搭建 Python 的开发环境。
2. 在 Windows 系统下安装和使用 PyCharm，创建输出 "hello world!" 的程序。
3. 在 Windows 系统下安装和使用 Jupyter Notebook，创建输出 "hello world!" 的程序。

◣ 本章小结

本章介绍了 Python 语言的特点，Python 语言在数据分析中的优势，以及 Python 数据分析常用的类库。重点是要掌握 Python 的环境搭建，Python 集成开发环境 PyCharm 和 Jupyter Notebook 的安装与使用。

◣ 思考练习

1. Python 语言有什么特点？简述 Python 程序的执行过程。
2. 如何测试 Python 软件是否安装成功？Python 程序的后缀名是什么？
3. 在 Python 交互式终端上 Python 语言的命令提示符是什么？
4. 运用 Python 语言进行数据分析有什么优势？
5. PyCharm 和 Jupyter Notebook 这两款数据分析软件各有什么特点和优势？
6. Python 数据分析常用的类库有哪些？这些类库有什么作用？

第 3 章

Python语言基础

03

学习目标

① 掌握 Python 的基础语法。
② 掌握 Python 的数据类型。
③ 掌握 Python 流程控制语句的使用方法。

④ 掌握 Python 函数的使用方法。
⑤ 掌握数据结构、流程控制语句和函数的综合运用。

3.1 Python 基础语法

Python 是一种面向对象的解释型计算机程序设计语言。Python 不仅具有简洁清晰的语法，而且具有垃圾回收功能，能够自动管理内存，常被当作脚本语言，用于处理系统管理任务和编写网络程序。同时，Python 还支持命令式程序设计语言，以及面向对象程序设计、函数式编程、泛型编程等多种编程范式，非常适合完成各种高级任务。

下面首先介绍 Python 的语法规则，以及常量、变量和标准数据类型；然后，再介绍 Python 的流程控制语句、函数等。需要说明的是，本章中的所有示例代码都是在 PyCharm 开发环境下调试的。

3.1.1 Python 的语法规则

1. Python 编码设置

在 Python3.x 版本的源代码中，字符默认使用的是 UTF-8 编码。大多数情况下，通过编辑器编写的 Python 代码默认保存为 UTF-8 编码脚本文件，系统通过 Python 执行该文件时不会报错。但是如果编辑器不支持 UTF-8 编码文件，或者要使用其编码方式，就要为源文件指定特定的字符编码。此时，需要在文件首行或者第二行插入一行特殊的注释行作为字符编码声明，其格式如下。

```
# -*- coding: UTF-8 -*-
```

通过上述声明，源文件中的所有字符都会被当成 coding 指代的 UTF-8 编码。当然这不是唯一的声明格式，也可以采用其他形式的声明，如 "#coding: UTF-8" 和 "#coding= UTF-8"。

在编写 Python 脚本时，除了要声明编码外，还需要注意路径声明，路径声明格式如下。

```
#!d:/python
```

上述语句声明的路径为 Python 的安装路径，目的是告诉操作系统调用 "d:\python" 目录下的 Python 解释器执行文件。一般路径声明应放在脚本的首行。

2. 代码注释

在程序设计中，常常要为程序代码添加注释，而添加代码注释的目的主要是便于程序设计人员对程序进行维护，Python 有以下几种代码注释方法。

（1）单行注释

单行注释通常是以 "#" 号开头，在 "#" 号后面紧跟注释说明的文字。单行注释可单独放置一行或放置于语句或表达式的行末。其示例代码 example3-1 如下。

```
# -*- coding: UTF-8 -*-
# 这是输出函数（单行注释）
print ("你好! 欢迎到 Python 社区来! "); # 这是输出函数（单行注释）
```

 注意　注释行是不会被机器解释的。前面介绍的编码声明也是以"#"号开头，但它不是注释行，而且编码声明要放在首行或第二行才能被机器解释。

（2）多行注释

在实际的程序文档中常常需要进行多行注释，多行注释有以下两种方法。

① 在每一行前加"#"号即可。

② 使用 3 个单引号或 3 个双引号将注释的内容括起来以实现对多行或者整段内容的注释。

使用 3 个单引号或 3 个双引号的多行注释的示例代码 example3-2 如下。

```
# -*- coding: UTF-8 -*-
'''
这是使用 3 个单引号的多行注释
这是使用 3 个单引号的多行注释
'''
print ("你好! 欢迎到 Python 社区来! ")
"""
这是使用 3 个双引号的多行注释
这是使用 3 个双引号的多行注释
"""
print ("你好! 欢迎到 Python 社区来! ")
```

3. Python 标识符

（1）Python 标识符是由英文字母、数字及下划线（"_"）组成的。

（2）Python 中的标识符不能以数字开头。

（3）Python 标识符是区分大小写的。

（4）以下划线开头的标识符是有特殊意义的。

❑ 以单下划线开头（如_foo）代表不能直接访问的类属性，需通过类提供的接口进行访问，不能用"from xxx import *"导入。

❑ 以双下划线开头（如_foo）代表类的私有成员。

❑ 以双下划线开头和结尾（_foo_）代表 Python 中特殊方法的专用标识，如_init_（ ）代表类的构造函数。

4. Python 关键字

Python 中的关键字见表 3-1。

表3-1　Python 关键字

序号	关键字	序号	关键字	序号	关键字	序号	关键字	序号	关键字	序号	关键字
1	False	7	break	13	else	19	if	25	not	31	while
2	None	8	class	14	except	20	import	26	or	32	with
3	True	9	continue	15	finally	21	in	27	pass	33	yield
4	and	10	def	16	for	22	is	28	raise		
5	as	11	del	17	from	23	lambda	29	return		
6	assert	12	elif	18	global	24	nonlocal	30	try		

注意 Python 中的关键字不能用作常数、变量或标识符。

5. 缩进代码

Python 最具特色的就是用缩进方式来标识代码块。而不是使用大括号（{}）来控制代码块。在同一个代码块的语句必须保证相同的缩进空格数，否则，程序会报错。至于缩进的空格数，Python 没有要求，但最好使用 4 个空格进行悬挂式缩进。

在设置缩进空格时，注意不要将【Space】键与【Tab】键混用，以免使设置的空格数不一致。

正确缩进的示例代码 example3-3 如下。

```
# -*- coding: UTF-8 -*-
if True :
    print("正确缩进...")
    print ("你好! 欢迎到 Python 社区来! ")
else :
    print ("你好! 欢迎到 Java 社区来! ")
```

错误缩进的示例代码 example3-4 如下。

```
# -*- coding: UTF-8 -*-
if True :
        print("错误缩进...")
    print ("你好! 欢迎到 Python 社区来! ")
else :
    print ("你好! 欢迎到 Java 社区来! ")
```

6. 多行语句

在用 Python 编程时，如果一条语句太长，可以使用反斜杠（"\"）将一行语句换行分为多行，而不会被机器识别为多条语句。其示例代码 example3-5 如下。

```
# -*- coding: UTF-8 -*-
item_one = 1
item_two = 2
item_three = 3
total = item_one + \
        item_two + \
        item_three
print (total)    #注意 Python 3 版本的 print 的输出内容要放在圆括号中
```

但是在 Python 中，如果[]，{}或()里面有多行语句，在换行时不需要使用反斜杠（"\"），而是使用逗号换行即可。其示例代码 example3-6 如下。

```
# -*- coding: UTF-8 -*-
days = ['Monday', 'Tuesday', 'Wednesday',
        'Thursday', 'Friday']
print (days)
```

如果一行包含多条语句，则使用分号（";"）分隔多条语句，示例代码 example3-7 如下。

```
# -*- coding: UTF-8 -*-
a = 2; b = 3; c = 4;print (a,b,c)
```

7. 空行

在 Python 中，一般在函数之间或类的方法之间用空行分隔，以表示一段新的代码开始。类和函数入口之间也可以用一行空行分隔，以突出函数入口。

空行与代码缩进不同，空行不是 Python 语法的一部分。在编写程序代码时，不插入空行，Python 解释器运行也不会出错。但是空行可作为程序代码的一部分，空行的作用是用于分隔两段不同功能或含义的代码，以便于代码的阅读、维护或重构。

8. 用户输入函数

在 Python 中用户输入信息的语句是 input() 函数。例如，执行 input("\n\n 请输入数据：")代码时，"\n\n" 表示代码执行时会先输出两个新的空行，再输出"请输入数据："的提示，然后等待用户输入数据，当用户输入数据后，按【Enter】键就结束了数据的输入。

9. 代码组

缩进相同的一组语句构成一个代码块，也称为代码组。如 if、while、def 和 class 这样的复合语句，首行以关键字开始，以冒号（"："）结束，该行之后的一行或多行代码构成代码组，将首行及其后面的代码组称为一个子句。

10. print() 输出函数

print 函数默认输出是换行的，如果要实现不换行输出就需要在变量末尾加上 end=""，便可实现不换行输出。示例代码 example3-8 如下，输出显示结果是 23。

```
# -*- coding: UTF-8 -*-
a = 2; b = 3;
print (a, end="")
print (b, end="")
```

11. import 与 from…import 语句

在 Python 中可以使用 import 或 from…import 语句来导入相应的模块。import 与 from…import 的作用见表 3-2。

表 3-2　import 与 from…import 的作用

语句格式	作用
import modulename	将整个模块导入（modulename 模块名）
from modulename import functionname	从某个模块中导入某个函数（functionname 函数名）
from modulename import firstfunc, secondfunc	从某个模块中导入多个函数（firstfunc、secondfunc 均为函数名）
from modulename import *	将某个模块中的全部函数导入

3.1.2　常量、变量与标准数据类型

1. 常量

Python 中的常量，就如同数字 3，2.34,1.3e-2 和字符串"this is a string"一样，常量的值是不能改变的，因此，常量也称为字面意义上的常量。

2. 变量

（1）变量的特性

Python 中的变量是指存储在计算机内存中的值。在创建一个变量时，系统会在机器的内存中自动给该变量分配一块内存，用于存储该变量的值。通过 id() 函数可以查看创建变量和变量重新赋值时内存空间的变化过程。

例如，按【Windows】+【R】组合键，进入 cmd，输入 python，按【Enter】键，进入 Python 的交互式终端。在交互式终端上定义 total 变量值为 100，然后，通过 id() 函数可查看 total 变量的内存地址为 2012966208。当重新定义 total 变量值为 300 后，会发现 total 变量的内存地址被重新分配为 3518192。代码执行效果如图 3-1 所示。

在 Python 中，变量不需要提前声明，创建时直接对其赋值即可，变量的数据类型是由赋值给变量的值决定的。每个变量都包括变量名和变量值等信息，每个变量在使用前都必须赋值，

图 3-1　查看变量内存地址

变量的赋值运算符是等号（"="），等号（"="）运算符左边是一个变量名，等号（"="）运算符右边是存储在变量中的值。创建一个变量，首先要定义变量名和变量值，然后再通过赋值语句将变量值赋给变量名。

（2）变量的命名规则

Python 中变量的命名应遵循如下规则。

❑ 必须以下划线或字母开头，后面接任意数量的下划线、字母或数字。Python 3.x 支持 Unicode 字符，所以汉字等各种非英文字符也可作为变量名。例如，_abc、长度、a_1 等都是合法的变量名，而 2abc、pro#则不是。

❑ 变量名区分大小写。例如，ABC 与 abc 是两个不同的变量。

❑ 禁止使用 Python 的关键字。因为用关键字做变量名会导致语法错误。Python 中的关键字见表 3-1。

除了命名规则外，在 Python 中使用变量还有一些使用惯例，应尽量避免变量名使用下面这些样式。

❑ 前后有下划线的变量名通常为系统变量，例如，_name_、_doc_ 都是系统变量。

❑ 以一个下划线开头的变量（如_abc）不能被 from…import *语句从模块导入。

❑ 以两个下划线开头、末尾无下划线的变量（如__abc）是类的本地变量。

（3）变量值

变量值就是赋值给变量的数据。

（4）变量赋值

通过单变量赋值创建变量和输出变量的示例代码 example3-9 如下。

```
# -*- coding: UTF-8 -*-
total = 100          # 赋值整型变量
grade = 78.5         # 赋值浮点型变量
name = "Jerry"       # 赋值字符串变量
#输出变量
print (total)
print(grade)
print(name)
```

除了单变量赋值外，Python 还允许为多个变量赋相同的值，其格式如下。

```
a = b = c = 1
```

其作用是将 a,b,c 这三个变量分配到相同的内存空间上，该内存空间上存储了一个整型数据，其值为 1。另外，Python 还可以为多个对象指定多个变量。其格式如下。

```
a, b, c = 1, 2, "john"
```

其作用是将两个整型对象 1 和 2 分别分配给变量 a 和 b，字符串对象"john"分配给变量 c。

3. 标准数据类型

Python 定义了一些标准的数据类型，以用于存储各种类型的数据。Python 的 6 个标准的数据类型分别为 number（数字）、string（字符串）、list（列表）、tuple（元组）、dictionary（字典）和 set（集合）等。在 3.2 节中，将详细介绍 Python 数据类型的运用。

3.1.3 第一个 Python 程序

下面介绍利用 PyCharm 开发工具编写 Python 脚本程序的方法。

【例 3-1】设计一个 Python 脚本程序，该程序的功能是：当用户输入的成绩大于 85 分，则输出"优秀学生"，否则输出"合格学生"，并设置程序编码方式为 UTF-8。

操作步骤：

（1）启动 PyCharm，选择"File→New Project"，创建一个新项目。在【创建项目】对话框中，可选择项目路径、项目虚拟环境与项目解释器，并将项目名修改为 py_project，然后单击【Create】按钮。

（2）右键单击项目名称，选择 "New→Python File"，弹出【New Python file】对话框，如图 3-2 所示，输入 Python 文件名为 firsttest，单击【OK】按钮，创建 firsttest.py 文件。

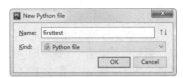

（3）在 PyCharm 的 firsttest.py 文件的代码编辑区内输入脚本程序代码，具体如下。

图 3-2　创建 firsttest.py 文件

```
# -*- coding: UTF-8 -*-
#input 从标准输入中得到的值是一个字符串
grade = input("\n 请输入学生成绩:")
if int(grade)>=85 :    #用 int(grade) 强制将 grade 转换为整型
    print("优秀学生! ")
else :
    print("合格学生! ")
```

（4）右键单击代码编辑区，在快捷菜单中选择 "Run'firsttest'"，在控制台区域会出现 "请输入学生成绩" 提示，在此提示后输入学生成绩为 "90"，则在控制台上输出 "优秀学生!" 的文字。

 注意　PyCharm 开发工具可自动保存代码。

3.2　Python 的数据类型

3.2.1　数字

1. Python 3 的数值型数据类型

Python 中的数字是用于存储数值的，Python 3 支持的数值型数据类型有 int（整数）、float（浮点数）、bool（布尔型）和 complex（复数）。而数值型数据类型的表示方法见表 3-3。

表 3-3　数值型数据类型

数据类型	表示方法	示例
int	整数表示是正整数或负整数	123，-450
float	浮点数表示有小数位的数值，它由整数部分与小数部分组成	124.36，-46.12
bool	布尔型表示逻辑真或逻辑假	True，False
complex	复数由实数部分和虚数部分构成，可以用 a + bj 或者 complex(a,b) 表示，其中 a 是实数，b 是虚数	3+4j, 3.0+4.0j, 4j

 注意　（1）Python 3 中没有限制整数的大小，可以当作长整型使用，所以 Python 3 中没有 Python 2 的长整型数据类型。

（2）浮点数也可以使用科学记数法来表示，如 1.5e2，相当于 $1.5 \times 10^2 = 150$。

（3）使用内置的 type() 函数可查询变量所指的对象类型。例如，进入 Python 交互式终端，在命令提示符>>>后输入代码 a = 100;print(type(a)) 按【Enter】键，则会输出<class 'int'>，显示变量 a 是 int 数据类型。

（4）bool 类型只有 True 和 False 两种取值，由于 bool 继承了 int 类型，因此，可以用数字 0 表示 False，用 1 表示 True，而且它们还可以和数字相加。但在 Python 2 中是没有布尔型数据类型的。

（5）可以使用十六进制和八进制数来代表整数。例如，在十六进制数前加 0x 或 0X 表示十六进制整数（如 0x8AF），或在八进制数前加 0o 表示八进制整数（如 0o236）。

2. 数字的创建与删除

当给变量赋值一个数字时，数字（number）对象就会被创建。例如 var1=var2 =100，该语句创建了两个数字变量 var1 和 var2，它们值都是100。如果要删除这些对象引用可使用 del 语句。

del 语句的语法如下。

```
del var1[,var2[,var3[....,varN]]]
```

3. 数字类型转换

在 Python 中，如果需要对数据内置的类型进行转换，只需要将数据类型作为函数名即可。如在 Python 交互式终端的命令提示符后输入 var = 10.2 ;int(var)，则会输出整数 10。

数字类型转换示例如下。

- ❑ int(x) 将 x 转换为一个整数。
- ❑ float(x) 将 x 转换为一个浮点数。
- ❑ complex(x) 将 x 转换为一个复数，实数部分为 x，虚数部分为 0。
- ❑ complex(x, y) 将 x 和 y 转换为一个复数，实数部分为 x，虚数部分为 y，x 和 y 是数字表达式。

4. 数字运算

数字运算有"+"（加）、"-"（减）、"*"（乘）、"/"（除）或"//"（除）、"%"（取余）、"**"（乘方）。例如，6+7、6-4、3*2、6/4（6 除 4，返回是浮点数）、6//4（6 除 4，返回是整数）、6%4（6 除 4 取余）、6**2（6 的 2 次方）。

在 Python 3 中进行数值运算时，需注意以下几点。

（1）Python 可以同时为多个变量赋值，如 var1,var2 = 1, 2。

（2）一个变量可以通过赋值指向不同类型的对象。

（3）数值的除法包含两个运算符："/"返回一个浮点数，"//"返回一个整数。

（4）在混合计算时，Python 会把整数转换成为浮点数。

下面通过【例3-2】说明 Python 中数字的运用。

【例3-2】首先创建整数、浮点数、复数等类型的数字，然后，对这些数字进行数字类型转换和数字运算，并查看数字类型操作。

操作步骤：

（1）启动 PyCharm，选择"File→Open"，选择 py_project 项目，或双击 py_project 项目名，打开项目。

（2）右键单击项目名称，选择"New→Python File"，在弹出的【New Python File】对话框中输入 Python 文件名为 test3-2，单击【OK】按钮，创建 test3-2.py 文件。

（3）在 PyCharm 的 test3-2.py 文件的代码编辑区内输入脚本程序代码，具体如下。

```
# -*- coding: UTF-8 -*-
numi1 = 10                          #创建 numi1 整数
numf1 = 6.7                         #创建 numf1 浮点数
numc1 = 2+3j                        #创建 numc1 复数
print(type(numc1))                  #输出 numc1 数据类型
numi2 = int(numf1)                  #浮点数转换成整数
numc2 = complex(3.4,5.2)            #浮点数转换复数
print(numc2)
num1 = numi1+numi2
num2 = numi1+numf1
print(num1,num2)
#除法/与//区别
print(numi1/numi2,numi1//numi2)
```

（4）右键单击代码编辑区，在快捷菜单中选择"Run 'test3-2'"，在控制台区域输出结果。

3.2.2 字符串

Python 中的字符串是一个有序的字符集合，用于存储表示文本的信息。从功能角度来看，字符串用于实现任何可以作为文本编码的东西，如符号和单词、载入内存的文本文件的内容等。

1. 字符串定义

在 Python 中，可以使用单引号（'）、双引号（"）或三引号（'''或"""）来标识字符串，引号的开始与结束必须是相同类型的。其中，三引号（'''或"""）标识的字符串可以由多行字符串组成，并且字符串中可以包含换行符、制表符以及其他特殊字符，常用于标识文档字符串，或者在文件的特定区域中，三引号中的字符串也可当作注释。字符串定义的示例代码 example3-10 如下。

```
# -*- coding: UTF-8 -*-
student = '学生'          #用单引号(')标识字符串
teacher = "教师"          #用双引号(")标识字符串
#用三引号(""")标识多行字符串
work = """这是一个工作简历
          包含了多个工作经历"""
#输出字符串
print(student)
print(teacher)
print(work)
```

三引号应用的示例代码 example3-11 如下。

```
#用三引号表示的注释
'''
用三引号标识的
html 文档字符串
'''
#用三引号表示多行字符串,其中\n 表示换行符
html_str = '''
<HTML>\n<HEAD><TITLE>
Python Demo</TITLE></HEAD>
<BODY>\n<H3>输出语句</H3>
<p>print("Hello Python!")
</BODY>\n</HTML>
'''
print(html_str)
```

2. Python 转义字符

在 Python 中，字符串中如需要使用特殊字符，可使用反斜杠（"\"）转义字符来定义，如换行符用"\n"表示。Python 中常用的转义字符见表 3-4。

表 3-4　常用的转义字符

转义字符	作用	转义字符	作用
\(在行尾部)	续行符	\v	纵向制表符
\'	单引号	\t	横向制表符
\"	双引号	\r	回车
\n	换行	\f	换页
\b	退格	\\	反斜杠符号

3. 字符串索引

在字符串的提取、切片和拼接操作中常常会用到字符串索引，因此，索引在字符串操作中很重要。

字符串的索引分为正索引和负索引，通常说的索引是指正索引。在 Python 中，正索引从左到右去标记字母，索引从 0 开始，也就是说从左边开始第一个字母索引是 0，第二个字母索引是 1，以此类推；负索引是从右到左去标记字母，然后加上一个负号（−），负索引的第一个值是−1，也就是说从右边开始第一个字母索引是−1，第二个字母索引是−2，以此类推。例如，变量 var='Hello'，在正索引中字符串字母与索引的对应关系（字母→索引）为 H→0、e→1、l→2、l→3、o→4；在负索引中字符串字母与索引的对应关系（字母→负索引）为 H→−5、e→−4、l→−3、l→−2、o→−1。

按【Windows】+【R】组合键，进入 cmd，输入 python，按【Enter】键，进入 Python 的交互式终端。在交互式终端的命令提示符>>>后输入命令 var='Hello';var[0];var[1];var[2];var[3];var[4]，按【Enter】键后，就会依次输出字母 H、e、l、l、o。

4. 字符串的操作

（1）字符串提取

字符串的提取就是通过索引获取字符串中指定位置的字符。字符串提取的方法是在变量名后使用方括号([ ])将需要提取的字符索引放置在方括号中即可。

例如变量 var='Hello'，如果要提取出字符串中字母"H"和"e"，可用 var[0]输出"H"字母，用 var[1]输出"e"字母。

（2）字符串切片

字符串切片就是截取字符串中的一部分字符，形成子字符串。字符串切片方法是变量名后使用方括号([i:j])，其中 i 表示截取字符串的开始索引，j 表示结束索引。

注意 在截取字符串时将包含起始字符，但不包含结束字符，这是一个半开闭区间。

同时，Python 还提供了一个内置函数 len()，用于返回字符串（或其他有长度对象）的长度。

例如，变量 var='Hello'，如果要截取出子字符串"ell"，则使用 var[1:4]即可。而使用 var[2:5]则输出"llo"子字符串。

Python 在字符串切片时可设置开始或结束索引的默认值。如果省略了开始索引，则默认值为 0，如果省略了结束索引，则默认值为切片字符串的长度。

例如变量 var='Hello'，使用 var[:3]则输出"Hel"子字符串，而使用 var[1:]则输出"ello"子字符串。

在字符串切片时，应注意以下几种情况。

❑ 如果结束索引越界，将被切片字符串实际长度替代。例如变量 var='Hello'，使用 var[1:7]则输出"ello"子字符串。

❑ 如果开始索引大于字符串的实际长度，则返回空字符串。

❑ 如果开始索引大于结束索引，则返回空字符串。

另外，在 Python 中字符串是不可更改的，因此，给指定位置的字符重新赋值会报错，如 var[0]='P'会报错。如果要修改字符串，最好的办法就是重新创建一个字符串。如果只需要改变其中部分字符可通过字符串拼接来实现。

（3）字符串拼接

字符串拼接也就是将字符串连接，字符串连接的方法就是使用加号（"+"）将字符串变量连接起来。如果需要重复输出字符串，可使用星号（"*"），重复输出字符串格式为：重复次数*字符串或者字符串*重复次数。另外，相邻的两个字符串会自动拼接在一起。

字符串拼接示例代码 example3-12 如下。

```
# -*- coding: UTF-8 -*-
```

```
str1 = 'Hello '
str2 = 'Python!'
str = str1 + str2              #字符串拼接为 HelloPython!
print(str)
str = str1*3                   #重复输出 Hello 字符串 3 次
print(str)
print('Hello ' 'Python!')      #相邻字符串自动拼接
```

（4）判断字符串是否包含指定字符串

判断字符串是否包含指定字符串的方法：使用（in）操作符。

例如变量 var='Python!'，如要判断 var 中是否包含"th"字符串，则可在 Python 交互式终端的命令提示符后输入"th" in var 命令，按【Enter】键，此时，返回的结果是 True。

（5）判断字符串中是否不包含指定字符串

判断字符串中是否不包含指定字符串的方法：使用（not in）操作符。

例如变量 var='Python!'，如果要判断 var 变量中是否不包含"he"字符串，则可在 Python 交互式终端的命令提示符后输入"he" not in var 命令，按【Enter】键，此时，返回结果是 True。

（6）字符串格式化

Python 提供了简单的方法来格式化字符串。具体来说，就是在格式操作符（%）的左侧放一个格式化字符串（包含%的字符串），在右侧放一个或多个对象，这些对象是想在左侧插入的转换目标。下面是字符串格式化的示例代码。

```
print("我是%s 学生，我们班有%d 名学生"%("软件技术专业",40))
print('长%s---宽%s---面积%s'%(6,3,6*3))
```

代码运行的输出结果如下。

```
我是软件技术专业学生，我们班有 40 名学生
长 6---宽 3---面积 18
```

代码中的%s、%d 是字符串格式化的符号。Python 字符串格式化符号见表 3-5。

表 3-5　字符串格式化符号

符号	作用	符号	作用
%s	字符串（或任何对象的打印格式）	%X	十六进制整数（大写）
%c	字符	%e	浮点数（科学记数法）
%d	十进制（整数）	%E	浮点数（科学记数法）
%i	整数	%f	浮点数(可指定小数点后的精度)
%u	无符号（整数）	%g	%f 和%e 的简写
%o	八进制整数	%G	%f 和%E 的简写
%x	十六进制整数	%p	用十六进制数格式化变量的地址

下面通过【例 3-3】说明 Python 中字符串的运用。

【例 3-3】设计一个联系人表，该表包括姓名、电话和 Email 等数据项，要求输出联系人表中的标题栏部分，并设置表格线为"------"，表格栏目分隔符为"|"。

操作步骤：

（1）启动 PyCharm，选择"File→Open"，选择 py_project 项目，或双击 py_project 项目名，打开项目。

（2）右键单击项目名称，选择"New→Python File"，在弹出的【New Python file】对话框中输入 Python 文件名为 test3-3，单击【OK】按钮，创建 test3-3.py 文件。

（3）在 PyCharm 的 test3-3.py 文件的代码编辑区内输入脚本程序代码，具体如下。

```
# -*- coding: UTF-8 -*-
str1 = ' 姓名 '
```

```
str2 = '  电话  '
str3 = '    Email  '
str4 = "--------"
str5 = str4*4
print('%s' % (str5))
print('|%s|%s|%s|' % (str1, str2,str3))
print('%s' % (str5))
```

（4）右键单击代码编辑区，在快捷菜单中选择"Run 'test3-3'"，则在控制台区域会输出结果。

3.2.3 Python 的数据结构组成

1. 数据结构类型

除了数字和字符串外，Python 还有 4 个内建的数据结构，也称为容器（Container），因为它们是由一些数据元素组合而成的数据元素集合。其中主要包括序列（如列表和元组）、映射（如字典）和集合这 3 种基本的数据结构类型。几乎所有的 Python 数据结构都可以归纳为这 3 种数据结构类型。

（1）序列类型

序列是数据结构对象的有序排列，数据结构对象作为序列的元素都会分配到一个位置编号（也就是索引）。Python 中有 6 种内建的序列，包括字符串（string）、列表（list）、元组（tuple）、Unicode 字符串、buffer 对象和 xrange 对象。其中，列表和元组是最常见的类型。

（2）映射类型

映射类型就是存储了对象与对象之间的映射关系的数据结构类型，Python 中唯一的映射类型的数据类型是字典。字典中的每个元素都存在相应的名称（称为键）与之一一对应。字典相当于带有各自名称的元素组成的集合，与序列不同的是字典中的元素没有排列顺序。

（3）集合类型

Python 还提供了一种称为集合的数据结构。集合中的元素是不能重复出现且相对唯一的，并且元素不存在排列顺序。由此可见，Python 中的集合概念相当于数学中的集合概念。集合类型包括可变集合（set）和不可变集合（frozenset）。

2. 可变数据类型与不可变数据类型的区别

Python 中可变数据类型有列表（list）和字典（dict），不可变数据类型有整型（int）、浮点型（float）、字符串型（string）和元组（tuple）。

可变数据类型可以直接对数据结构对象进行元素的赋值修改、删除或增加操作，而不需要重新创建一个对象。由于可变数据类型对象能直接对自身进行修改，所以修改后的新结果仍与原对象引用相同的内存地址值，即由始至终只对同一个对象进行操作。但是，对于相同值的不同对象，在内存中则会存在不同的对象，即每个对象都有自己的地址，相当于内存中相同值的对象保存了多份。

不可变数据类型是不允许变量的值发生变化，如果改变了变量的值，相当于新建了一个对象，而对于相同值的对象，在内存中则只有一个对象，内部会有一个引用计数来记录有多少个变量引用了这个对象。

3.2.4 列表

在现实生活中人们经常要对一组数据进行操作处理，例如，学生座次表就可以看成是按照座位号排列学生姓名的一组数据，其中座位号是该组数据的索引，学生姓名是该组数据中的元素；产品信息表可看成是包括了产品名称、产品品牌、价格和产地等元素的一组数据。为了对这种类型的数据进行处理，Python 引入了列表（list）这一数据类型。

列表（list）是 Python 对象作为其元素并按顺序排列而成的有序集合。列表中的每个元素都有各自的位置编号，称为索引。列表中的元素不需要具有相同的数据类型，可以是各种类型的对象，如数字、字符串、元组、字典，以及列表类型本身，都可以作为列表中的元素。此外，列表中的元素可以重复出现。由于列表是一个可变的数据类型,因此可以对列表对象自身进行内容修改,即对列表元素进行增加、删除和修改操作。

1. 创建列表

在 Python 中创建列表的方法有两种,一种是使用方括号"[ ]"创建,另一种是使用 list()函数创建。

(1)使用方括号创建列表

使用方括号创建列表对象的方法很简单,只需要把所需的列表元素用逗号分隔开,并将这些列表元素用方括号括起来即可。如果方括号中没有任何元素,则创建的是一个空列表。Python 列表对象中允许包括任何类型的对象,其中也包括列表对象,因此,也可创建嵌套列表。创建列表的示例代码example3-13 如下。

```
# -*- coding: UTF-8 -*-
student_list = ['王红','张艳','李明','杨丽']           #创建学生列表
score_list = [['20170001','王红'],70,80,65,90]        #创建嵌套成绩列表
produce_list = ['电视机','长虹',3600,'四川']           #创建产品列表
emptylist = []                                        #创建空列表
#输出 student_list 完整列表
print(student_list)
```

代码运行结果如下。

```
['王红', '张艳', '李明', '杨丽']
```

(2)使用 list()函数创建列表

Python 中 list()函数的作用实质上是将传入的数据结构换成列表类型。例如,向函数传入一个元组对象,就会将对象从元组类型转变为列表类型。由于其返回的是一个列表对象,因此,可以看作是创建列表的一个方法,使用时可以用圆括号或方括号将元素按顺序括起来,元素之间以逗号隔开,并传入函数中。如果不传入任何对象到 list()函数中,则会创建一个空列表。通过 list()函数对字符串创建列表非常有效。使用 list()函数创建列表的示例代码 example3-14 如下。

```
# -*- coding: UTF-8 -*-
str_list = list('Python')                             #创建字符串列表
emptylist = list()                                    #创建空列表
score_list =list((['2017001','王红'],70, 80,65, 90))  #创建嵌套列表
print(str_list)                                       #输出完整列表
print(score_list)                                     #输出完整列表
```

代码运行结果如下。

```
['P', 'y', 't', 'h', 'o', 'n']
[['2017001', '王红'], 70, 80, 65, 90]
```

2. 列表索引

列表属于序列类型,列表中的每个元素都有各自的位置编号(称为索引)。列表索引与字符串的索引类似,也分为正索引(也称为索引)和负索引两种。列表的索引从 0 开始,自左向右,以 1 为步长逐渐递增。而列表的负索引按从右到左的方向标记元素,最右边元素的负索引为-1,然后向左边依次为-2、-3 等。

类似于字符串,列表可以通过索引访问和列表切片操作对列表中的元素进行提取,其中,索引访问提取仅返回列表的一个对应元素,而列表切片操作则会返回列表中对应的子列表。

3. 列表元素的提取和切片操作

(1)通过索引访问提取列表元素

为提取列表中的某个元素,可采用在列表对象后面紧接方括号[i]的方法,其中,i 是指定的索引。运用该方法可方便地提取到列表索引所对应的列表元素。其示例代码 example3-15 如下。

```
# -*- coding: UTF-8 -*-
str_list = list('Python')        #创建字符串列表
print(str_list[1])               #输出列表中 y
print(str_list[4])               #输出列表中 o
```

注意 如果索引超出了列表正索引或负索引的范围，即小于第一个元素的负索引或者大于最后一个元素的正索引时，Python会返回一个错误提示。

（2）列表切片操作

在列表的操作中，如果需要提取的是子列表元素，那么需要通过列表的切片操作来完成。进行列表切片操作时，需要传入所提取子序列起始元素的索引、终止元素的索引和提取的步长值，此时得到的序列切片将包含从起始元素开始，以提取步长为间隔，到终止元素之前的所有元素。切片操作的格式如下。

序列对象[起始元素索引:终止元素索引:步长值]

注意
- 切片操作在取到终止元素索引为止，并不包含终止元素。
- 当步长值为正数时，表示切片是从左向右提取元素，并且终止元素索引应大于起始元素索引。
- 当步长值为负数时，表示切片是从右向左提取元素，并且终止元素索引应小于起始元素索引。
- 如果省略步长值，则取默认值为1，且格式中的第二个冒号可省略。
- 步长值为0时会报错。

创建列表student_List = ['王红','张艳','李明','杨丽']，通过列表切片操作提取不同学生的姓名，设置提取步长值分别为1和2，起始元素索引分别为2和0，其示例代码example3-16如下。

```
# -*- coding: UTF-8 -*-
student_list = ['王红','张艳','李明','杨丽']        #创建学生列表
print(student_list[2:5])                        #输出子列表
print(student_list[0:5:2])                      #输出子列表
```

代码运行结果如下。

```
['李明', '杨丽']
['王红', '李明']
```

4. 列表常用函数和方法

在 Python 中有许多函数支持对列表对象进行操作，以实现对列表对象进行更加复杂的处理。一般常用的处理包括对列表对象进行元素的添加、删除、更新和查询等。

（1）列表元素的添加

使用append()函数、extend()函数和insert()函数可以向列表对象中添加元素，但这3种函数有各自的特点。

① append()函数

使用 append()函数向列表对象中添加元素的方法是向 append 传入需要添加到列表对象的一个元素，则该元素会被追加到列表的尾部。其示例代码example3-17如下。

```
# -*- coding: UTF-8 -*-
student_list = ['王红','张艳','李明','杨丽']        #创建学生列表
#使用append函数向列表尾部添加'王小峰'元素
student_list.append('王小峰')
print(student_list)                              #输出列表
```

② extend()函数

使用 extend()函数能够将一个列表添加到另一个列表的末尾，相当于将两个列表进行拼接。类似于字符串的拼接，两个列表对象可以通过加号（"+"）进行拼接，而 extend()函数相当于实现自增量（"+="）的效果。其示例代码example3-18如下。

```
# -*- coding: UTF-8 -*-
student_list = ['王红','张艳','李明','杨丽']        #创建列表 student_list
```

```
other_list = ['王小峰','宋江','李涛']                          #创建列表 other_list

#使用 extend 函数将两个列表合并
student_list.extend(other_list)
print(student_list)                                          #输出列表
```

③ insert()函数

使用 insert()函数也可以向列表添加一个元素，但与 append()函数不同是，insert()函数可以在指定位置添加元素。如果想在列表的某个位置上插入一个元素，只需要向 insert()函数传入插入的位置和插入的元素。

其示例代码 example3-19 如下。

```
# -*- coding: UTF-8 -*-
student_list = ['王红','张艳','李明','杨丽']                   #创建列表 student_list

#在'王红'后面添加'李涛'元素
student_list.insert(1,'李涛')
print(student_list)                                          #输出列表
```

（2）列表元素的删除

在 Python 中，可使用 del、pop 和 remove 语句删除列表中的元素，下面分别介绍这 3 种删除的方法。

① 使用 del 语句删除列表元素

使用 del 语句删除列表元素的格式如下。

```
del 列表[索引号]
```

该语句的作用是将一个对象与它的变量名进行分离操作。例如，创建列表 other_list = ['王小峰','宋江','李涛']，现在要删除列表中'宋江'元素，则使用 delother_list[1]即可。

② 使用 pop 语句删除列表元素

使用 pop 语句删除列表元素的方法是将元素的索引传入 pop 语句中，以获取该元素，并将其在列表中删除，相当于把列表中的元素抽离出来。若不指定元素位置，pop 语句将指向列表中最后一个元素。使用 pop 语句的格式如下。

```
列表对象.pop(索引号)
```

例如，创建列表 other_list = ['王小峰','宋江','李涛']，现在要删除列表中'宋江'元素，使用 other_list.pop（1）可获取删除的元素'宋江'，并将'宋江'从列表中删除，列表值变为['王小峰','李涛']。

③ 使用 remove 语句删除列表元素

除了指定元素的位置删除元素外，还可以指定要删除的元素。将指定的元素放入 remove 语句，则列表中第一次出现的元素会被删除。使用 remove 语句的格式如下。

```
列表对象.remove(元素值)
```

例如，创建列表 element = ['hello','world','hello','Python']，现在要删除列表中'hello'元素，使用 element.remove('hello')语句后，将删除列表中第一个'hello'元素，而第二个'hello'元素是不会被删除，element 的值变为['world','hello','Python']。

（3）列表元素的修改

由于列表是可变的，修改列表元素最简单的方法是提取该元素并进行赋值操作。

例如，创建列表 element = ['hello','world','hello', 'Python']，现在要将该列表索引号为 1 的元素'world'修改为'Java'，则使用 element[1] ='Java'，就可将 element 的值变为['hello', 'Java','hello', 'Python']。

在对列表元素进行添加、删除和修改操作时，如果需要保留原来的列表不变，只有采用 copy 语句创建列表的副本，然后，在列表的副本上进行操作，这样对列表副本上的元素进行操作不会改变原列表的元素。copy 语句的格式如下。

列表对象.copy()

注意 如果将原列表赋值给一个新变量，因为该新变量指向原列表对象，当原列表对象变化时，新变量也会随之变化。其示例代码 example3-20 如下。

```
# -*- coding: UTF-8 -*-
element = ['hello','world','hello', 'Python']    #创建列表对象
new_element = element                            #变量名 new_element 指向列表对象
element[1]='Java'                                #修改原列表元素
print(new_element)                               #输出 new_element，观察到元素也发生变化

element = ['hello','world','hello', 'Python']
element_copy = element.copy()                    #创建列表副本
element_copy[1]='Java'                           #修改列表副本上的元素
print(element)                                   #输出 element，观察到原列表没有变化
```

（4）列表元素位置查询

利用 index 语句来查询指定元素在列表中第一次出现的位置索引，若列表不包含指定的元素，则会出现错误提示。判断列表中是否包含某个元素，还可以使用 in 函数。in 函数的格式如下。

元素 in 列表对象

如果元素至少在列表中出现一次，返回 True，否则返回 False。

例如创建列表 element = ['hello','world','hello','Python']，查询列表中是否包含'hello'字符串的方法是使用 element.index('hello')语句，该语句的作用是会在列表中找到第 1 个'hello'元素的位置是 0，或者使用'hello'in element，若查到要找的元素则会输出 True。

5. 列表其他常用操作

除了上面所述的列表常用函数和方法外，Python 中还有其他常用的操作，具体见表 3-6。

表 3-6　列表其他常用操作

方法与函数	作用	示例→结果
+	将两个列表合并成一个列表	[1,2]+[3,4]→[1,2,3,4]
*	重复合并同一个列表多次	['ab']*2 →['ab', 'ab']
len	获得列表的长度，即列表中元素的个数	len([1,2,3,4]) →4
max	获得列表中的最大值	max([1,2,3]) →3
min	获得列表中的最小值	min([1,2,3]) →1
list.count	统计某个元素在列表中出现的次数	[1,2,1].count（1）→2
list.reverse	反转列表中的元素	list=[1,2,3] list.reverse() print(list) →[3,2,1]
list.sort	sort()函数用于对原列表进行排序，如果指定参数reverse=True 是降序，反之则为升序	list=[2,1,9,3] list.sort() print(list) →[1,2,3,9] list.sort(reverse=True) print(list) →[9,3,2,1]
list.clear	清空列表	list.clear() print(list)→[]

3.2.5　元组

元组与列表相似，都是有序元素的集合，并可以包含任意类型的元素。但元组与列表不同的是元组

是不可变的，也就是说元组一旦创建后就不能修改，即不能对元组中的元素进行赋值、添加、修改和删除等操作。因此，元组常用于存储一些固定不变的有序数据集合，但是元组可以转化成列表。

1. 创建元组

在 Python 中创建元组有两种方法，一种是使用圆括号"()"创建，另一种是使用 tuple()函数创建。

（1）使用圆括号创建元组

创建元组很简单，只需要使用圆括号将有序元素括起来，并用逗号隔开。在 Python 中定义元组的关键是逗号，而圆括号可以省略。当输出元组时，Python 会自动加上一对圆括号。与列表相似，如果不向圆括号中传入任何元素，则会创建一个空元组。

> **注意**　元组中的逗号是必不可少的，即使元组中只有一个元素，后面也需要有逗号。

创建元组的示例代码 example3-21 如下。

```
# -*- coding: UTF-8 -*-
season = ('春','夏','秋','冬')            #创建 season 元组
constant = (('r',10),3.1416)            #创建 constant 元组
emptytuple = ()                         #创建空元组
tup1= 12,                               #创建一个元素元组
tup2 =(12)                              #没有逗号，创建整型数
print(season,constant,emptytuple,tup1,tup2)  #输出元组和整型数
```

代码运行结果如下。

```
('春', '夏', '秋', '冬') (('r', 10), 3.1416) () (12,) 12
```

（2）使用 tuple()函数创建元组

tuple()函数能将其他数据结构对象转换成元组类型。其方法是先创建一个列表，然后将列表传入 tuple()函数中，再转换成元组，这样就完成了元组的创建。使用 tuple()函数创建元组的示例代码 example3-22 如下。

```
# -*- coding: UTF-8 -*-
constant = tuple((('r',10),3.1416))     #创建 constant 元组
tup1 = tuple((12,))                     #创建一个元素元组
print(constant,tup1)                    #输出元组
```

代码运行结果如下。

```
(('r', 10), 3.1416) (12,)
```

2. 元组索引

元组与列表类似，其索引也分为正索引（也称为索引）和负索引两种。元组的索引是从 0 开始，自左向右，以 1 为步长逐渐递增的。而元组的负索引自右向左标记元素，最右边元素的负索引为-1，然后向左边依次为-2、-3 等。与列表一样，元组同样可以进行提取、切片、组合等操作。

3. 元组元素的提取和切片操作

（1）通过索引访问提取元素

与列表索引访问提取元素一样，只要传入元素索引，就可以获得对应的元素。提取元组中元素的方法是在元组对象后面紧接方括号[i]，其中 i 是指定的索引。如果提取元素时传入的索引超出元组索引范围，结果会返回一个错误提示。其示例代码 example3-23 如下。

```
# -*- coding: UTF-8 -*-
season = ('春','夏','秋','冬')            #创建元组
tup1 = season[1]                        #提取第 2 个元素'夏'
print(tup1)                             #输出元素
```

（2）元组切片操作

元组切片操作与列表类似，只需要传入所提取子序列起始元素的索引、终止元素的索引和提取的步长值即可。切片操作的格式如下。

序列对象[起始元素索引:终止元素索引:步长值]

注意 此时得到的序列切片将包含从起始元素开始，以提取步长为间隔，到终止元素之前的所有元素。

切片操作的示例代码 example3-24 如下。

```
# -*- coding: UTF-8 -*-
season = ('春','夏','秋','冬')              #创建元组
tup1 = season[1:3]                        #提取第 2 至第 3 个元素
tup2 = season[0:5:2]                      #从第 1 个元素开始，步长为 2 提取元素
print(tup1,tup2)                          #输出 tup1,tup2
```

代码运行结果如下。

```
('夏', '秋') ('春', '秋')
```

4. 元组解包

将元组中的各元素赋值给多个不同变量的操作通常称为元组解包，元组解包的格式如下。

var1,var2,…,varn=tuple

在 Python 中有多重赋值语句，由于创建元组时可以省略圆括号，因此，元组解包可以看成是多重赋值语句，以实现将右边元素平行赋值给左边变量。元组解包的示例代码 example3-25 如下。

```
# -*- coding: UTF-8 -*-
season = ('春','夏','秋','冬')              #创建元组
a,b,c,d = season                         #元组解包
print('a=',a,'b=',b,'c=',c,'d=',d)        #输出 a,b,c,d
a,b,c,d = '春','夏','秋','冬'               #多重赋值语句，右边也可看成元组
print('a=',a,'b=',b,'c=',c,'d=',d)        #输出 a,b,c,d
constant = tuple((('r',10),3.1416))      #创建元组
x,y = constant                           #元组解包
print('x=',x,'y=',y)                     #输出 x,y
(x,y),z = constant                       #元组解包
print('x=',x,'y=',y,'z=',z)              #输出 x,y,z
```

代码运行结果如下。

```
a= 春 b= 夏 c= 秋 d= 冬
a= 春 b= 夏 c= 秋 d= 冬
x= ('r', 10) y= 3.1416
x= r y= 10 z= 3.1416
```

5. 元组常用方法和函数

元组中的元素值是不允许修改的，但是，可以对元组中的元素进行统计、查找和排序，还可以对元组进行合并和删除整个元组的操作。元组的常用函数和方法见表 3-7。

表 3-7　元组常用方法和函数

方法与函数	作用	示例→结果
+	将两个元组合并成一个元组	(1,2)+(3,4)→(1,2,3,4)
*	重复合并同一个元组多次	('ab')*2 →'abab'
in	判断元素是否存在,存在为 True, 否则为 False	'a'in(2,'a','b')→True

续表

方法与函数	作用	示例→结果
len	获得元组的长度，即元组中元素个数	len((1,2,3,4)) →4
max	获得元组中的最大值	max((1,2,3)) →3
min	获得元组中的最小值	min((1,2,3)) →1
tuple.count	统计某个元素在元组中出现的次数	(1,2,1).count（1）→2
tuple.index	获取元素在元组中第 1 次出现的位置索引	tup =(1,2,'a','ab',2) tup.index（2）→1
sorted	创建对元组进行排序后的列表	tup=(2,1,9,3) sorted(tup) →[1,2,3,9]
del	删除整个元组	tup=(2,1,9,3) del tup

下面通过【例 3-4】说明 Python 中列表与元组的运用。

【例 3-4】设计一个联系人表，该表包括姓名、电话和 Email 等数据项，要求输出联系人表中的标题栏和一行数据项，并设置表格线为"------"，表格栏目分隔符为"|"。

操作步骤:

（1）启动 PyCharm，选择"File→Open"，选择 py_project 项目，或双击 py_project 项目名，打开项目。

（2）右键单击项目名称，选择"New→Python File"，在弹出的【New Python File】对话框中输入 Python 文件名为 test3-4，单击【OK】按钮，创建 test3-4.py 文件。

（3）在 PyCharm 的 test3-4.py 文件的代码编辑区内输入脚本程序代码，具体如下。

```
# -*- coding: UTF-8 -*-
title = ('姓名','电话','Email')              #创建元组
cont = ['李芳',13862345616,'lifang@163.com']    #创建列表
str1,str2,str3 = title
con1,con2,com3 = cont
str4 = "--------"
str5 = str4*4
print('%s' % (str5))
print('|%s|   %s   |    %s    |' % (str1,str2,str3))
print('%s' % (str5))
print('|%s|%d|%s|' % (con1,con2,com3))
print('%s' % (str5))
cont[0] = '李志'
cont[1] = 18573323312
cont[2] = 'lizhi@sina.com'
con1,con2,com3 = cont
print('|%s|%d|%s|' % (con1,con2,com3))
```

（4）右键单击代码编辑区，在快捷菜单中选择"Run 'test3-4'"，则在控制台区域会输出结果。

3.2.6　字典

字典的数据结构也称为映射，它是 Python 中唯一的映射类型的数据结构。字典是一个由键/值对组成的非排序可变的、包含以任意类型的数据结构作为元素的集合，如图 3-3 所示。简单来说，字典就好比是电话簿，它能将值（如电话号码）与键（如姓名）关联起来。

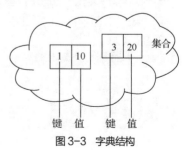

图 3-3　字典结构

所有的键会形成一个集合，在一个字典中，键必须是唯一的，并且所有的键都必须是不可变的，而与键相关联的值则没有此限制。

字典与列表、元组有所不同，列表与元组是使用索引来对应元素，而字典主要是通过键来访问对应的元素，为了获取指定键所关联的值，将键放到一对方括号中，如"值=字典对象[键]"。由于字典是可变的，所以可以对字典对象进行元素的增加、删除、修改、查询操作。

 注意 字典中的键必须使用不可变数据类型的对象，例如数字、字符串、元组等，并且键是不允许重复的；而值则可以是任意类型的，且在字典中可以重复。

1. 创建字典

字典中最关键的信息是含有对应映射关系的键值对，创建字典需要将键和值按规定格式传入特定的符号或函数中，在 Python 中创建字典有两种方法，一种是使用花括号 { } 创建，另一种是使用 dict() 函数创建。

（1）使用花括号 { } 创建字典

字典是用花括号括起来的一系列键值对，其中每个键值(key=>value)对的键与值之间用冒号分隔，各键值对之间用逗号隔开，字典的格式如下。

```
{key1:value1,key2:value2…,keyn:valuen}
```

如果不向花括号中传入任何键值对，则创建一个空字典。如果在创建字典时重复传入相同的键，因为键在字典中是不允许重复，所以字典最终会采用最后一个重复键的键值对。

创建字典的示例代码 example3-26 如下。

```
# -*- coding: UTF-8 -*-
contacts = {'张艳':13873321234,'杨丽':13623456712}    #创建 contacts 字典
student = {'Name':'张艳','Age':20,3:13873321234}       #创建 student 字典
emptydict = {}                                         #创建空字典
dict1={1:'空调',2:'1.5p',2:1989}                        #字典有重复键
print(contacts)                                        #输出字典
print(student)                                         #输出字典
print(emptydict,dict1)                                 #输出字典
```

代码运行结果如下。

```
{'张艳': 13873321234, '杨丽': 13623456712}
{'Name': '张艳', 'Age': 20, 3: 13873321234}
{} {1: '空调', 2: 1989}
```

（2）使用 dict() 函数创建字典

dict() 函数用于创建一个字典，它的作用是将传入 dict() 函数中的包含两个元素的子序列的序列对象转换为字典类型，其中子序列中第一个元素是键，第二个元素是值，一个子序列构成一个键值对。例如，包含两个元素的列表['Name','张艳']、元组('Age',20)传入 dict() 函数中即可转换为字典类型。或者将仅包含两个字符的字符串（其中字符串中的第一个字符是键，第二个字符是值）传入 dict() 函数中也可转换为字典对象。如果不向 dict() 函数不传入任何内容，则可创建一个空字典。通过转换方式用 dict() 函数创建字典的格式如下。

```
dict(([key1,value1],(key2,value2),'ab'…))
或
dict([[key1,value1],(key2,value2),'ab'…])
#key1,key2 只能是数字、字符和元组
#value1,value2 可以是数字、字符、列表、元组和字典
#ab 代表任意两个字符
```

除了通过转换方式创建字典外，还可以直接向 dict()函数传入键和值进行创建，其中须通过"="将键和值隔开，其格式如下。

```
dict(key1 = value1,key2 = value2,…,keyn = valuen)
```

注意 这种创建方法不允许键重复，否则会出现错误。

使用 dict()函数创建字典的示例代码 example3-27 如下。

```
# -*- coding: UTF-8 -*-
student = dict(([['Name','张艳'],('Age',20),'xy',('d',{1:2}))))
contacts = dict([(('tel','email'),[13873321234,'zhangyan@163.com'])])
dict1 = dict(Name='杨丽',Age=18,a=(1,2))
dict2 = dict()
print(student)
print(contacts)
print(dict1,dict2)
```

代码运行结果如下。

```
{'Name': '张艳', 'Age': 20, 'x': 'y', 'd': {1: 2}}
{('tel', 'email'): [13873321234, 'zhangyan@163.com']}
{'Name': '杨丽', 'Age': 18, 'a': (1, 2)} {}
```

通过创建字典的示例代码，可以观察到创建字典的几种方法和字典中可以包含的各种数据类型对象。字典中的值可以对应到有具体意义的键，由此可见，字典是一种非常灵活和重要的数据结构。

2. 获取字典的元素

与列表和元组不同，字典作为映射类型的数据结构，它没有索引的概念，也没有切片操作的处理方法。字典中只有键和值对应起来的映射关系，因此获取字典元素主要是利用这种映射关系来实现的。

（1）通过键获取字典元素

在字典中，获取字典元素的方法是通过字典中键与值之间的映射关系来访问对应的元素，为了获取指定键所关联的值，将键放到一对方括号中，格式为 dict[key]，即字典[键]。同时应注意传入的键要存在于字典中，否则会返回一个错误提示。为了防止传入的键不存在而导致的错误，可先检查字典中是否包含这个键，若包含就进行获取字典元素的操作。判断字典中键是否存在采用 in 语句实现。相关示例代码 example3-28 如下。

```
# -*- coding: UTF-8 -*-
student = dict(([['Name','张艳'],('Age',20)))
if'Name' in student:                    #判断键'Name'是否在 student 中
    print(student['Name'])              #输出键为'Name'的对应值
if 'Age' in student:                    #判断键'Age'是否在 student 中
    print(student['Age'])               #输出键为'Age'的对应值
```

代码运行结果如下。

```
张艳
20
```

（2）使用字典 get()函数

使用字典 get()函数能够很方便地获取字典中的元素，该函数的作用是返回传入 get()函数中的键所关联的值。如果传入 get()函数中的键在字典中不存在，函数会返回 None，屏幕上没有显示。若同时传入了替代值，当键不存在时，则会返回该替代值。

使用 get()函数的示例代码 example3-29 如下。

```
# -*- coding: UTF-8 -*-
dict1 = dict(Name='杨丽',Age=18,a=(1,2))
print(dict1.get('Name'))
print(dict1.get('age','字典中没有该键'))        #注意键 Age 的大小写
```

代码运行结果如下。

```
杨丽
字典中没有该键
```

3. 字典常用函数和方法

在 Python 的内置数据结构中，列表和字典都属于可变数据类型，与列表相似，字典同样有丰富且功能强大的方法与函数，因此，运用字典的方法和函数同样可以对字典元素进行添加、删除、修改和查找操作。同时，字典中也有 copy 方法，其作用是复制字典内容并创建一个副本对象。如果要保持原字典不变，可利用 copy 方法创建一个副本对象，然后再对副本进行操作。

（1）添加字典元素

通过向字典中传入一个新的键，并对这个新键进行赋值操作，可实现向字典中添加一个元素的功能，其格式如下。

```
dict_name[new_key]=new_value
```

但是，运用这种方法一次只能添加一个元素，如果需要向字典中添加多个元素或将两个字典合并，可以使用 update 方法。

字典中的 update 方法可实现将两个字典中的键值对进行合并，传入字典中的键值对会复制添加到调用函数的字典对象中。若两个字典中存在相同的键，传入字典中的键所对应的值会替换掉调用函数字典对象中的原有值，实现值更新的效果。添加字典元素的示例代码 example3-30 如下。

```
# -*- coding: UTF-8 -*-
student = dict(([['Name','张艳'],('Age',20)))
stu_copy = student.copy()                   #创建一个字典
stu_copy['tel'] = 13873321234               #给字典副本添加键为 tel 的值
dict1 = dict(Name='杨丽',ClassName='软件一班')
stu_copy.update(dict1)                       #合并字典,相同键 Name 的值会被替换
print(stu_copy)
```

代码运行结果如下。

```
{'Name': '杨丽', 'Age': 20, 'tel': 13873321234, 'ClassName': '软件一班'}
```

（2）删除字典元素

使用 del 语句可以删除某个键值对，另外，字典也包含 pop 语句，只要传入键，函数就能将对应的值从字典中抽离，若要清空字典内容，可以使用 clear()函数。

使用 del 语句删除元素的格式如下。

```
del dict_name[key]
```

使用 pop 语句删除字典元素时，向 pop 语句传入需要删除的键，则会返回对应的值，并在字典中移除相应的键值对。若将函数返回的结果赋值给变量，就相当于从字典当中抽离出了值。

使用 clear()函数会删除字典中的所有元素，最终会返回一个空字典。

删除字典元素的示例代码 example3-31 如下。

```
# -*- coding: UTF-8 -*-
student = dict(([['Name','张艳'],('Age',20),'xy',('d',{1:2})))
del student['x']                  #删除键为 x 的值
print(student)
student.pop('d')                  #删除键为 d 的值
print(student)
stu_copy = student.copy()
```

```
print(stu_copy.clear())                #清空字典
```

代码运行结果如下。

```
{'Name': '张艳', 'Age': 20, 'd': {1: 2}}
{'Name': '张艳', 'Age': 20}
None
```

（3）修改字典元素

修改字典中某个元素，可使用键访问赋值来实现，其格式如下。

```
dict_name[key]=new_value
```

例如，字典 student = dict((['Name','张艳'],('Age',20)))，现要修改键 Age 的值为18，则使 student['Age']=18 即可。

（4）查询和获取字典元素信息

在实际应用中，经常会遇到查询某个键或值是否存在于字典中的情况，除了可以使用提取字典元素的方法进行查询外，还可以使用 in 语句进行判断。在字典方法中，可以使用 keys 获取字典中的所有键，使用 values 获取字典中的所有值，使用 itmes 得到字典中的所有键值对。使用 keys、values、itmes 所返回的结果是字典中键、值或键值对的迭代形式，可以通过 list()函数将返回结果转换为列表类型，同时可以利用 in()函数来判断值和键值对是否存在于字典中。查询和获取字典元素信息示例代码 example3-32 如下。

```
# -*- coding: UTF-8 -*-
student = dict((['Name','张艳'],('Age',20)))
all_keys = student.keys()              #获取所有键
print(all_keys)
all_values = student.values()          #获取所有值
print(all_values)
all_itmes = student.items()            #获取所有键值对
print(all_itmes)
keys = list(student.keys())            #获取所有键
print(keys)
values = list(student.values())        #获取所有值
print(values)
key_value= keys[values.index(20)]      #查找值为 20 所对应的健
print(key_value)
if 'Name' in student:
    print(student['Name'])             #输出键 Name 所对应的值
```

代码运行结果如下。

```
dict_keys(['Name', 'Age'])
dict_values(['张艳', 20])
dict_items([('Name', '张艳'), ('Age', 20)])
['Name', 'Age']
['张艳', 20]
Age
张艳
```

下面通过【例 3-5】说明 Python 中字典的运用。

【例 3-5】设计一个联系人表，该表包括姓名、电话和 Email 等数据项，要求输出联系人表中的标题栏和一行数据项，并设置表格线为 "------"，表格栏目分隔符为 "|"。

操作步骤：

（1）启动 PyCharm，选择 "File→Open"，选择 py_project 项目，或双击 py_project 项目名，

打开项目。

（2）右键单击项目名称，选择"New→Python File"，在弹出的【New Python File】对话框中输入 Python 文件名为 test3-5，单击【OK】按钮，创建 test3-5.py 文件。

（3）在 PyCharm 的 test3-5.py 文件的代码编辑区内输入脚本程序代码，具体如下。

```python
# -*- coding: UTF-8 -*-
con_dict = {'姓名':'李芳','电话':13862345616,
            'Email':'lifang@163.com'}          #创建字典
all_keys = con_dict.keys()                      #获取字典中所有键
str1,str2,str3 = all_keys                        #将键赋值给变量
str4 = "--------"
str5 = str4*4
print('%s' % (str5))
print('|%s|   %s   |    %s  |' % (str1,str2,str3))
print('%s' % (str5))
print('|%s|%s|%s|' % (con_dict['姓名'],
                      con_dict['电话'],con_dict['Email']))
print('%s' % (str5))
#修改字典中键所对应的值
con_dict['姓名'] = '李志'
con_dict['电话'] = 18573323312
con_dict['Email'] = 'lizhi@sina.com'
print('|%s|%s|%s|' % (con_dict['姓名'],
                      con_dict['电话'],con_dict['Email']))
```

（4）右键单击代码编辑区，在快捷菜单中选择"Run 'test3-5'"，则在控制台区域会输出结果。

3.2.7　集合

集合（set）就是一个由唯一元素组成的非排序的集合体。所谓"非排序"就是指集合中的元素不以任何特定的形式存储，"唯一"是指集合中的任何元素最多只能出现一次，也就是说集合中没有重复项。在数学中集合是至关重要的，因此，在 Python 中内置了集合的数据结构，而且 Python 中的集合类型与数学集合论中所定义的集合概念基本上是一致的。

1. 创建集合

根据集合中的数据结构对象是否可变，可将集合类型数据结构分为可变集合和不可变集合。由于可变集合对象是可变的，所以，可对其元素进行增加和删除操作，并直接作用在对象上。

创建可变集合的方法是使用花括号{ }或 set()函数，其格式如下。

```
{value0,value1,value2…}        #花括号中的元素可以为数字、字符串、元组
set(value)                      #value 是列表或元组
```

在使用花括号{ }创建可变集合时，传入的元素对象必须是不可变的，即不能传入列表、字典甚至可变集合等。另外，可变集合的 set()函数能够将数据结构对象转换为可变集合类型，即将集合元素存储为一个列表或元组，再使用 set()函数转换成可变集合。在创建时，无须担心传入的元素是否重复，因为结果中会将重复元素删除。若要创建空集合，只能使用 set()函数且不传入任何参数。

由于不可变集合对象属于不可变数据类型，因此，不能对其中的元素进行修改处理。创建不可变集合方法是使用 frozenset()函数。此时，传入函数中的集合元素必须是不可变数据类型。若要创建一个空不可变集合，可使用 frozenset()函数且不传入任何参数。

创建集合的示例代码 example3-33 如下。

```python
# -*- coding: UTF-8 -*-
student = {'王明',20,('李志',18)}          #用{}创建可变集合
```

```
student1 = set([1,2,5,1,(1,4),2])        #用 set 创建可变集合,重复值会删除
str = set('asd')                         #用 set 创建可变集合
set()                                    #创建空集合
print(student)
print(student1,str)
student2 = frozenset(('王明',20,'张宁',19))  #创建不可变集合
print(student2)
```

代码运行结果如下。

```
{'王明', 20, ('李志', 18)}
{1, 2, 5, (1, 4)} {'d', 's', 'a'}
frozenset({'王明', 19, 20, '张宁'})
```

2. 集合的运算

集合是由互不相同的元素对象构成的无序整体。集合包含多种运算，这些集合运算会获得满足某些条件的元素集合。在数学中，集合的运算包括并集、交集、差集、异或差集等。当需要获取两个集合之间的并集、交集、差集等元素时，这些集合运算能够获取集合之间的某些特殊信息。

在 Python 中，集合对象支持 union（并集）、intersection（交集）、difference（差集）和 sysmmetric_difference（异或差集）等数学运算操作。对于这些操作，Python 都有相应的方法或相关的操作运算符，集合运算方法见表 3-8 所示，其中 s1 = set('hi')，s2 = set('Python')。利用集合运算方法，可实现从两个集合中创建出满足某些条件的新集合。

表3-8　集合运算方法

方法	作用	示例→结果
difference	根据一个集合中不存在于另一个集合中的元素,创建出一个新的集合	s1.difference(s2)→{'i'}
intersection	根据两个集合中共有的元素，创建出一个新集合	s1.intersection(s2) →{'h'}
issubset	判断一个集合的所有元素是否都包含于另一个集合	s1.issubset(s2) →False
issuperset	判断一个集合是否包含于另一个集合的所有元素	s1.issuperset(s2) →False
symmetric_difference	根据两个集合中的所有不存在于对方的元素,创建出一个新的集合	s1.symmetric_difference(s2)→{'o', 'p', 'i', 'y', 't', 'n'}
union	根据两个集合中的所有元素，创建出一个新的集合	s1.union(s2) →{'y', 'h', 'n', 't', 'i', 'o', 'p'}

集合运算的方法也可以用运算符来实现，它们之间的对应关系见表 3-9，其中 s1 = set('hi')，s2 = set('Python')。

表3-9　集合运算符

运算符	方法调用	示例
–	difference	s1-s2 相当 s1.difference(s2)
&	intersection	s1&s2 相当 s1.intersection(s2)
		union	s1|s2 相当 s1.union(s2)
<=	issubset	s1<=s2 相当 s1.issubset(s2)
>=	issuperset	s1>=s2 相当 s1.issuperset(s2)
^	symmetric_difference	s1^s2 相当 s1.symmetric_difference(s2)

3. 集合常用函数和方法

除了对集合进行数学运算操作外，集合还有一些常用的操作。例如，消除重复元素，获取集合中的元素个数，使用 in 语句查询元素是否存在于集合中和遍历集合中的元素等。同时，集合还可以对可变集合的元素进行添加和删除操作。集合常用的操作如表 3-10 所示，其中 s1 = set('hi')，s2 = set('py')。

表 3-10　集合常用函数和方法

函数和方法	作用	示例→结果
add()	向可变集合中添加一个元素	s1.add('!!')→{'!!', 'h', 'i'}
update()	向可变集合添加其他集合的元素，即合并两个集合	s1.update(s2)→{'y','i','p','h'}
pop()	删除可变集合中的一个元素，当集合对象是空集时，返回错误提示	s1.pop()→{'h'}
remove()	删除可变集合中指定的一个元素	s1.remove('h') →{'i'}
clear()	删除可变集合中的所有元素，返回集合	s1.clear→set()
in()	用于查询元素是否存在于集合中	'h'in s1→True
len()	获取集合中的元素个数	len(s1) →2
copy()	复制可变集合内容并创建一个副本对象	s1.copy() →{'i','h'}

下面通过【例 3-6】说明 Python 中集合的运用。

【例 3-6】创建 s1 和 s2 两个集合，对 s1 集合进行添加元素操作，再对 s1 和 s2 进行集合运算操作，请观察运行结果。

操作步骤：

（1）启动 PyCharm，选择"File→Open"，选择 py_project 项目，或双击 py_project 项目名，打开项目。

（2）右键单击项目名称，选择"New→Python File"，在弹出的【New Python File】对话框中输入 Python 文件名为 test3-6，单击【OK】按钮，创建 test3-6.py 文件。

（3）在 PyCharm 的 test3-6.py 文件的代码编辑区内输入脚本程序代码，具体如下。

```python
# -*- coding: UTF-8 -*-
s1 = set('hello')                   #创建由字符串字母组成的集合
s2 = set(('hello',))                #创建一个英文单词集合
print(s1,s2)
s1 = set(['hello','world'])
s2 = set(('hello','Python'))
print(s1,s2)
s1.add('!')                         #向 s1 集合添加字符
s1.update(s2)                       #向 s1 集合添加 s2 集合
print(s1,s2)
#s1, s2 集合运算
print(s1-s2)
print(s1&s2)
print(s1|s2)
print(s1>=s2)
print(s1<=s2)
print(s1^s2)
```

（4）右键单击代码编辑区，在快捷菜单中选择"Run 'test3-6'"，则在控制台区域会输出结果。

3.3　Python 流程控制语句

在程序的执行过程中，程序的执行顺序会直接影响程序的执行结果。而程序的执行顺序又是由程序中的流程控制结构决定的。程序中的流程控制结构包括顺序结构、选择结构和循环结构。其中，顺序结构的程序代码从上往下，依次执行；选择结构是根据用户的输入或语句执行的中间结果来选择执行不同的程序代码；循环结构是根据某项条件重复执行某些程序代码若干次。因此，流程控制语句用于控制程

序的执行顺序，以实现对程序进行选择或循环的操作。流程控制语句是程序语言的基础，也是程序设计的重点。

Python 与其他程序设计语言相似，同样具有流程控制语句，下面将介绍 Python 的条件分支语句和循环控制语句。

3.3.1 if 条件语句

在日常生活中，人们常常会根据不同的条件来决定执行不同的任务。例如，出行是选择地铁，还是公交车；旅游是选择自由行，还是随团旅行等。而在程序执行过程中，常常会遇到选择结构的程序，如根据学生成绩来输出学生成绩的等级。在 Python 中，如果想实现上述的条件选择，只能使用 if 语句来实现。if 条件语句的基本语法格式如下。

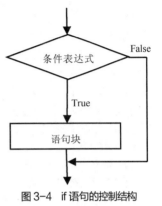

图 3-4　if 语句的控制结构

```
if 条件表达式:
    语句块
```

if 语句在执行过程中，首先判断条件表达式（也就是布尔表达式）是否成立，即条件表达式是否为真（True），如果为真（True），则执行冒号（:）下面的语句块，否则，就不执行该语句块。if 语句的控制结构如图 3-4 所示。

每个条件后面都要使用冒号（:）来表示满足条件时要执行的语句块。使用缩进来划分语句块，相同缩进的语句组成一个语句块。

if 条件语句的基本语法格式也称为单路分支语句，其示例代码可参见 3.2 节中的 example3-28 代码。

除了单路分支语句外，在实际应用中，还会经常遇到多路分支语句。多路分支语句的语法格式如下。

```
if 条件表达式 1:
    分支一语句块
elif 条件表达式 2:
    分支二语句块
else:
    分支三语句块
```

多路分支语句的执行过程：首先判断条件表达式 1 是否为真，如果结果为真，则执行第 1 个分支语句中的所有语句；如果为假，则判断条件表达式 2 是否为真，如果结果为真，则执行第 2 个分支语句中的所有语句；如果为假，则执行第 3 个分支语句中的所有语句。如果只有两个分支，那么就不需要 elif，直接写 else 即可。如果有更多的分支，则需要添加更多的 elif 语句。

 注意　Python 中没有 switch 和 case 语句。多路分支语句只能通过 if...elif...else 流程控制语句来实现，并且每个分支语句都要有严格的缩进。

多路分支语句的示例代码 example3-34 如下。

```
# -*- coding: UTF-8 -*-
#input 从标准输入中得到的值是一个字符串
grade = input("\n 请输入学生成绩:")
if int(grade)>=85 :              #用 int(grade)强制转换为整型
    print("优秀学生! ")
elif int(grade)<60 :
    print("不合格学生! ")
else :
    print("合格学生! ")
```

3.3.2 while 循环控制语句

在算术计算中，经常会遇到求数字 1～*n* 的累加和，那么，怎样才能实现求累加和计算呢？第 1 种方法是将 1～*n* 个数字相加后赋值给变量，这种方法不适合 *n* 较大的情况；第 2 种方法是将 1+2+…+*n* 计算公式拆分成 s=s+i 公式，其中等号左边变量 s 是本次计算和，而等号右边变量 s 是上次计算和，i 则是计算的次数。那么，求数字 1～*n* 的累加和可看成是将 s=s+i 反复执行 *n* 次。这种在某项条件满足之前，即计算次数小于 *n* 次时，将某项任务（即 s=s+i）反复执行的过程就是循环结构。在程序设计中，通过循环控制语句可以实现循环结构。Python 中的循环控制语句有 while 语句和 for 语句，其中，while 语句是常用的循环控制语句之一，它的语法格式如下。

```
while(条件表达式):
    语句块
```

while 语句的执行过程如下：首先判断条件表达式是否为真，如果结果为真，则执行条件表达式冒号（：）后的语句块，执行完毕后再次判断条件表达式是否为真，如果仍然为真，则再次执行冒号（：）后的语句块，如此反复，直到条件表达式为假。while 循环控制语句的控制结构如图 3-5 所示。

运用 while 语句实现 1～*n* 累加和计算的示例代码 example3-35 如下。

```
# -*- coding: UTF-8 -*-
str = input("\n请输入数字n:")
s,i = 0,1
while (i<=int(str)):
    s = s + i
    i += 1
print('1至 %d 之和为: %d' % (int(str),s))
```

如果循环语句的条件表达式永远为 True，则该循环语句是无限循环，如果要退出当前的无限循环，可以使用【Ctrl】+【C】组合键来中断执行。另外。也可以使用 continue 和 break 语句来跳出循环。利用无限循环和循环嵌套来实现计算 1～*n* 的累加和，其示例代码 example3-36 如下。

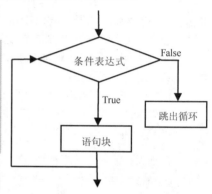

图 3-5　while 循环控制语句的控制结构

```
# -*- coding: UTF-8 -*-
var = 1
while (var==1) :                          #设置无限循环
    str = input("\n请输入数字n:")          #输入数字n
    s,i = 0,1
    while (i<=int(str)) :                  #循环嵌套，求1至n的累加和
        s = s + i
        i += 1
    print('1至 %d 之和为: %d' % (int(str),s))
```

在 while 循环中可以使用 else 语句，其语法格式如下。

```
while (条件表达式):
    语句块1
else:
    语句块2
```

其中，else 用于指定在条件表达式为假或退出当前循环后，所要执行的语句块 2；当条件表达式为真时，循环语句执行语句块 1。while...else 示例代码 example3-37 如下。

```
# -*- coding: UTF-8 -*-
s,i = 0,1
```

```
while (i<=100):                              #求1至100的累加和
    s = s + i
    i += 1
else:
    print('1至 %d 之和为: %d' % (i-1,s))      #输出1至100累加和
```

3.3.3 for 循环控制语句

在 Python 中，for 循环是一个通用的序列迭代器，可以遍历任何序列，如字符串、列表、元组等。

Python 中的 for 语句接收可迭代对象，如序列和迭代器作为其参数，每次循环可以调取其中的一个元素。Python 的 for 循环看上去像伪代码，非常简洁。for 循环控制语句的格式如下。

```
for  <变量> in <序列>:
    语句块
```

for 语句的示例代码 example3-38 如下。

```
# -*- coding: UTF-8 -*-
str = 'Python'
for i in str:
    print(i)


for i in ('c','java','Python','php'):
    print("循环数据 " + i)
```

for 循环中也可以使用 else 语句，其语法格式如下。

```
for  <变量> in <序列>:
    语句块 1
else:
    语句块 2
```

其中，else 用于指定当 for 循环的条件为假或退出当前循环后，所要执行的语句块 2，for…else 的示例代码 example3-39 如下。

```
# -*- coding: UTF-8 -*-
for i in ('c', 'java', 'Python', 'php'):
    print("循环数据 " + i)
else:
    print('循环完成! ')
```

3.3.4 range()函数的作用

range()函数是 Python 的内置函数，它可以返回一系列连续添加的整数，生成一个列表对象。range()函数常在 for 循环中作为索引使用。在 Python 3.0 中 range()函数是一个迭代器。range()函数语法格式如下。

```
range(start,end[,step])
```

函数中的参数说明如下。

❑ start：计数的开始位置，默认是从 0 开始。例如，range(3)等价于 range(0,3)。

❑ end：计数到 end 结束，但不包括 end。例如，range(0,3)相当于[0,1,2]，但不包括 3。

❑ step：步长，默认为 1。例如，range(0,3)等价于 range(0,3,1)。

在 Python 中，range()函数有以下作用。

（1）使用 range()函数生成数列，如 range(3)生成数列 0,1,2。

（2）使用 range()函数指定区间的值，如 range(-1,-8,-2)生成的值为-1,-3,-5,-7。

（3）range()函数在 for 循环中可作为索引使用。

（4）使用 range()和 len()函数来遍历序列的索引。

（5）使用 range()函数创建一个列表。

range()函数的示例代码 example3-40 如下。

```
# -*- coding: UTF-8 -*-
for i in range(3):                      #生成数列
    print(i)
for i in range(-1,-8,-2):               #创建指定区间的值
    print(i)
for i in range(3):                      #作为索引
    print(i, 'Python')
str = ['C','Java','Python','PHP']
for i in range(len(str)):               #遍历序列的索引
    print(i, str[i])
a = list(range(8))                      #创建列表
print(a)
```

3.3.5 break、continue、pass 语句

1. break 语句

在 while 和 for 循环中，break 语句的作用是终止循环语句，即循环条件没有 False 条件或者序列还没被完全递归完，就停止执行循环语句，跳出循环。在嵌套循环中，break 语句可以停止执行最深层的循环，并开始执行下一行代码。

在 Python 中，break 语句的语法格式为 break。

例如：求 1～100 的奇数和，其示例代码 example3-41 如下。

```
# -*- coding: UTF-8 -*-
s,i = 0,1
while (i) :
    s = s + i
    i += 2
    if (i> 100):
        break                  #当 i 大于 100 时，跳出循环
print(s)
```

2. continue 语句

在 while 和 for 循环中，continue 语句作用是告诉 Python 跳过当前循环的剩余语句，然后继续进行下一轮循环。continue 语句与 break 语句不同，continue 语句是跳出本次循环，而 break 语句是跳出整个循环。

continue 语句的语法格式为 continue。

现仍然以求 1～100 的奇数和为例，观察用 continue 语句编程与用 break 语句编程有什么不同之处，其示例代码 example3-42 如下。

```
# -*- coding: UTF-8 -*-
s = i = 0
while (i<100) :
    i += 1
    if (i%2==0):           #如果 i 是偶数，执行 continue 语句
        continue           #遇到 continue 语句直接继续下一轮循环，后续语句不会执行
    s = s + i
```

```
        print(i,s)
print(s)
```

3. pass 语句

pass 是空语句，其作用是保持程序结构的完整性。pass 语句不做任何操作，一般用作占位语句。pass 语句的语法格式为 pass。其示例代码 example3-43 如下。

```
# -*- coding: UTF-8 -*-
# 输出 Python 的每个字母
for letter in 'Python':
    if letter == 'h':
        pass
        print('这是 pass 块')
print('当前字母 :', letter)
```

3.4 Python 的函数

函数就是可重复使用并能完成特定功能的程序段。它是 Python 为了使代码效率最大化，减少冗余而提供的最基本的程序结构。函数的作用是将复杂的大问题分解成一系列的小问题，以实现降低编程难度和提高代码的重复利用率。Python 与其他编程语言一样，不仅提供了许多内置函数，而且还提供了自定义函数的功能。

3.4.1 自定义函数

在 Python 中定义函数的方法是以 def 关键词开头，其后紧跟函数标识符名称和圆括号()。圆括号内包含将要在函数体中使用的形式参数（简称形参），各参数之间用逗号分隔，定义语句以冒号（:）结束。函数体编写另起一行，函数体的缩进为 4 个空格或者一个制表符，函数定义的语法格式如下。

```
def 函数名(参数列表):
    函数体
```

定义一个求 1~n 累加和的函数，其中，函数名为 sum_function，输入的参数是 n，输出参数为 sum，函数定义的示例代码 example3-44 如下。

```
# -*- coding: UTF-8 -*-
def sum_function(n):
    sum,i=0,1          #求1到n数字的累加和sum
    while (i<=n) :
        sum = sum + i
        i += 1
    print('1 至 %d 之和为: %d' % (n,sum))
    return sum
```

由于 Python 的参数不需要声明数据类型，因此，在函数开头要说明函数用途和输入与输出，目的是方便调用函数时可输入数据类型正确的数据，以防止程序报错。

3.4.2 设置函数参数

参数对于函数而言，只是作为函数的输入，目的是调用函数时可以传递不同的值给函数，然后得到相应的结果。在定义函数时，函数名后面的圆括号中的变量称为形式参数（简称为"形参"）；在调用函数时，函数名后面的圆括号中的变量称为实际参数，（简称为"实参"）。Python 中的函数参数主要有以下 4 种。

❑ 位置参数：调用函数时，根据函数定义的位置来传递参数。

❑ 关键字参数：通过"键-值"形式来指定，可以让函数更加清晰，且容易使用。同时，也不需要指定参数的顺序。

❑ 默认参数：定义函数时为参数提供的默认值，调用函数时，默认参数的值可传递，也可不传递。需注意的是，所有位置参数必须出现在默认参数前，包括函数定义和调用。

❑ 可变参数：定义函数时，有时不能确定调用时会传递多少个参数，此时，采用定义任意位置参数或者关键字参数的方法来进行参数传递，会显得非常方便。

1. 默认参数

在调用内建函数时，往往会发现很多的函数提供了默认的参数。默认参数为程序人员提供了极大的便利，特别对于初次接触该函数的人来说更是意义重大。默认参数为设置函数的参数提供了参考。

注意 默认参数一定要用不可变对象，如果是可变对象，运行会有逻辑错误。

例如，设计一个计算学生期评成绩的函数，该函数的输入参数为学生平时成绩、期末成绩、平时成绩比例和期末成绩比例，并将平时成绩比例和期末成绩比例的默认值设置为 40% 和 60%，则该函数的示例代码 example3-45 如下。

```
# -*- coding: UTF-8 -*-
#定义函数，默认参数 n_perc, e_perc
def score_fun(normal,exam,n_Perc=0.4,e_Perc=0.6):
    #求期评成绩
    score = normal*n_Perc+exam*e_Perc
    return score
```

调用具有默认参数的函数时，默认参数的值可不传递，如调用 example3-46 中的函数时，用 score_fun(80,78)即可。

2. 任意数量的位置可变参数

定义函数时需要定义函数的参数个数，通常情况下，参数个数表示了函数可调用的参数个数的上限。但是也有在定义函数时无法得知参数个数的情况，在 Python 中使用*args 和**kwargs 可以定义可变参数，在可变参数之前可以定义 0 到任意多个参数，可变参数永远放在参数的最后面。

在定义任意数量的位置参数时，需要用一个星号（*）前缀来表示。在传递参数的时候，可以在原有参数后面添加 0 个或多个参数，这些参数将会被放在元组内并传入函数。任意数量的位置可变参数必须定义在位置参数之后。定义任意数量的位置可变参数示例代码 example3-46 如下。

```
# -*- coding: UTF-8 -*-
#定义函数
def example_fun(x,*args):
    print('x=',x)
    print('args=',args)
#调用函数
example_fun(67,78,'asd','xyz')
```

程序运行结果如下。

```
x= 67
args= (78, 'asd', 'xyz')
```

从运行结果中可知，*args 参数传入函数后存储在一个元组中。

3. 任意数量的关键字可变参数

在定义任意数量的关键字可变参数时，参数名称前面需要有两个星号（**）作为前缀。在传递时，可以在原有的参数后面添加任意数量的关键字可变参数，这些参数会被放到字典内并传入函数中。带两个星号前缀的参数必须在所有参数后面，顺序不可以调转，其示例代码 example3-47 如下。

```
# -*- coding: UTF-8 -*-
#定义函数
def example_fun(x,*args,**kwargs):
    print('x=',x)
    print('args=',args)
    print('kwargs=',kwargs)
#调用函数
example_fun(67,78,'asd','xyz',a=1,b=2)
```

程序运行结果如下。

```
x= 67
args= (78, 'asd', 'xyz')
kwargs= {'a': 1, 'b': 2}
```

从运行结果中可见，**kwargs 参数传入函数后存储在一个字典中。

3.4.3 返回函数值

函数可以处理一些数据，并返回一个或一组值。函数返回的值称为返回值。如果想要保存或者调用函数的返回值，需要用到 return 语句。例如，示例代码 example3-45 中返回的期评成绩 score。

Python 对函数返回值的数据类型没有限制，包括列表或字典等复杂的数据结构。当程序执行到函数中的 return 语句时，就会将指定的值返回并结束函数，后面语句不会被执行。

3.4.4 调用自定义函数

Python 中使用"函数名()"的格式对函数进行调用，根据参数传入方式不同，总共有 3 种函数调用方式，分别为位置参数调用、关键字参数调用和可变参数调用。

1. 位置参数调用

位置参数调用是函数调用中最常用的方式，函数的参数严格按照函数定义时的位置传入，顺序不可以调换，否则会影响输出结果或者直接报错。例如，range(1,2,4)与 range(1,4,2)输出结果分别为 1 和 1，3。

2. 关键字参数调用

除了可以使用位置参数对函数进行调用外，还可以使用关键字参数对函数进行调用。使用关键字参数时，可以不严格按照位置，因为解释器会自动按照关键字进行匹配。例如，示例代码 example3-45 中用关键字参数正确调用函数示例 score_fun(exam=78，normal=80)或 score_fun(80,exam=78)。

关键字参数可以与位置参数混用，但是关键字参数必须跟在位置参数后面，否则系统会抛出异常。

3. 可变参数调用

使用*args 可变参数列表可以直接将元组或列表转换为参数，然后传入函数。例如，定义列表args=[1,6,2]，使用 list(range(*args))转换成列表[1,3,5]。

使用**kwargs 关键字参数列表可以直接将字典转换为关键字参数，然后传入函数。其示例代码example3-48 如下。

```
# -*- coding: UTF-8 -*-
def contacts(name,**kwargs):
    print('name:',name,'tel:',kwargs)
#调用函数
contacts('李芳',tel='13834561234',email='lifang@163.com')
```

程序运行结果如下。

```
name: 李芳 tel: {'tel': '13834561234', 'email': 'lifang@163.com'}
```

3.4.5 局部变量和全局变量

Python 创建、修改或查找变量名都是在命名空间中进行的,更准确地说是在特定的作用域下进行的,所以在使用某个变量名时,应清楚地知道其作用域。由于 Python 不能声明变量,所以变量第一次被赋值时即与一个特定作用域绑定了。定义在函数内部的变量拥有一个局部作用域,定义在函数外部的变量拥有一个全局作用域。

1. 局部变量

在定义函数时,往往需要在函数内部对变量进行定义和赋值,在函数体内定义的变量为局部变量,局部变量只能在其被赋值的函数内部访问。

例如定义一个求两个数之和的函数,在函数体内定义的 sum 变量就是一个局部变量,其示例代码 example3-49 如下。

```
# -*- coding: UTF-8 -*-
def total(x, y):
    #求两个数之和
    sum = x + y   # sum 是局部变量
    print('函数内是局部变量: ', sum)
    return sum
#调用 total 函数
total(10,20)
print(sum)
#输出<built-in function sum>,函数体外不能访问局部变量
```

2. 全局变量

定义在函数体外的变量称为全局变量。全局变量可以在函数体内被调用,其示例代码 example3-50 如下。

```
# -*- coding: UTF-8 -*-
total = 10
def fun():
    sum = total + 100    #调用了全局变量 total
    return sum
#调用 fun 函数
a = fun()              #a=110,在函数体内调用了全局变量 total
print(a)
```

注意　全局变量不能在函数体内直接被赋值。

如果将 example3-50 代码中 sum = total + 100 修改为 total = total + 100,并将 return sum 修改为 return total,程序会报错。

但是,若同时存在全局变量和局部变量,那么函数体会使用局部变量覆盖全局变量,对 example3-50.py 代码进行修改,具体如下。

```
# -*- coding: UTF-8 -*-
total = 10
def fun():
```

```
    total = 0                    #定义 total 局部变量
    total = total + 100    #全局变量 total 被局部变量覆盖
    return total
#调用 fun 函数
a = fun()              #a=100
print(a)
```

如果想要在函数体内对全局变量赋值，则需要使用关键字 global（嵌套函数中用 nonlocal，用法与 global 一样），对 example3-50.py 代码进行修改，具体如下。

```
# -*- coding: UTF-8 -*-
total = 10
def fun():
    global total                 #定义 total 为全局变量
    total = total + 100    #全局变量 total
    return total
#调用 fun 函数
a = fun()              #a=110
print(a)
```

 注意 global 关键字应尽量少用，因为它会使代码变得混乱，使程序可读性变差，相反，局部变量会使代码更加抽象，封装性更好。

3.4.6 函数嵌套

Python 允许在函数中定义另外一个函数，这就是函数的嵌套。定义在其他函数内部的函数称为内建函数，而包含有内建函数的函数称为外部函数。其中，内建函数中的局部变量独立于外部函数，如果想使用外部函数的变量，则需要声明该变量为全局变量。

定义一个求均值函数，首先定义求计算数值和函数，并将它作为求均值函数的内建函数，即将该函数嵌套在求均值函数中，其示例代码 example3-51 如下。

```
# -*- coding: UTF-8 -*-
#求均值函数
def mean(args):
    m=0
    def sum(x):                       #求计算数值和函数
        total = 0
        for i in x:
            #print(i)
            total += i
        return total
    m = sum(args)/len(args)
    return m
#调用 mean 函数
args=list(range(6))
a = mean(args)
print(a)
```

Python 将函数也视为对象，因此，允许外部函数在返回结果时直接调用内部函数的结果，所以可以对求均值函数做简化，令其直接返回求计算数值和函数的结果，对 example3-51 代码进行修改，具体如下。

```
# -*- coding: UTF-8 -*-
def mean(args):                          #求均值函数
    def sum(x):                          #求计算数值和函数
        total = 0
        for i in x:
            #print(i)
            total += i
        return total
    return sum(args)/len(args)           #直接返回 sum 函数的结果
#调用 mean 函数
args=list(range(6))
a = mean(args)
print(a)
```

3.4.7　匿名函数

Python 使用 lambda 创建匿名函数。所谓匿名，就是不使用 def 语句定义一个函数。lambda 的主体是一个表达式，只能在 lambda 表达式中封装有限的逻辑。lambda 函数拥有自己的命名空间，并且不能访问自己参数列表外或全局命名空间中的参数。

lambda 函数的语法只包含一个语句，其格式如下。

```
lambda [arg1[,arg2……argn]]:表达式
```

示例代码如下。

```
#定义函数
sum = lambda arg1,arg2:arg1+arg2
#调用 sum 函数
print ("相加后的值为 : ", sum( 20, 30 ))
```

◤ 项目实践

1.　项目描述

设计一个购物车处理程序，完成如下操作。

（1）创建商品价格表，包括商品名称、商品价格，商品内容自拟。

（2）创建一个购物车，购物车用于保存所购商品名称和商品价格。

（3）输入提示信息：购物金额上限、商品编号或选择相应操作符（p 打印，m 移出，v 查看，q 退出）。

（4）当购物车内商品货款合计大于购物金额时，提示不能购买商品。

（5）当购物车内商品货款合计小于购物金额时，返回重新选择购物操作。

（6）选择"p"打印出购物清单，包括商品名称、商品价格、购物合计金额和余额。

（7）选择"m"移出购买商品，首先显示购物清单，输入购买车中商品编号，删除购物车中商品，重新显示修改后购物清单。

（8）选择"v"查看购物清单。

（9）选择"q"退出购物程序。

2.　项目设计思路

（1）利用列表存储商品价格信息和购物车中购物信息。

（2）利用 enumerate()函数获得商品价格表和购物车中购物信息的索引序列。

（3）利用 input 输入提示信息，并利用 isdigit()方法检测字符串是否只由数字组成。

（4）定义显示商品价格表的函数，函数为 view_goods(sum,balance,*args)。

（5）定义显示购物车内购买商品信息的函数，函数为 view_shop(sum,balance,*args)。

（6）利用 while True: 语句设置无限循环，将购物操作程序放置在无限循环中，利用 exit()直接终止 Python 程序，退出无限循环。

3. 程序设计代码（test3-7.py）

```python
# -*- coding: UTF-8 -*-
#1.创建商品价格表
goods_list = [('电视机',3500),('空调',2300),('洗衣机',760),
              ('华为手机',2400),('运动鞋',550),('真丝连衣裙',890),]


#2.创建一个购物车
shop_list = []
def view_goods(sum,balance,*args):
    print("--------购物清单------")
    for i in args:
        print(i)
    print("合计购物金额: ", sum, "余额是", balance)
def view_shop(sum,balance,*args):
    print("--------购物清单------")
    for s_index, goods in enumerate(*args):
        print(s_index, goods)
    print("合计购物金额: ", total, "余额是", money)
money = input("请输入购物金额:")
total = 0
if money.isdigit():
    money = int(money)
    while True:
        for index, item in enumerate(goods_list):
            print(index, item)
        choice_goods = input("选择商品编号\
                    (p打印,m移出,v查看, q退出 ):")
        if choice_goods.isdigit():
            choice_goods = int(choice_goods)
            if choice_goods >= 0 and choice_goods < len(goods_list) :
                goods_item = goods_list[choice_goods]
                if goods_item[1] <= money:  # 判断能否买入
                    shop_list.append(goods_item)
                    money -= goods_item[1]
                    total += goods_item[1]
                    print("添加 %s 到购物车,您的购物款还有%s 元"
                            % (goods_item, money))
                else:
                    print("您的余额只剩[%s]不足, 抱歉不能购买" % money)
            else:
                print("商品编号[%s]不存在! " % choice_goods)
        elif choice_goods == 'p':
```

```
        view_goods(total,money,shop_list)
        exit()
    elif choice_goods == 'm':
        view_shop(total, money, shop_list)
        move_goods = input("选择移出商品编号:")
        if move_goods.isdigit():
            move_goods = int(move_goods)
            if move_goods >= 0 and move_goods < len(shop_list):
                move_item = shop_list[move_goods]
                money += move_item[1]
                total -= move_item[1]
                del shop_list[move_goods]
        view_shop(total, money, shop_list)
        exit()
    elif choice_goods == 'v':
        view_goods(total, money, shop_list)
        exit()
    elif choice_goods == 'q':
        exit()
```

◣ 本章小结

本章介绍了 Python 基础语法，Python 的数字、字符串、列表、元组、字典和集合等数据类型的特点和运用，Python 的条件分支语句、for 循环和 while 循环语句的运用，函数的基本概念，以及创建函数和调用函数的方法等。最后通过项目实践，介绍了运用 Python 的列表、流程控制语句和函数，设计了一个 Python 购物车项目。

◣ 思考练习

1. 简答题

（1）如何进行 Python 编码设置？如何声明 Python 的安装路径？

（2）Python 的代码注释有几种方法？

（3）Python 用什么方式来标识代码块？

（4）Python 中用什么命令导入相应的模块？

（5）在 Python 中变量是否需要提前声明才能使用？变量的数据类型是如何确定的？

（6）Python 的数据类型有哪些？如何查看数据类型？

（7）Python 中如何定义字符串？简述字符串提取、切片、拼接的方法。

（8）Python 中可变数据类型有哪些？不可变数据类型又有哪些？

（9）简述列表创建方法，以及列表元素提取、切片的方法。

（10）为列表添加元素的函数有哪几种？这些函数各有什么特点？

（11）删除列表中元素有哪些语句？修改列表中元素有哪些方法？

（12）简述元组创建方法，以及元组元素提取、切片、元组解包的方法。

（13）如何统计元组中元素出现的次数？如何获取元素在元组中第 1 次出现的位置？

（14）简述创建字典、获取字典元素、删除字典元素和修改字典元素的方法。

（15）简述列表、元组和字典的区别。

（16）Python 的流程控制语句中如何划分语句块？

（17）Python 中有 switch 和 case 语句吗？如何实现多路分支语句？

（18）简述 break、continue、pass 语句的作用。

（19）简述 Python 中定义函数的方法。

（20）在 Python 中如何定义可变参数？在函数中可变参数放置位置有什么要求？

（21）局部变量和全局变量有什么区别？

2. 编程题

（1）编写一个 Python 程序，实现如下操作。

① 定义一个列表，该列表由 2 个元组组成，其中元组中元素由（姓名，平时成绩，期末成绩）组成，如列表[('李芳',86,80),('张艳',74,75)]，现在要实现为列表添加一个元素('王志',87,95)的操作。

② 根据上面定义的列表创建一个新列表，新列表也是由元组组成，其中元组中元素由（姓名，期评成绩）组成，期评成绩等于平时成绩乘 0.4 加上期末成绩乘 0.6，如新列表[('李芳',82.4),('张艳',74.6),('王志',91.8)]，

③ 删除第 1 项所定义的列表中姓名为'李芳'所对应的元组项。

（2）编写一个 Python 程序，实现如下操作。

① 定义一个表示商品信息字典，字典由{ 产品名称: 价格组成 }组成，如{'电视机':3400,'空调':2300}，现在要实现为字典添加一个元素{'洗衣机':1200}。

② 找出字典中商品价格最高的商品，并计算商品的平均价格。

③ 将空调的价格修改为 2800 元。

④ 删除电视机商品。

（3）编写一个 Python 的自定义函数，实现计算从 1～n 个数字的偶数和。

第 4 章
NumPy数组与矢量计算

04

学习目标

① 了解 NumPy 和 SciPy 的作用与安装方法。
② 掌握创建数组对象的方法。
③ 掌握数组的索引、切片和其他操作。

④ 掌握数组的运算和通用函数的使用。
⑤ 掌握 NumPy 矩阵的创建、计算和操作。
⑥ 掌握随机数生成的方法。

4.1 NumPy 概述

4.1.1 NumPy 简介

NumPy（Numerical Python）是一个开源的 Python 科学计算库，它是一个由多维数组对象和用于处理数组的例程集合组成的库。

1. NumPy 的基本功能

（1）提供了一个具有矢量算术运算和复杂广播功能的快速且节省空间的多维数组对象 ndarray。

（2）用于对数组执行元素级计算以及直接对数组执行数学运算函数。

（3）用于读写硬盘上基于数组的数据集的工具，以及用于操作内存映射文件的工具。

（4）提供了线性代数、随机数生成以及傅里叶变换功能。

（5）用于集成由 C、C++、Fortran 等语言编写的代码的工具。

（6）在数据分析方面，NumPy 还可作为算法之间传递数据的容器。

2. 在 Python 中使用 NumPy 的优势

（1）在数值计算时，使用 NumPy 能够直接对数组和矩阵进行操作，由此可以省略许多处理数值计算的循环语句。同时，由于 NumPy 拥有众多的数学函数，因此会让编写代码的工作轻松许多。而且 NumPy 的底层算法在设计时就有着优异的性能，并且经受住了时间的考验。

（2）NumPy 中数组的存储效率和输入输出性能均远远优于 Python 中等价的基本数据结构（如嵌套的 list 容器），其能够提升的性能与数组中元素的数目成比例。对于大型数组的运算，使用 NumPy 有很大的优势。对于 TB 级的大文件，NumPy 使用内存映射文件来处理，以达到最优的数据读写性能。不过，NumPy 数组的通用性不及 Python 提供的 list 容器，因此在科学计算之外的领域，NumPy 的优势也就不那么明显了。

（3）NumPy 的大部分代码都是用 C 语言编写的，这使 NumPy 比纯 Python 代码高效得多。NumPy 同样支持 C 语言的 API，并且允许在 C 源代码上做更多的功能拓展。

（4）NumPy 通常与 SciPy（Scientific Python）和 Matplotlib（绘图库）一起使用，这种组合广泛用于替代 MATLAB，而 MATLAB 是一种流行的高级技术计算语言。

（5）NumPy 是开源的库。

4.1.2　NumPy 的安装与测试

在安装 NumPy 之前,先要安装 Python。由于 NumPy 是 Python 环境中的一个独立模块,在 Python 的默认安装环境下是未安装 NumPy 的。

1. 测试 Python 环境中是否安装 NumPy

当 Python 安装完成后, 在 Windows 操作系统下, 按【Windows】+【R】键, 进入 cmd 命令窗口, 输入 "python" 命令, 按【Enter】键, 进入 Python 命令窗口。在 Python 命令窗口中输入 "from numpy import *" 命令, 导入 NumPy 模块, 如果在命令窗口中出现 "ModuleNotFoundError:No module named 'numpy'" 的错误提示, 则需要安装 NumPy 软件包, 否则表明已安装了 NumPy 软件包。

2. Windows 操作系统下安装 NumPy 软件包的方法

(1) 首先访问 https://www.lfd.uci.edu/~gohlke/pythonlibs/网址, 然后, 根据计算机上所安装的 Python 版本和操作系统版本来选择下载相应的 NumPy 软件包。例如, 在 Windows (64 位) 操作系统下安装了 Python 3.6, 则选择下载 NumPy 软件包为 numpy-1.14.5+mkl-cp36-cp36m-win_amd64.whl。

(2) 将下载的软件包复制在 Python 安装目录的 Scripts 文件夹下, 例如, Python 3.6 安装目录为 D:\Python, 则将下载的软件包复制到 D:\Python\Scripts 目录下。

(3) 按【Windows】+【R】键, 进入 cmd 命令窗口。

(4) 在 cmd 命令窗口中输入 "pip install D:\Python\Scripts\numpy-1.14.5+mkl-cp36-cp36m-win_amd64.whl" 命令, 按【Enter】键, 开始安装 NumPy 模块, 安装界面如图 4-1 所示。

(5) 安装成功就会提示 "Successfully installed numpy-1.14.5+mkl"。

图 4-1　安装 NumPy 软件包

3. PyCharm 安装 NumPy 方法

在 NumPy 软件包安装成功后, 打开 PyCharm, 选择 "File→Settings→Project 当前项目名→Project Interpreter", 单击【Project Interpreter】栏的下拉列表按钮右边的 ⚙ 按钮, 将会弹出 上下文菜单, 选择 "Add Local" 菜单, 则弹出创建虚拟环境对话框。在该对话框中选择 "Existing Environment" 项, 单击【Interpreter】栏的下拉列表, 选择 D:/python/python.exe (即 Python 安装路径), 单击【OK】按钮, 加入安装好的 NumPy 软件包, 单击【Apply】按钮, 最后单击【OK】按钮即可。

4.1.3　SciPy 简介及其安装与测试

在 NumPy 库安装成功后, 就可以安装 NumPy 的扩展——SciPy 库。SciPy 是世界著名的 Python 开源科学计算库, 它建立在 NumPy 基础上, 增加了众多的数学、科学以及工程计算中常用的库函数。增加的功能包括插值、积分、最优化、统计、线性代数、傅里叶变换、图像处理和常微分方程求解器等一些专用函数。

与 NumPy 库一样, SciPy 也需要单独安装, 安装步骤如下。

1. 测试 Python 环境中是否安装 SciPy

当 Python 安装完成后, 在 Windows 操作系统下, 按【Windows】+【R】键, 进入 cmd 命令窗

口，输入"python"命令，按【Enter】键，进入 Python 命令窗口。在 Python 命令窗口中输入"from scipy import *"命令，导入 SciPy 模块，如果在命令窗口中出现"ModuleNotFoundError:No module named 'scipy'"的错误提示，则需要安装 SciPy 软件包，否则表明已安装了 SciPy 软件包。

2. Windows 操作系统下安装 SciPy 软件包的方法

（1）首先访问 https://www.lfd.uci.edu/~gohlke/pythonlibs/网址，然后，根据计算机上所安装的 Python 版本和操作系统版本来选择下载相应的 SciPy 软件包。例如，在 Windows（64 位）操作系统下安装了 Python 3.6，则选择下载 SciPy 软件包为 scipy-1.1.0-cp36-cp36m-win_amd64.whl。

（2）将下载的软件包复制在 Python 安装目录的 Scripts 文件夹下，例如，Python 3.6 安装目录为 D:\Python，则将下载的软件包复制到 D:\Python\Scripts 目录下。

（3）按【Windows】+【R】键，进入 cmd 命令窗口。

（4）在 cmd 命令窗口中输入"pip install D:\Python\Scripts\scipy-1.1.0-cp36-cp36m- win_amd64.whl"命令，按【Enter】键，开始安装 SciPy 模块，安装界面如图 4-2 所示。

（5）安装成功就会提示"Successfully installed scipy-1.1.0"。

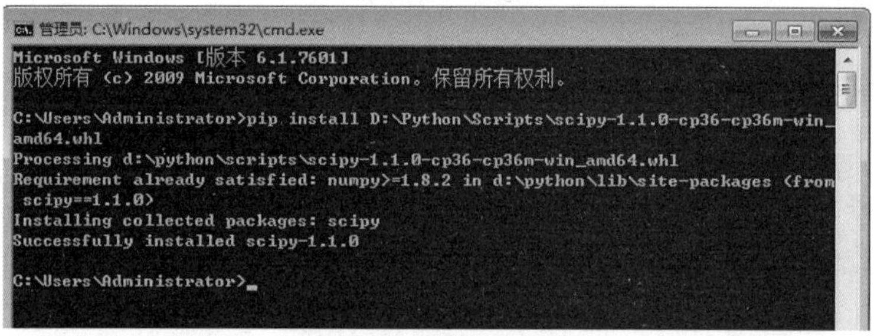

图 4-2　安装 SciPy 软件包

3. PyCharm 安装 SciPy 方法

在 SciPy 软件包安装成功后，打开 PyCharm，选择"File→Settings→Project 当前项目名→Project Interpreter"，单击【Project Interpreter】栏的下拉列表按钮右边的 按钮，将会弹出 上下文菜单，选择"Add Local"菜单，则弹出创建虚拟环境对话框。在该对话框中选择【Existing Environment】项，单击【Interpreter】栏的下拉列表，选择"D:/python/python.exe"（即 Python 安装路径），单击【OK】按钮，加入安装好的 SciPy 软件包，单击【Apply】按钮，最后单击【OK】按钮即可。

4.1.4　NumPy 的简单应用：一维数组相加

在科学计算中，常常会遇到数组和矩阵的计算，如有两个一维数组 x 和 y，其中，x 的值为 0~10 的整数，y 的值为 0~10 的整数的平方，需要将 x 与 y 的一维数组相加。而实现一维数组相加的方法有两种，第 1 种方法是利用 Python 的循环语句来实现两个一维数组相加，第 2 种方法是利用 NumPy 中的 arange 函数来创建包含 0~n 的整数的 NumPy 数组，然后用所创建的 NumPy 数组直接进行计算。

（1）利用 Python 的循环语句来实现两个一维数组相加的示例代码 example4-1 如下。

```
# -*- coding: UTF-8 -*-
def python_sum(n):
    #range 函数产生包含 0 至 n 的整数元组，用 list 函数转换成列表
    x = list(range(n))
    y = list(range(n))
    z = []
    for i in range(len(x)):
        y[i] = i**2
        z.append(x[i]+y[i])
```

```
                return z
```

（2）利用 NumPy 实现两个一维数组相加的示例代码 example4-2 如下。

```
# -*- coding: UTF-8 -*-
import numpy as np
def numpy_sum(n):
    x =np.arange(n)              #arange 函数创建包含 0 至 n 的整数数组
    y = np.arange(n)**2
    z = x + y
    return z
```

 注意 numpy_sum()函数中没有使用 for 循环,在代码中通过 import numpy as np 导入 NumPy 模块，并且命名该模块别名为 np，在 arange() 函数前面有一个前缀 np，表明该函数是从 NumPy 模块导入的。

观察这两个函数的代码，发现 numpy_sum()函数代码要比 python_sum()函数代码简洁，而且通过测试可证明 NumPy 在数组操作上的效率优于用 Python 基本数据结构和流程控制语句编写的代码。

测试示例代码如下。

```
#测试 python_sum 函数的执行时间
from datetime import datetime
n=1000000
start_time = datetime.now()
python_sum(n)
time_interval = datetime.now()-start_time
print(time_interval)
#测试 numpy_sum 函数的执行时间
n=1000000
start_time = datetime.now()
b = numpy_sum(n)
time_interval = datetime.now()-start_time
print(time_interval)
```

将 example4-1、example4-2 和测试示例这 3 段代码组合成一个程序代码，运行后发现 numpy_sum()函数的执行速度比 python_sum()函数的执行速度快 10 倍，由此可见，NumPy 在数组操作方面有很大优势。下面将重点介绍 NumPy 在数组和矩阵方面的应用。

4.2 NumPy 数组对象

NumPy 提供了两种基本对象: ndarray（N-dimensional Array Object）和 ufunc（Universal Function）。其中，ndarray 是一个多维数组对象，该对象由两个部分组成，即实际的数据和描述这些数据的元数据。大部分的数组操作仅仅修改元数据部分，而不改变底层的实际数据。而 ufunc 则是能够对数组进行处理的函数。

NumPy 数组一般是同质的（但特殊的数组类型可以是异质的），即数组中所有元素的数据类型必须一致，这样做的好处是，更容易确定该数组所需的存储空间。与 Python 相同，NumPy 数组的下标也是从 0 开始的。数组元素的数据类型用数据类型对象表示，数据类型对象是 numpy.dtype 类的实例。数据类型对象可以给出单个数组元素在内存中占用的字节数，即 dtype 类的 itemsize 属性，如 arr.dtype.itemsize，其中 arr 表示数组。

4.2.1　创建数组对象

利用 NumPy 提供的 array()函数可以创建一维或多维数组，其基本语法格式如下。

```
numpy.array(object,dtype=None,copy=True,order=None,subok=False,ndmin = 0)
```

函数中的参数说明如下。

❑　object: 接收 array，表示想要创建数组，无默认。

❑　dtype: 接收 data-type，表示数组所需要的数据类型，如果未给定，则选择保存对象所需的最小类型。默认为 None。

❑　ndmin: 接收 int，指定生成数组应该具有的最小维数，默认为 None。

在创建数组时，object 是唯一必要的参数，其余参数均为默认的可选参数。创建数组的示例代码 example4-3 如下。

```python
# -*- coding: UTF-8 -*-
import numpy as np
arr1 = np.array([1,2,3,4])                  #创建一维数组
print('一维数组:',arr1)
arr2 = np.array([[1,2,3],[4,5,6]])          #创建二维数组
print('二维数组:',arr2)
arr3 = np.array([1,2,3,4],ndmin=3)          #设置最小维度 3
print('三维数组:',arr3)
arr4 = np.array([1,2,3.4], dtype=complex)   #指定数据类型 dtype 为复数
print('复数数组:',arr4)
```

4.2.2　选取数组元素

创建数组后，选取数组中的某个特定元素的方法如下。

```
数组名[m,n]
```

其中 m 和 n 为数组元素下标。需注意的是，数组的下标是从 0 开始的。

例如，在 example4-3 示例中创建了一个二维数组 arr2，在创建 arr2 二维数组时，给 array()函数传递的对象是一个嵌套的列表"[[1,2,3],[4,5,6]]"。那么，arr2 数组元素及与其对应的位置见表 4-1、表 4-2。

表 4-1　arr2 数组元素

1	2	3
4	5	6

表 4-2　arr2 数组元素对应的位置

arr2[0,0]	arr2[0,1]	arr2[0,2]
arr2[1,0]	arr2[1,1]	arr2[1,2]

4.2.3　数组的属性

在对数组的操作中，常常需要了解数组的特性，如数组的维度、数据类型和数组中元素个数等。而要了解数组的特性，首先需要了解数组的属性。数组的属性及说明如表 4-3 所示。

表 4-3　数组的属性及说明

属性	说明
ndim	返回 int，表示数组维度
shape	返回 tuple，表示数组的尺寸，对于 n 行 m 列的矩阵，形状为（n,m）
size	返回 int，表示数组的元素总数，等于数组形状的乘积
dtype	返回 data-type，描述数组中元素的类型
itemsize	返回 int。表示数组的每个元素的大小（以字节为单位）。例如，一个元素类型为 float64 的数组的 itemsize 属性值为 8（ float64 占用 64bits，每个字节长度为 8，所以共占用 8 个字节，（ 64/8 ））。又如，一个元素类型为 complex32 的数组的 itemsize 属性值为 4（ 32/8 ）

说 明 数组的 shape 属性不仅能显示数组的行数或列数，而且还可以调整数组的行和列的大小。

数组属性的应用示例代码 example4-4 如下。

```
# -*- coding: UTF-8 -*-
import numpy as np
#创建二维数组
arr1 = np.array([[1,2,3],[4,5,6]])
print('数组维度:',arr1.ndim)
print('数组形状:',arr1.shape)
print('数组的元素总数:',arr1.size)
print('数组元素的数据类型:',arr1.dtype)
print('数组中每个元素的大小:',arr1.itemsize)
#shape 属性应用，将 arr1 由原 2 行 3 列数组调整为 3 行 2 列数组
arr1.shape = (3,2)
print('数组',arr1)

#利用 dtype 属性指定数据类型
arr3 = np.array([1,2,3,4], dtype = np.float32)
print('数组元素的数据类型',arr3.dtype)
```

4.2.4 创建数组的其他方法

上面所介绍的创建数组的方法是先创建一个 Python 序列，然后再通过 array() 函数将其转换为数组，这样做显然效率不高，因此 NumPy 提供了许多专门用来创建数组的函数。

1. 使用 arange() 函数创建一维数组

arrange() 函数类似于 Python 自带的函数 range()，通过指定起始值、终止值和步长来创建一维数组，但是该函数所创建的数组中不包含终止值。

例如 numpy.arange(0,10,2)，表示起始值 0，终止值 10，步长 2，创建一维数组[0.2.4.6.8]。numpy.arange（3），表示起始值 0，终止值 3，步长 1，创建一维数组[0.1.2]。

2. 使用 linspace() 函数创建数组

linspace() 函数是通过指定起始值、终止值和元素个数来创建一个等差数列的一维数组，默认设置包括终止值。如果在该函数中设置参数 endpoint=0，则创建的一维数组不包含终止值。该函数创建的数组元素的数据格式是浮点型。

 注意 该函数指定了范围之间的均匀间隔数量，而不是步长。

例如，numpy.linspace(0,20,6)，创建一维数组[0.4.8.12.16.20]。
观察 numpy.linspace(0,20,6, endpoint=0) 输出结果。

3. 使用 logspace() 函数创建数组

logspace() 函数和 linspace() 函数类似，但 logspace() 函数的起始值和终止值代表的是 10 的幂（默认基数为 10），如果要修改基数，可设置参数 base。

例如，numpy.logspace(0,20,20) 的第 1 个起始值参数 0 代表 10 的 0 次方，第 2 个终止值参数 20 代表 10 的 20 次方，第 3 个表示元素个数参数为 20。创建等比数列的一维数组为[1.000000000e+001.12883789e+01 1.27427499e+02 1.43844989e+03 ... 1.00000000e+ 20]，其中...表示中间省略一些数据。

4. 使用 zeros()、eye()、identity()、diag()和 ones()函数创建特殊数组

使用 zeros()函数创建值全部为 0 的数组，即创建的数组值全部填充为 0。

例如 numpy.zeros((1,3)),创建数组[[0. 0. 0.]],数组值全部为 0。

eye()函数和 identity()函数用来生成主对角线上的元素为 1,其他元素为 0 的数组,类似于单位矩阵。

例如 numpy.eye(3)，所创建的数组如下。

```
[[1. 0. 0.]
 [0. 1. 0.]
 [0. 0. 1.]]
```

diag()函数创建类似对角的数组，即除对角线以外的其他元素都为 0,对角线上的元素可以是 0 或其他值。

例如 numpy.diag((1,2,3)),所创建的数组如下。

```
[[1 0 0]
 [0 2 0]
 [0 0 3]]
```

ones()函数用来创建元素全部为 1 的数组，即创建的数组元素全部填充为 1。

例如 numpy.ones((3,3))，所创建的数组如下。

```
[[1. 1. 1.]
 [1. 1. 1.]
 [1. 1. 1.]]
```

5. 使用 asarray()函数创建数组

asarray()函数类似于 numpy.array，该函数可用于将 Python 序列转换为 ndarray。例如 numpy.asarray([(1,2,3),(4,5,6)]),所创建的数组如下。

```
[[1 2 3]
 [4 5 6]]
```

6. 使用 empty()函数创建数组

empty()函数创建指定形状和只分配内存空间的数组，而数组中的所有元素都未初始化。

例如：numpy.empty((2, 3)) 表示创建 2 行 3 列的二维数组，但是数组中的所有元素都未初始化。

 注意 zeros()、eye()、identity()、ones()、asarray()和 empty()函数第一个参数 shape 表示数组的形状，第二个参数 dtype 是指定数组元素的数据类型。

4.2.5 NumPy 的数据类型

Python 支持的数据类型有整型、浮点型和复数型，但这些类型不足以满足科学计算的需求，因此 NumPy 添加了很多其他的数据类型。在实际应用中，为了提高计算结果的准确度，需要使用不同精度的数据类型，并且不同的数据类型所占用的内存空间也是不同的。在 NumPy 中，大部分数据类型名是以数字结尾的，这个数字表示其在内存中占用的位数。

1. NumPy 中支持的数据类型（见表 4-4）

表 4-4　NumPy 的基本数据类型及描述

数据类型	描述
bool	用一位存储的布尔类型（值为 True 或 False）
inti	由所在平台决定其精度的整数（一般为 int32 或 int64）
int8	整数，范围为-128~127
int16	整数，范围为-32768~32767

续表

数据类型	描述
int32	整数，范围为-2^{31}～$2^{31}-1$
int64	整数，范围为-2^{63}～$2^{63}-1$
uint8	无符号整数，范围为 0～255
uint16	无符号整数，范围为 0～65535
uint32	无符号整数，范围为 0～$2^{32}-1$
uint64	无符号整数，范围为 0～$2^{64}-1$
float16	半精度浮点数（16 位），其中用 1 位表示正负号，5 位表示指数，10 位表示尾数
float32	单精度浮点数（32 位），其中用 1 位表示正负号，8 位表示指数，23 位表示尾数
float64 或 float	双精度浮点数（64 位），其中用 1 位表示正负号，11 位表示指数，52 位表示尾数
complex64	复数，分别用两个 32 位浮点数表示实部和虚部
complex128 或 complex	复数，分别用两个 64 位浮点数表示实部和虚部

2. 数组的数据类型转换

数组有一个 dtype 属性，通过该属性可以查看数组的数据类型，方法是数组名.dtype。而数组的数据类型在创建数组时就已经通过 dtype 参数确定了，如果想实现数组中数值类型的转换可采用 astype() 函数。astype() 函数的格式如下。

数组名.astype(numpy.数据类型)

astype() 函数应用示例代码如下。

```
# -*- coding: UTF-8 -*-
import numpy as np
float_arr = np.array([1.2, 2.1, 4.5, 6.3])      #创建浮点数数组
print(float_arr.dtype)                           #查看当前数据类型
#将 float 转换为 int 时，小数部分被舍弃
int_arr = float_arr.astype(np.int32)
print (int_arr,int_arr.dtype)
#把字符串转换为数组，如果字符串不是数字字符串，则会抛出异常
str_arr = np.array(['2.35', '-7.6', '23'], dtype = np.string_)
float_arr = str_arr.astype(dtype = np.float)
print (float_arr,float_arr.dtype)
```

 注意　复数不能转换为整数，也不能转换为浮点数，但是可以转换为复数。

3. 自定义数据类型

自定义数据类型是一种异构数据类型，可以将它看作是电子表格的标题行。例如，创建一个存储产品价格信息的数据类型。其中，产品名称是用字符串表示的长度为 50 个字符，产品价格是用 32 位单精度浮点数表示。那么，使用自定义数据类型来创建数组的方法如下。

（1）使用 dtype 创建自定义数据类型的代码如下。

```
# -*- coding: UTF-8 -*-
import numpy as np
pro_type = np.dtype([('pro_name',np.str,50),('pro_price',np.float32)])
print('数据类型: ',pro_type)
```

（2）查看数据类型，可直接查看或使用 numpy.dtype()函数查看。

例如直接查看方法 print('数据类型',pro_type['pro_name'])，使用 numpy.dtype()函数查看方法 print('数据类型',np.dtype(pro_type['pro_name']))。

（3）使用 array()函数创建数组时，使用 dtype 指定数组的数据类型为 pro_type（自定义数据类型），

其代码如下。

```
# -*- coding: UTF-8 -*-
import numpy as np
pro_arr = np.array([('电视机',3400),('空调',2600)],dtype=pro_type)
print('自定义数据类型的数组: ',pro_arr)
```

总结：NumPy 数组一般是同质的，即数组中的所有元素都是相同的数据类型。如果想创建异构数据类型的数组，就需要先自定义异构数据类型，如 pro_tpye 数据类型，它包括一个用字符串表示的产品名称和一个用浮点数表示的产品价格，然后在创建数组的函数中使用 dtype 参数来指定数据类型为 pro_tpye（自定义数据类型）。

注意　在使用 array()函数创建数组时，如果没有在参数中指定数据类型，将默认为浮点数类型。

4.3　NumPy 数组操作

在数据分析时，除了使用 NumPy 创建数组对象外，还经常需要使用 NumPy 对数组进行各种操作，目的是改变数组的结构和数组中的元素，以便于实现科学计算和特定的数据处理。下面将介绍 NumPy 数组的基本操作。

4.3.1　数组的索引和切片

在 4.2.2 节中介绍了选取数组中的某个特定元素的方法，即在数组名后面加方括号，方括号里面是数组的下标。数组下标就是数组的索引，数组与列表的索引类似，也分为正索引（也称为索引）和负索引两种。数组的索引从 0 开始，自左向右，以 1 为步长逐渐递增。而数组的负索引从右到左标记数组元素，最右边数组元素的负索引为-1，然后向左边依次类推为-2、-3 等。

类似于列表，数组通过索引访问数组中的元素，数组的切片也通过索引对数组中的元素进行提取，其中，索引访问提取仅返回数组的一个对应元素，而数组切片则会返回数组中一个区域内所对应的元素。

1．一维数组的索引与切片

一维数组的操作类似于 Python 中列表（list）类型的操作。首先定义 arr 为一维数组，数组有 n 个元素，则数组中的元素与索引的对应关系如下。

```
一维数组　 arr = [a0, a1, a2, a3, a4,…, an ]
数组索引(下标)      0   1   2   3   4        n
```

（1）利用数组索引（下标）获取指定元素

获取数组中指定元素的方法如下。

```
数组名[索引(下标)]
```

例如，获取数组 arr 中第 4 个元素 a3 用 arr[3]即可。

（2）数组的切片

截取数组中某个范围之间元素的方法如下。

```
数组名[start:end:step]
```

其中，start 表示截取数组中开始元素的索引（下标），end 表示截取数组中结束元素的索引（下标），但是不包括 end 索引（下标）所指定的元素，step 表示步长。

- ❑　省略 start 索引（下标），表示从 0 索引（下标）开始。
- ❑　省略 end 索引（下标），表示截取数据要包括数组最后一个元素。
- ❑　索引（下标）可以使用负数，-1 表示从数组最后往前数的第一个元素。

❏　数组切片还可以用来修改元素的值。如用 arr[:2]=10,11 可将 arr 数组修改为 arr = [10,11,a2,a3,a4,…,an]。

例如，截取 arr 数组中第 2 个元素至第 5 个元素，包括第 5 个元素，则使用 arr[1:5]。

注意　索引（下标）是从 0 开始，第 2 个元素对应索引（下标）为 1，因为要包括第 5 个元素，end 值选择第 6 个元素索引（下标）。

还有如 arr[:8,2]表示截取数组元素[a0,a2,a4,a6]，arr[-1]表示截取数组元素[an]。

2.　二维数组的索引与切片

二维数组是由行和列组成的，二维数组中的每一行相当于一维数组。二维数组中元素的索引是由该元素所在的行下标和列下标组成的，即由元素的行索引和列索引组成。例如，arr 是二维数组，该二维数组元素用 arr[行索引, 列索引]表示，该二维数组中元素与索引的对应关系如下。

列索引		0	1	...	m
行索引	0	arr[0,0]	arr[0,1]	...	arr[0,m]
	1	arr[1,0]	arr[1,1]	...	arr[1,m]
	...	...	...	...	...
	n	arr[n,0]	arr[n,1]	...	arr[n,m]

（1）利用二维数组的行索引和列索引获取指定元素

获取二维数组中指定元素的方法如下。

数组名[行索引,列索引]

例如，获取二维数组中第 2 行第 2 列的元素，用 arr[1,1]即可。

（2）二维数组的切片

截取二维数组中某个区域之间的元素的方法如下。

数组名[rows_start:rows_end:rows_step, cols_start:cols_end:cols_step]

其中，rows_start:rows_end 表示截取数组中元素的行索引范围；cols_start:cols_end 表示截取数组中元素的列索引范围，但不包括 rows_end 行索引和 cols_end 列索引所指定的元素；rows_step 表示行索引的步长，cols_step 表示列索引的步长。

❏　省略 rows_start、cols_start 索引，表示从 0 索引开始。

❏　省略 rows_end、cols_end 索引，表示截取数据要包括行或列最后一个元素。

❏　行索引或列索引可以使用负数，−1 表示从行或列数组最后往前数的第一个元素。

❏　数组切片时，行索引或列索引范围可以使用省略号（…），表示行或列所选择元素的长度与数组的行或列的维度相同。

❏　数组切片还可以用来修改元素的值。

说 明　高维数组的索引与切片可参考二维数组的索引和切片方法依次类推。

一维数组和二维数组的元素获取与切片操作示例代码 example4-5 如下。

```
# -*- coding: UTF-8 -*-
import numpy as np
#创建一维数据
arr = np.array([1,2,6,8,9,10,12])
a = arr[4]                #获取第 5 个元素
print(a)
#一维数组切片
b1 = arr[1:6:2]           #b1 数组[ 2 8 10]
```

```
b2 = arr[:5]              #b2 数组[1 2 6 8 9]
b3 = arr[2:]              #b3 数组[ 6  8  9 10 12]
print(b1,b2,b3)
#修改数组中元素
arr[1:3] = 20,30
print(arr)
#创建二维数据
arr=np.array([[0,1,2,3,4],[5,6,7,8,9]])
a = arr[1,3]
print(a)
#二维数组切片
b1 = arr[:2,1:3]
b2 = arr[1:,2:5]
b3 = arr[:2:2,:3:2]
b4 = arr[...,1:3]
print(b1,b2,b3,b4)
#修改数组中元素
arr[:2:2,:3:2]=44,55
print(arr)
```

3. 整数索引

整数索引就是从两个序列的对应位置取出两个整数来组成行下标和列下标。

示例代码 example4-6 如下。

```
# -*- coding: UTF-8 -*-
import numpy as np
a = np.array([[1,2,3], [4,5,6],[7,8,9]])
b = a[[(0,1,2),(0,1,0)]]          #获取 a[0,0],a[1,1],a[2,0]元素组成数组 b
print (b)
#获取 a 数组上下左右四个角上的元素
b = a[[(0,0,2,2),(0,2,0,2)]]      #获取 a[0,0],a[0,2],a[2,0],a[2,2]元素
print(b)
```

4. 布尔值索引

当结果对象是布尔运算（例如比较运算符）的结果时，将使用布尔值索引。

示例代码 example4-7 如下。

```
# -*- coding: UTF-8 -*-
import numpy as np
a = np.array([[0,1,2],[3,4,5],[6,7,8],[9,10,11]])
print ('a 数组是: ',a)
# 生成大于 6 的元素组成数组
b = a[a>5]
print ('大于 6 的元素是: ',b)
```

注意

① 操作原数组的子序列的时候，实际上就是操作原数组的数据。这就意味着数组中的数据没有被复制，任何在其子序列上的操作都会映射到原数组上。

② 整数索引和布尔值索引属于高级索引，高级索引始终返回数据的副本，原数组是不会变化的。

4.3.2 修改数组形状

数组的形状取决于其每个轴上的元素个数，也就是数组的维度。在数组的操作中，常常要修改数组

的形状。在 NumPy 中，修改数组的形状可直接用一个正整数元组来设置数组的维度，或者用 reshape()
函数和 resize()函数来设置维度。

1. 用元组设置维度修改数组形状的方法如下。

```
数组名.shape = (x0,x1,x2,…,xn)
```

参数 x0,…,xn 表示数组中每个维度上的大小，例如 arr.shape = (3，4)表示将 arr 数组修改成 3 行
4 列数组，利用该方法会改变原数组 arr 的形状。

2. reshape()函数

用 reshape()函数是改变数组形状最常用的方法，reshape()函数的参数为一个正整型元组，分别指
定数组在每个维度上的大小。用 reshape()函数修改数组形状的方法如下。

```
数组名.reshape(x0,x1,x2,…,xn)
```

参数 x0,…,xn 表示数组中每个维度上的大小。例如 arr.reshape(3，4)生成一个 3 行 4 列新数组，
而原数组 arr 不会改变。如果指定的维度和数组的元素数目不吻合，则函数将抛出异常。

3. resize()函数

该函数可返回指定大小的新数组。如果新数组的大小大于原始数组的大小，则包含原始数组中的元
素的重复副本，该函数修改数组形状的方法如下。

```
数组名.resize(x0,x1,x2,…,xn)
```

参数 x0,…,xn 表示数组中每个维度上的大小。例如 arr.resize(3，4)表示将 arr 数组修改成 3 行 4
列数组，原数组 arr 形状改变。这种方法与用 shape 属性修改数组的形状相似。

4. 修改数组形状的示例

示例代码 example4-8 如下。

```
# -*- coding: UTF-8 -*-
import numpy as np
#创建 3 行 4 列数组
arr = np.array([[0,1,2,4],[5,6,7,8],[9,10,11,12]])
#显示数组形状
print(arr.shape)
#用 shape 属性改变数组形状为 4 行 3 列
arr.shape = (4,3)          #将 arr 数组形状修改为 4 行 3 列
print(arr,arr.shape)
#用 reshape 函数生成形状为 2 行 6 列数组 arr_b
arr_b = arr.reshape((2,6))   #生成形状为 2 行 6 列数组 arr_b，arr 数组没变化
pint(arr,arr_b)

#用 resizee 函数改变数组 arr 形状为 2 行 6 列
arr_c = arr.resize((2,6))   #arr 改变形状为 2 行 6 列数组，arr_c 为 none
print(arr,arr_c)
```

4.3.3　数组的展平

在 NumPy 中，利用 ravel()和 flatten()函数可实现数组的展平操作。

1. ravel()函数

在 NumPy 中，可以使用 ravel()函数将多维数组展平（即变成一维数组），展平数组元素的顺序通
常是"C 风格"的，就是以行为基准，元素最右边的索引发生变化，如元素 a[0,0]之后是 a[0,1]。如果
数组改变成其他形状，数组仍然是"C 风格"的。NumPy 通常创建一个以这个顺序保存数据的数组，
所以 ravel()函数通常不需要创建调用数组的副本。

用 ravel()函数展平数组的方法如下。

数组名.ravel()

例如，arr.ravel()返回将 arr 数组展平成一维新数组视图，原数组 arr 不改变。

2. flatten()函数

flatten()函数也是将多维数组展平，与 ravel()函数的功能相同，不过 flatten()函数会请求分配内存来保存结果，而 ravel()函数只是返回数组的一个视图(view)。

用 flatten()函数展平数组的方法如下。

数组名.flatten()

例如，arr.flatten()表示将 arr 数组展平成一维新数组，原数组 arr 不改变。

3. 数组的展平示例

示例代码 example4-9 如下。

```
# -*- coding: UTF-8 -*-
import numpy as np
#创建 3 行 4 列数组
arr = np.array([[0,1,2,4],[5,6,7,8],[9,10,11,12]])
#用 ravel 函数展平 arr 成一维数组 arr_b，但 arr 数组不改变
arr_b = arr.ravel()
print(arr,arr_b)
#用 flatten 展平 arr 成一维数组 arr_c，但 arr 数组不改变
arr_c = arr.flatten()
print(arr,arr_c)
```

4.3.4　数组转置和轴对换

在 NumPy 中，利用 transpose()、ndarray.T、rollaxis()和 swapaxes()等函数可实现翻转数组的操作。

1. transpose()函数

该函数可实现翻转给定数组的维度，并且返回数组的 1 个视图（View）。

使用 transpose()函数的方法如下。

numpy.transpose(arr)

其中，参数 arr 表示要转置的数组。例如 arr 是一个 3 行 5 列数组，numpy.transpose(arr)函数就会返回 arr 数组转置为 5 行 3 列的数组视图，而原数组 arr 不改变。

2. ndarray.T 函数

该函数是属于 ndarray 类，作用类似于 numpy.transpose

3. rollaxis()函数

该函数可实现向后滚动特定的轴，直到 1 个特定位置。使用 rollaxis()函数的方法如下。

numpy.rollaxis(arr,axis,start)

其中，参数 arr 表示数组；axis 表示要向后滚动的轴，其他轴的相对位置不会改变；start 表示滚动到特定位置，默认为零，表示完整的滚动。

4. swapaxes()函数

该函数可交换数组的两个轴。NumPy1.10 之前的版本会返回交换后数组的视图。使用 swapaxes()函数的方法如下。

numpy.swapaxes(arr,axis1,axis2)

其中，参数 arr 表示数组，axis1 表示对应第 1 个轴的整数，axis2 表示对应第 2 个轴的整数。

5. 翻转数组的示例

示例代码 example4-10 如下。

```
# -*- coding: UTF-8 -*-
```

```
import numpy as np
#创建数组 2 行 5 列
arr = np.arange(10).reshape(2,5)
print('原数组: ',arr)
#用 transpose 函数转置
print('转置数组: ')
print(np.transpose(arr))
#用 ndarray.T 转置
print('转置数组: ')
print(arr.T)
#用 rollaxis 函数
arr = np.arange(8).reshape(2,2,2)
print('原数组: ',arr)
# 将轴 2 滚动到轴 0（宽度到深度）
print('调用 rollaxis 函数: ')
print(np.rollaxis(arr,2))
# 将轴 0 滚动到轴 1（宽度到高度）
print('调用 rollaxis 函数: ')
print(np.rollaxis(arr,2,1))
#用 swapaxes 函数
arr = np.arange(8).reshape(2, 2, 2)
print('原数组: ',arr)
# 现在交换轴 0（深度方向）到轴 2（宽度方向）
print('调用 swapaxes 函数后的数组: ')
print(np.swapaxes(arr, 2, 0))
```

4.3.5 数组的连接

在 NumPy 中，利用 concatenate()、stack()、hstack() 和 vstack() 等函数可实现数组的连接操作。

1. concatenate() 函数

该函数用于沿指定轴连接相同形状的两个或多个数组。使用 concatenate() 函数的方法如下。

```
numpy.concatenate((arr1,arr2,…,arrn),axis)
```

其中，参数 arr1,arr2,…,arrn 表示相同维度的数组序列；axis 表示沿着它连接数组的轴，默认为 0。

2. stack() 函数

该函数能实现沿新轴连接数组序列。此功能是 NumPy1.10.0 版本的新增功能。使用 stack() 函数的方法如下。

```
numpy.stack(arrays,axis)
```

其中，参数 arrays 表示相同形状的数组序列；axis 表示返回数组中的轴，输入数组沿着它来堆叠。

3. hstack() 函数

该函数可通过堆叠生成水平的单个数组。使用 hstack() 函数的方法如下。

```
numpy.hstack(arrays)
```

其中，参数 arrays 表示相同形状的数组序列。

4. vstack() 函数

该函数可通过堆叠生成竖直的单个数组。使用 vstack() 函数的方法如下。

```
numpy.vstack(arrays)
```

其中，参数 arrays 表示相同形状的数组序列。

5. 数组的连接示例

数组的连接示例代码 example4-11 如下。

```
# -*- coding: UTF-8 -*-
import numpy as np
arr1 = np.array([[1,2,3], [4,5,6]])          #创建数组 arr1
print('第 1 个数组 arr1: ',arr1)
arr2 = np.array([['a',8,9], ['b',11,12]])    #创建数组 arr2
print('第 2 个数组 arr2: ',arr2)              #注意两个数组的维度相同
#concatenate 函数
print('沿轴 0 连接两个数组: ')
print(np.concatenate((arr1, arr2)))
print('沿轴 1 连接两个数组: ')
print(np.concatenate((arr1, arr2),axis=1))
#stack 函数
print('沿轴 0 堆叠两个数组: ')
print(np.stack((arr1, arr2),0))
print('沿轴 1 堆叠两个数组: ')
print(np.stack((arr1, arr2),1))
#hstack 函数和 vstack 函数
print('水平堆叠: ')
print(np.hstack((arr1,arr2)))
print('竖直堆叠: ')
print(np.vstack((arr1,arr2)))
```

4.3.6 数组的分割

在 NumPy 中，利用 split()、hsplit()和 vsplit()等函数可实现数组的分割操作。

1. split()函数

该函数可沿特定的轴将数组分割为子数组。使用 split()函数的方法如下。

```
numpy.split(arr,indices_or_sections,axis)
```

其中，参数 arr 表示被分割的数组，indices_or_sections 表示从 arr 数组创建的大小相同的子数组的数量，可以为整数。如果此参数是一维数组，则该参数表示在 arr 数组中的分割点，arr 数组将按照分割点来分割数组。axis 表示返回数组中的轴，默认为 0，表示竖直方向分割，1 表示水平方向分割。

2. hsplit()函数

该函数是 split()函数的特例，它是将数组沿着水平方向分割，即将一个数组按列分割为多个子数组。使用 hsplit()函数的方法如下。

```
numpy.hsplit(arr,indices_or_sections)
```

其中，参数 arr 表示被分割的数组，indices_or_sections 表示将 arr 数组创建为大小相同的子数组的数量。如果此参数是一维数组，则该参数表示在 arr 数组中的分割点，arr 数组将按照分割点来分割数组。

3. vsplit()函数

该函数是 split()函数的特例，它是将数组沿着竖直方向分割，即将一个数组按行分割为多个子数组。使用 vsplit()函数的方法如下。

```
numpy.vsplit(arr,indices_or_sections)
```

其中，参数 arr 表示被分割的数组；indices_or_sections 表示将 arr 数组创建为大小相同的子数组的数量。如果此参数是一维数组，则该参数表示在 arr 数组中的分割点，arr 数组将按照分割点来分割数组。

4. 数组的分割示例

数组的分割示例代码 example4-12 如下。

```
# -*- coding: UTF-8 -*-
import numpy as np
```

```
arr1 = np.array([[1,2,3], [4,5,6]])        #创建数组 arr1
print('第 1 个数组 arr1: ',arr1)
arr2 = np.arange(9)                        #创建数组 arr2
print('第 2 个数组 arr2: ',arr2)
#使用 split 函数
print('将 arr1 数组竖直分割为 2 个大小相等的子数组: ')
print (np.split(arr1,2))
print('将 arr1 数组水平分割为 3 个大小相等的子数组: ')
print (np.split(arr1,3,1))
print('将 arr2 数组在一维数组中标明的位置分割: ')
print (np.split(arr2, [2, 5]))
#使用 hsplit 函数和 vsplit 函数
print ('arr1 数组水平分割: ')
print(np.hsplit(arr1,3))
print ('arr1 数组竖直分割: ')
print(np.vsplit(arr1,2))
print ('arr2 数组水平分割: ')
print (np.hsplit(arr2, [2, 5]))
```

4.3.7 数组转换

在 NumPy 中，数组转换有两种方式，一种是将数组转换成列表，另一种就是转换数组的数据类型。其中，转换数组的数据类型是用 astype()函数，有关 astype()函数的应用在 4.2.5 节已经介绍，下面将介绍数组转换成列表的方法。

将数组转换成列表用 tolist()函数，使用 tolist()函数的方法如下。

```
数组名.tolist()
```

示例代码如下。

```
# -*- coding: UTF-8 -*-
import numpy as np
#创建 3 行 3 列的数组 arr
arr = np.arange(9).reshape(3,3)
print('原数组: ',arr)
print('将 arr 数组转换成列表')
arr_list = arr.tolist()      #转换成列表为[[0, 1, 2], [3, 4, 5], [6, 7, 8]]
print(arr_list)
```

4.3.8 添加/删除数组元素

在 NumPy 中，经常需要对数组元素进行添加和删除操作，如使用 append()函数和 insert()函数为数组添加元素，或者使用 delete()函数返回删除了某个轴的子数组的新数组，以及使用 unique()函数寻找数组内的唯一元素。下面分别介绍这些函数的运用。

1. append()函数

该函数是在数组的末尾添加元素，该函数会返回一个新数组，而原数组不变。使用 append()函数的方法如下。

```
numpy.append(arr,values,axis)
```

其中，参数 arr 表示输入的数组；values 表示向 arr 数组添加的元素，values 为数组，values 数组列维度与 arr 数组列维度相同；axis 表示沿着水平或竖直方向完成添加操作的轴，axis 取 0 表示沿竖直方向操作，axis 取 1 表示沿水平方向操作。如果未提供 axis 值，在添加操作之前输入数组会被展开，values

可以是单元素，也可以是任意数组，将 values 添加到 arr 数组后，该函数会返回一个新数组，而原数组不变。

append()函数的示例代码 example4-13 如下。

```
# -*- coding: UTF-8 -*-
import numpy as np
#创建数组 arr
arr = np.array([[1,2,3,4],[5,6,7,8]])
print('第1个数组 arr: ',arr)

print('向 arr 数组添加元素: ')
print(np.append(arr,[[9,10],[11,12]]))
print('原数组: ',arr)

print('沿轴 0 添加元素: ')
print(np.append(arr,[[9,10,11,12],[11,11,11,11]], axis=0))
print('沿轴 1 添加元素: ')
print(np.append(arr,[[9,10],[11,12]], axis=1))
```

2. insert()函数

该函数在给定索引之前，沿给定轴在输入数组中插入值。该函数会返回一个新数组，原数组不变。使用 insert()函数的方法如下。

```
numpy.insert(arr,obj,values,axis)
```

其中，参数 arr 表示输入的数组；obj 表示在其之前插入值的索引；values 表示向 arr 数组插入的值，values 值可为单元素或 values 数组，并且 values 数组行维度与 arr 数组列维度相同；axis 表示沿着水平或竖直方向完成插入操作的轴，axis 取 0 表示沿竖直方向操作，即在 arr 数组行索引位于 obj 的位置处插入 values 值，axis 取 1 表示沿水平方向操作，即在 arr 数组列索引位于 obj 的位置处插入 values 值。如果未提供 axis 值，在插入之前输入数组会被展开，values 可以是单个元素，也可以是一维数组，将 values 插入到 obj 的位置处，该函数会返回一个新数组，原数组不变。

另外，insert()函数如果传递了 axis 参数，则插入 values 值时，会以广播值数组来配输入数组，即 np.insert(arr,2,[9],axis=0)，其中 values 为[9]，arr 是 2 行 4 列数组，由于 axis=0，则插入值的数组列维度与 arr 数组列维度相同，因此，插入值数组为 1 行 4 列的数组，也就是广播值数组[9,9,9,9]。

insert()函数的示例代码 example4-14 如下。

```
# -*- coding: UTF-8 -*-
import numpy as np
#创建数组 arr
arr = np.array([[1,2,3,4], [5,6,7,8]])
print('第1个数组 arr: ',arr)

print('未传递 axis 参数。在插入之前输入数组会被展开。')
print(np.insert(arr,4,[9, 10,11,12]))
print('传递了 axis 参数,会以广播值数组来配输入数组。')
print('沿轴 0 广播: ')
print(np.insert(arr, 2, [9], axis=0))    #插入值是[9,9,9,9]
print('沿轴 0 插入: ')
print(np.insert(arr, 2, [9,10,11,12], axis=0))
print('沿轴 1 广播: ')
print(np.insert(arr, 2, [[9],[10]], axis=1))
print('沿轴 1 插入: ')
```

```
print(np.insert(arr, 2, [[9,10],[11,12]], axis=1))
```

3. delete()函数

该函数返回从输入数组中删除指定子数组的新数组,原数组不变。与 insert()函数的情况一样,如果未提供轴参数,则输入数组将展开。使用 delete()函数的方法如下。

```
numpy.delete(arr,obj,axis)
```

其中,参数 arr 表示输入的数组;obj 是用整数或者整数数组表示的从输入数组中删除的子数组,obj 可以用切片 numpy.s_[start:end:step]表示要删除的子数组范围;axis 表示沿着它删除给定子数组的轴,如果未提供 axis 值,则输入数组会被展开。

delete()函数的示例代码 example4-15 如下。

```
# -*- coding: UTF-8 -*-
import numpy as np
#创建数组 arr
arr = np.arange(16).reshape(4,4)
print('第 1 个数组 arr: ',arr)
print ('未传递 axis 参数,在删除之前输入数组会被展开。')
print (np.delete(arr,[6,9,12]))     #删除 arr 数组中索引为 6,9,12 的元素
print(arr)
print('删除第 3 列: ')
print(np.delete(arr, 2, axis=1))
print('删除第 2 行: ')
print(np.delete(arr, 1, axis=0))

print('从数组中删除用切片表示元素范围值: ')
print(np.delete(arr, np.s_[::2]))
```

4.4 NumPy 数组的矢量计算

NumPy 的多维数组对象(ndarray)是一个快速而灵活的大数据集容器,它不仅具有矢量运算和复杂广播的能力,而且还具有对数组数据进行快速运算的标准数学函数。在 NumPy 中,数组可以不需要循环就可对数据进行批量运算,这称为矢量化,而不同形状的数组之间的运算,称为广播。同时,在 NumPy 中还包含有 ufunc 对象,该对象具有对数组数据进行快速运算的通用函数。

4.4.1 数组的运算

在 NumPy 中,数组可以直接进行加、减、乘、除、指数、求倒数、取相反数、位运算等运算,而不需要使用烦琐的 for 循环之类的算法,并且在除法运算时,遇到除数为 0 时,会自动提示无效运算,但是仍会将计算结果显示出来,无效值处用 NaN 或 inf 表示。在数组运算中,相同形状的数组按元素级进行逐个元素运算,而不同形状的数组,则按广播机制进行计算,并且在数组运算后,将返回包含运算结果的新数组。

1. 相同形状数组的运算

首先创建两个相同形状数组 arr_a 和 arr_b,现将它们分别进行加、减、乘、除、取相反数、平方和按位异或运算。观察其输出结果,发现两个数组的运算就是将这两个数组中索引相同的元素进行运算。如果是一个数的运算,则是将数组中的所有元素都进行相同运算。例如计算数组平方,就是将数组中每个元素都进行平方运算。

其示例代码 example4-16 如下。

```
# -*- coding: UTF-8 -*-
import numpy as np
#先创建两个相同形状的数组 arr_a,arr_b
```

```
arr_a = np.arange(4)
arr_b = np.array([0,1,1,0])
print('两个相同形状数组arr_a,arr_b相加:')
arr_c = arr_a + arr_b
print(arr_c,'=',arr_a,'+',arr_b)
print('两个相同形状数组arr_a,arr_b相减:')
arr_c = arr_a - arr_b
print(arr_c,'=',arr_a,'-',arr_b)
print('两个相同形状数组arr_a,arr_b相乘:')
arr_c = arr_a * arr_b
print(arr_c,'=',arr_a,'*',arr_b)
print('两个相同形状数组arr_a,arr_b相除:')
arr_c = arr_a / arr_b
print(arr_c,'=',arr_a,'/',arr_b)
print('数组arr_a相反数:')
print(-arr_a)
print('数组arr_a的平方:')
print(arr_a**2)
print('数组arr_a的按位异或:')
print(arr_a^2)
```

2. 不同形状数组的运算（广播机制）

当两个数据的形状（shape）不一致时，低维数组会自动将维度扩充到与高维数组一致，然后再按元素逐个运算，这就是数组的广播机制。为了更好地使用广播机制，需要遵循4个原则。

（1）让所有的输入数组向其中shape最长的数组看齐，shape中不足的部分通过在前面加1补齐。

（2）输出数组的shape是输入数组shape的各个轴上的最大值。

（3）如果输入数组的某个轴和输出数组的对应轴的长度相同或者其长度为1，则这个数组能够用来计算，否则会报错。

（4）当输入数组的某个轴的长度为1时，沿着此轴计算时使用此轴上的第一组值。

下面通过示例观察不同形状数组的运算。

例如，先创建2行3列的数组 arr_a= np.arange（6）.reshape(2,3)和1行3列的数组 arr_b= np.arange（3），现将这两个数组相加。由于这两数组的维度不相同，当两数组相加时，低维的 arr_b 数组会自动向高维以复制的方式进行扩充，即复制 arr_b 第1行的元素到第2行，arr_b 扩充为2行3列数组，如下所示。

```
[[0,1,2]
 [0,1,2]]
```

示例代码如下。

```
# -*- coding: UTF-8 -*-
import numpy as np
arr_a = np.arange(6).reshape(2,3)    #创建2行3列数组
arr_b = np.arange(3)                 #创建1行3列数组
arr_c = arr_a + arr_b                #两个数组相加
print(arr_c,'=',arr_a,'+',arr_b)
```

然后，这两个数组再按元素逐个运算，运行结果如下。

```
[[0 2 4]    [[0 1 2]    [[0 1 2]
 [3 5 7]] = [3 4 5]] + [0 1 2]]
```

3. 数组和标量之间的运算

在 NumPy 中，数组的运算称为矢量化。大小相等的数组之间的任何算术运算都将应用到元素级。标量是只有大小没有方向的数据，数组和标量之间的算术运算就是将这个标量值传播到数组的各个元素，

即将数组中的每个元素都与标量进行运算。

例如，创建 2 行 3 列的数组 arr= np.arange（6）.reshape(2,3)，现在计算 arr-1，其中 1 就是标量，则 arr-1 相当于将 arr 数组中的每个元素都减去标量值 1。

4.4.2　通用函数（ufunc）

NumPy 中的 ufunc 对象也称为 ufunc 函数，它包含了对数组进行处理的通用函数。通用函数（ufunc）是针对 ndarray 数组对象执行元素级运算的函数，即通用函数会对数组中的每一个元素值作用后产生新的元素值，并返回新的元素值组成的数组，因此，通用函数（ufunc）都是以 NumPy 数组作为输出的。

通用函数（ufunc）的分类。

❑　按照通用函数（ufunc）所接收的数组参数个数来划分，接收一个数组参数的称为一元通用函数，而接收两个数组参数的称为二元通用函数。

❑　按照通用函数（ufunc）的运算功能划分，常用的通用函数（ufunc）运算有四则运算、比较运算和逻辑运算等。通用函数（ufunc）支持全部的四则运算，并且保留习惯的运算符，与数值运算使用方法相同，但要注意操作的对象是数组。

常用的一元通用函数说明如表 4-5 所示，常用的二元通用函数说明如表 4-6 所示。

表 4-5　常用的一元通用函数

函数	说明
ceil()	计算各元素的 ceiling 值，即大于等于该值的最小整数
floor()	计算各元素的 floor 值，即小于等于该值的最大整数
rint()	将各元素的值四舍五入到最接近的整数，保留 dtype
modf()	将数组的小数和整数部分以两个独立数组的形式返回
isnan()	返回一个"哪些值是 NaN（Not a Number）"的布尔型数组
isfinite()、isinf()	分别返回一个表示"哪些元素是有穷的（非 inf，非 NaN）"或"哪些元素是无穷"的布尔型数组
abs()、fabs()	计算整数、浮点数或复数的绝对值，对于非复数值可以使用更快的 fabs
sqrt()	计算各元素的平方根，相当于 arr**0.5
square()	计算各元素的平方，相当于 arr**2
exp()	计算各元素的指数 e^x
log()、loh10()、log2()、log1p()	分别为自然对数（底数为 e），底数为 10，底数为 2，log（1+x）
sing()	计算各元素的正负号，1（正数），0（零），−1（负数）
arccos()、arccosh()、arcsin()、arcsinh()、arctan()、arctanh()	反三角函数
logical_not()	计算各元素取反，相当于-arr

表 4-6　常用的二元通用函数

函数	等价运算符	说明
add()	+	将数组中对应元素相加
subtract()	−	从第一数组中减去第二数组中的元素
multiply()	*	将数组中对应元素相乘(数量积)
dot()		数组中对应元素相乘的累加和(矢量积)
divide()、floor_ divide()	/、//	将数组中对应元素相除或向下整除
mod()、remainder()、fmod()	%	元素级的求模计算(除法的余数)； mod 与 remainder 的功能完全一致； fmod 处理负数的方式与 remainder、mod 和%不同，所得余数的正负由被除数决定，与除数的正负无关

续表

函数	等价运算符	说明
maximum()、fmax()		元素级的最大值计算，fmax 将忽略 NaN
minimum()、fmin()		元素级的最小值计算，fmin 将忽略 NaN
power()	**	对第一个数组中的元素 A，根据第二个数组中的相应元素B,计算 A^B
copysing()		将第二个数组中的值的符号复制给第一个数组中的值
equal()、not_equal()、greater()、greater_equal() less()、less_equal()	==、!=、 >、>=、 <、<=	执行元素级的比较运算，最终产生布尔型数组
logical_and()、logical_or() logical_xor()	&、|、^	执行元素级的真值逻辑运算，返回布尔型值

注意
在二元通用函数中，当第二个参数为标量时，将进行广播（Broadcast）运算。

【例 4-1】定义 arr 为 0～9 的一维数组，运用通用函数完成下列计算。

（1）对 arr 数组求平方根和将 arr 数组与 2 相加。

（2）将 arr 数组的平方根乘 3 的 arr_f 数组的浮点数分解成整数和小数部分。

（3）求 arr_f 与 arr 的最大值。

（4）定义一个 0～6 的 2 行 3 列数组和 0～3 的一维数组，计算这两个数组的矢量积和数量积。

示例代码 test4-1 如下。

```
# -*- coding: utf-8 -*-
import numpy as np
arr = np.arange(10)
arr_a = np.sqrt(arr)
print ('求平方根',arr_a)
print('数组与标量相加')
print(np.add(arr,2))

print ('使用modf函数把浮点数分解成整数和小数部分')
arr_f = arr_a * 3  # 统一乘3
print (np.modf(arr_f))

print ('数组比较')
print(arr_f,arr)
print(np.maximum(arr_f,arr))

#计算数组矢量积和数量积
arr_a = np.arange（6）.reshape(2,3)
arr_b = np.arange（3）
print('计算数组矢量积',np.dot(arr_a,arr_b))
print('计算数组数量积',arr_a*arr_b)
```

4.5 NumPy 矩阵创建、计算及操作

NumPy 提供了两个基本的对象：一个多维数组（ndarray）对象和一个通用函数（ufunc）对象，

其他对象都是在它们的基础上构建的。在 NumPy 中还包含两种基本的数据类型，即数组和矩阵。NumPy 中的矩阵对象为 matrix，它包含有矩阵的数据处理、矩阵计算、转置、可逆性等功能。matrix 是 ndarray 的子类，矩阵对象是继承自 NumPy 数组对象的二维数组对象，因此，矩阵会含有数组的所有数据属性和方法。但是，矩阵与数组还有一些重要的区别。

（1）矩阵对象可以使用一个 MATLAB 风格的字符串来创建，也就是一个以空格分隔列，以分号分隔行的字符串。

（2）矩阵是维数为 2 的特殊数组。矩阵的维数是固定的，即便是加减乘除各种运算，矩阵的维数不会发生变化，而数组在运算时其维数会发生变化。总之，矩阵的维数永远是二维的。

（3）矩阵与数组之间的转化，数组转矩阵用 numpy.asmatrix 或者 numpy.matrix，矩阵转数组用 numpy.asarray 或者 matrix 的 A 属性。

（4）数组中的很多通用函数（ufunc）运算都是元素级的，即函数是针对数组中的每个元素进行处理的，而矩阵是根据矩阵的定义进行整体处理的。

（5）矩阵默认的 __array_priority__ 是 10.0，因而数组与矩阵对象混合的运算总是返回矩阵。

（6）矩阵有几个特有的属性使计算更加容易，这些属性如下。

- .T：返回自身的转置；
- .H：返回自身的共轭转置；
- .I：返回自身的逆矩阵；
- .A：返回自身数据的二维数组的一个视图（没有做任何的拷贝）。

矩阵对象（matrix）也可以使用其他的 matrix 对象、字符串或者其他的可以转换为一个 ndarray 的参数来构造。下面将介绍矩阵的创建、计算及操作。

1. 矩阵的创建

在 NumPy 中，使用 mat()、matrix()以及 bmat()函数创建矩阵的方法如下。

（1）使用字符串创建矩阵

在 mat()函数中输入一个 MATLAB 风格的字符串，该字符串以空格分隔列，以分号分隔行。例如，numpy.mat('1 2 3;4 5 6;7 8 9')，可创建一个 3 行 3 列矩阵，矩阵中元素为整数。

（2）使用嵌套序列创建矩阵

在 mat()函数中输入嵌套序列，例如，numpy.mat([[2,4,6,8],[1.0,3,5,7.0]])，可创建一个 2 行 4 列的矩阵，矩阵中的元素为浮点数。

（3）使用一个数组创建矩阵

在 mat()函数中输入数组，例如 numpy.mat(numpy.arange(9).reshape(3,3))，可创建一个 3 行 3 列的矩阵，矩阵中的元素为整数。

（4）使用 matrix()函数创建矩阵

matrix()函数可以将字符串、嵌套序列、数组和 matrix 转换成矩阵，其函数格式如下。

```
matrix(data,dtype=None,copy=True)
```

其中，data 是指输入的用于转换为矩阵的数据。如果 dtype 是 None，那么数据类型将由 data 的内容来决定。如果 copy 为 True，则会复制 data 中的数据，否则会使用原来的数据缓冲。如果没有找到数据的缓冲区，当然也会进行数据复制。这说明用 matrix 函数创建矩阵，如果修改矩阵的值是不会改变输入 matrix 函数的 data 数据值。

 注意 用 mat()函数创建矩阵时，若输入 matrix 或 ndarray 对象，则不会为它们创建副本。也就是说用 mat()函数创建矩阵时，如果修改矩阵的值，同时会改变输入 mat()函数的 matrix 或 ndarray 的值。

（5）使用bmat()函数创建矩阵

如果想将小矩阵组合成大矩阵，在NumPy中，可以使用bmat分块（Block Matrix）矩阵函数实现，其函数格式如下。

```
bmat(obj,ldict=None,gdict=None)
```

其中，obj为matrix；ldict和gdict为None。

示例代码example4-17如下。

```
# -*- coding: utf-8 -*-
import numpy as np
#使用字符串创建矩阵
str = '1 2 3;4 5 6;7 8 9'
a = np.mat(str)
a[1,1]=11                          #修改a矩阵1行1列值，不会影响str
print ('用字符串创建矩阵:',a,str)    #观察str输出没有变化
#使用嵌套序列创建矩阵
b = np.mat( [[2,4,6,8],[1.0,3,5,7.0]])
print ('用嵌套序列创建矩阵:',b)
#使用一个数组创建矩阵
arr = np.arange(9).reshape(3,3)    #创建3行3列数组
c = np.mat(arr)
c[1,1] = 55                        #修改c矩阵1行1列值，arr值也跟着变化
print('数组创建矩阵:',c,arr)
#使用matrix函数创建矩阵
c = np.matrix(arr,dtype=np.float)  #用arr数组创建矩阵
c[1,1] = 66                        #修改c矩阵1行1列值，arr值不变化
d = np.matrix([[2,4,6,8],[1.0,3,5,7.0]],dtype=np.int64)  #用序列创建矩阵
e = np.matrix('1 2 3;4 5 6;7 8 9',dtype=np.str_)          #用字符串创建矩阵
f = np.matrix(a,dtype=np.str_)                            #用matrix对象创建矩阵
print('用matrix函数创建矩阵',c,arr, d, e,f)
#使用bmat函数创建矩阵
a=np.mat('3 3 3;4 4 4')
b=np.mat('1 1 1;2 2 2')
print ('用bmat函数创建矩阵:',np.bmat('a b; b a'))
```

2. 矩阵的计算及操作

在NumPy中，矩阵的计算是针对整个矩阵中的每个元素进行的，不需要使用for循环，而且运算效率更高。在进行矩阵的加、减、除法运算时，只有相同行数和列数的矩阵才能相互进行计算，否则会抛出程序异常。矩阵的乘法计算有计算矢量积和计算数量积两种方式，如果计算矢量积，则运算符采用星号（*），并且星号左边矩阵的列要与星号右边矩阵的行数相等，运算结果是矩阵中对应元素相乘的累加和。例如计算两矩阵ma*mb，则运算结果矩阵mc为：

```
mc[0,0]=ma[0,0]*mb[0,0]+ma[0,1]*mb[1,0]+ma[0,2]*mb[2,0]+…+ma[0,n]*mb[n,0]
mc[0,1]=ma[0,0]*mb[0,1]+ma[0,1]*mb[1,1]+ma[0,2]*mb[2,1]+…+ma[0,n]*mb[n,1]
…
mc[i,j]=ma[i,0]*mb[0,j]+ma[i,1]*mb[1,j]+ma[i,2]*mb[2,j]+…+ma[i,n]*mb[n,j]
```

如果计算数量积，也称为矩阵的点乘操作，则使用multiply函数。该函数是NumPy的通用函数，执行方法是将矩阵的对应元素相乘，与矢量积运算方式不同，类似于MATLAB中的点乘。

矩阵常用的操作有矩阵转置、索引取值、求矩阵的行列数、排序和将列表转换成矩阵等。矩阵计算和操作示例代码example4-18如下。

```
# -*- coding: utf-8 -*-
import numpy as np
#矩阵计算
```

```
ma = np.mat( [[6,4,2,8],[2.0,1,5,7.0]])          #创建 2 行 4 列矩阵
mb = np.mat(np.arange(9).reshape(3,3))            #创建 3 行 3 列矩阵
mc = np.mat(np.arange(8).reshape(2,4))            #创建 2 行 4 列矩阵
#print('矩阵相加: ',ma+mb)          #不同行列数矩阵不能相加，会报错
print('矩阵相加: ',ma+mc)           #相同行列数矩阵能相加
print('矩阵相减: ',ma-mc)
print('矩阵相除: ',mc/ma)
#矩阵相乘*，执行计算矩阵的矢量积操作
print('矩阵相乘: ',ma,mc.T,ma*mc.T)      #mc.T 为转置操作
#使用函数 multiply，执行计算矩阵数量积（点乘）操作
print('矩阵点乘:',np.multiply(ma,mc))
#矩阵操作
arr = np.array([[2,4,6,8],[1.0,3,5,7.0]])         #创建数组
print('取矩阵 ma 第 1 行值',ma[0])       #取矩阵第 1 行值
ma[1,1]              #取矩阵第 2 行第 2 个数据
arr[1][1]            #数组取值，注意矩阵不能用 ma[1][1]取值，会发生错误
ma.shape             #获得 ma 矩阵的行列数
ma.shape[0]          #获得 ma 矩阵的行数
ma.shape[1]          #获得 ma 矩阵的列数
#索引取值
ma[0,:]              #取得第 1 行的所有元素
print(ma[0,:])
ma[0,1:2]            #第 1 行第 2 个元素，注意左闭右开
print(ma[0,1:2])
ma.sort()            #对每 1 行进行排序
print(ma)
#将 Python 的列表转换成 NumPy 的矩阵
list=[1,2,3,5,6]
np.mat(list)         #列表转换成 NumPy 的矩阵
print(np.mat(list))
```

4.6 随机数的生成

在数据分析中，随机数不仅有利于数据分析，而且在机器学习方面随机数的使用也是机器学习算法配置和评估的重要部分。例如，神经网络中的权重的随机初始化和将数据分成随机的训练和测试集等。因此，生成随机数是数据分析中一项很重要的技术。在 Python 中，可以通过 Python 中的 random 模块生成随机数，但是，其效率要远低于利用 NumPy 中的 random 模块生成随机数。numpy.random 模块提供了非常全的自动产生数据的 API，通过该模块中的函数可以很方便地生成随机数。下面介绍使用 numpy.random 模块中的函数生成随机数的常用方法。

1. 使用 rand()函数

rand()函数的格式如下。

```
numpy.random.rand(d0,d1, …,dn)
```

该函数的作用是生成一个(d0,d1, …,dn)维的数组，数组的元素取自[0, 1]内均匀分布的随机数，但数组的元素不包括 1。若没有参数输入，则生成一个数。括号里面的参数是指定产生数组的形状。

2. randn()函数

randn()函数的格式如下。

```
numpy.random.randn(d0,d1, …,dn)
```

该函数的作用是生成一个(d0,d1, …,dn)维的数组，数组的元素是标准正态分布随机数。若没有参数输入，则生成一个数。括号里面的参数是指定产生数组的形状。

3. randint()函数

randint()函数的格式如下。

```
numpy.random.randint(low, high, size, dtype)
```

该函数的作用是生成指定范围的随机数，随机数取值区间为[low, high)，若没有输入参数 high 则取值区间为[0, low)。size 参数是元组，用于确定数组的形状，dtype 用于指定数组中的数据类型。

4. random()函数

random()函数格式如下。

```
numpy.random.random(size=None)
```

该函数的作用是产生[0.0, 1.0)之间的浮点数，但数组的元素不包括 1。size 表示生成元素个数。若没有参数输入，则生成一个数。

生成随机数的示例代码 example4-19 如下。

```
# -*- coding: utf-8 -*-
import numpy as np
#用 rand()生成随机数
a = np.random.rand()           #生成一个数
b = np.random.rand(1)          #生成1行1列数组
c = np.random.rand(2,3)        #生成2行3列数组
print(a,b,c)

#用 randn()生成随机数
a = np.random.randn()          #生成一个数
b = np.random.randn(1)         #生成1行1列数组
c = np.random.randn(2,3)       #生成2行3列数组
print(a,b,c)

#用 randint()生成随机数
a = np.random.randint(6)
b = np.random.randint(6, size=1)
c = np.random.randint(6, size=(2,4),dtype='int64')
print(a,b,c)

#用 random()生成随机数
a = np.random.random(6)
b = np.random.random()
print(a,b)
```

除了上述产生随机数的函数外，random 模块还包括许多产生随机数的函数，如表 4-7 所示。

表 4-7　random 模块中其他产生随机数的函数

函数	说明
seed()	确定随机数生成器的种子
permutation()	返回一个序列的随机排列或返回一个随机排列的范围
shuffle()	对一个序列进行随机排列
binomial()	产生二项分布的随机数
normal()	产生正态（高斯）分布的随机数

续表

函数	说明
beta()	产生 Beta 分布的随机数
chisquare()	产生卡方分布的随机数
gamma()	产生 Gamma 分布的随机数
uniform()	产生在[0,1]中均匀分布的随机数

◥ 项目实践

1. 项目描述

完成下列数组、矩阵和随机数的操作与运算。

（1）创建 2 行 4 列的数组 arr_a，数组中的元素为 0~7，要求用 arange()函数创建。

（2）利用生成随机数函数创建有 4 个元素的一维数组 arr_b。

（3）计算 arr_a 和 arr_b 的矢量积和数量积。

（4）将数组的数量积中小于 2 的元素组成新数组。

（5）将 arr_a 和 arr_b 转换成矩阵，计算矩阵的矢量积和数量积。

（6）向 arr_a 数组添加元素[9,10]后，再赋值给 arr_a 数组。

（7）在 arr_a 数组第 3 个元素之前插入[11,12]元素后，再赋值给 arr_a 数组。

（8）从 arr_a 数组中删除下标为奇数的元素。

（9）将 arr_a 数组转换成列表。

2. 程序设计代码 test4-2.py

```python
# -*- coding: utf-8 -*-
import numpy as np
#创建数组
arr_a = np.arange(8).reshape(2,4)
arr_b = np.random.random(4)
print(arr_a,arr_b)
#数组的矢量积和数量积
print('数组的矢量积',np.dot(arr_a,arr_b))
print('数组的数量积',np.multiply(arr_a,arr_b))
#将数组的数量积中小于 2 的元素组成新数组
arr_c =np.multiply(arr_a,arr_b)
arr_d = arr_c[arr_c<2]
print ('小于 2 的元素是: ',arr_d)
#转换成矩阵
ma = np.mat(arr_a)
mb = np.mat(arr_b)
print('矩阵的矢量积',ma*mb.T)
print('矩阵的数量积',np.multiply(ma,mb))
#向 arr_a 数组添加元素[9,10]
arr_a = np.append(arr_a,[9,10])
print(arr_a)
#在 arr_a 数组第 3 个元素之前插入[11,12]元素
arr_a = np.insert(arr_a,2,[11,12])
print(arr_a)
print('从 arr_a 数组中删除下标为奇数的元素: ')
```

```
arr_a = np.delete(arr_a, np.s_[1::2])
print(arr_a)
print(arr_a.shape)
#将数组转换成列表
arr_list = arr_a.tolist()
print(arr_list)
```

◤ 本章小结

本章首先介绍了 NumPy 和 SciPy 作用，以及在 Windows 操作系统下安装 NumPy、SciPy 软件包和在 PyCharm 开发工具下安装 NumPy、SciPy 的方法。主要介绍了数组对象的基本概念，包括创建数组对象、选取数组元素、数组的属性和 NumPy 的数据类型等。重点介绍了 NumPy 数组操作，包括数组的索引和切片、修改数组形状、数组的展平、数组转置和轴对换、数组的连接、数组的分割、数组转换和添加删除数组元素等。同时，还介绍了 NumPy 数组的矢量计算方法，以及 NumPy 矩阵创建、计算、操作和随机数生成等。

◤ 思考练习

1. 简答题

（1）NumPy 和 SciPy 有什么作用？在 Python 中使用 NumPy 的好处是什么？

（2）简述创建数组对象的基本方法。通过指定开始值、终值和元素个数来创建一维数组的函数是什么？

（3）如何创建主对角线上的元素为 1 的数组？如何创建元素全部为 1 的数组？用 empty 函数创建数组有什么特点？

（4）如何获取 arr 数组的维度、尺寸、元素总数和元素的类型？

（5）利用什么函数可实现数组数据类型的转换？

（6）修改数组形状的方法有哪些？

（7）如何将数组连接和分割？

（8）不同形状的数组可以进行四则运算吗？为什么？

（9）说明数组与矩阵的联系和区别。

（10）说明 dot()函数、multiply()函数和星号（*）乘法运算的区别。

2. 操作题

（1）在 Windows 操作系统下安装 NumPy 和 SciPy 软件包。

（2）在 PyCharm 开发工具下安装 NumPy 和 SciPy。

3. 编程题

（1）创建一个自定义数据类型，该数据类型是由姓名和手机号码组成，其中姓名是长度为 10 个字符的字符串类型，手机号码是长度为 11 位的整型数。然后，再创建该自定义数据类型的数组。

（2）现有序列 a 为[6,2,5,0,1,3,4,7,8,9]，要求将 a 序列转换成 2 行 5 列数组，然后再分割成 2 个数组。

（3）现有序列 a 为[6,2,5,0,1,3,4,7,8,9]，序列 b 为['2','3','1',5,7]，将 a 序列转换成 2 行 5 列数组，b 序列转换成 1 行 5 列数组，并将这两个数组相加。

（4）现有序列 a 为[6,2,5,0,1,3,4,7,8,9,10,11]，将 a 序列转换成 3 行 4 列数组，如何获取该数组中[[6,2],[1,3]]，[8,9,10,11]，[[4,7],[10,11]]这 3 组数据。

（5）现有序列 a 为[6,2,5,0,1,3,4,7,8,9,10,11]，将 a 序列转换成 4 行 3 列数组，现要将该数组元素[[1,3],[7,8]]用整数索引表示出来。

第5章
用NumPy进行简单统计分析

学习目标

① 掌握使用 NumPy 读写文件的方法。

② 了解 NumPy 中常用的统计函数。

③ 掌握运用 NumPy 函数进行统计分析的方法。

④ 掌握数据处理中简单的统计分析。

5.1 文件读写操作

通常情况下，数据是以文件形式存储的。常用的存储文件的格式有文本文件、CSV 格式文件、二进制格式文件和多维数据文件等。其中 CSV（Comma-Separated Value，逗号分隔值）格式是一种常见的文件格式。通常，数据库的转存文件就是 CSV 格式的，文件中的各个字段对应于数据库表中的列。众所周知，电子表格软件（如 Microsoft Excel）可以处理 CSV 文件。

在数据分析中，经常需要从文件中读取数据或将数据写入文件，因此，学会读写文件操作是深入学习 NumPy 的基础。下面将分别介绍如何使用 NumPy 函数来读写一维或二维数组的文本文件、CSV 格式文件、二进制格式文件和多维数据文件。

5.1.1 使用 NumPy 读写文本文件

在 NumPy 中，loadtxt()和 savetxt()函数可以对文件后缀名为.txt 和.csv 的文件进行读写操作。

1. 将一维或二维数组写入 TXT 文件或 CSV 格式文件

在 NumPy 中，使用 savetxt()函数可以将一维或二维数组写入后缀名为.txt 或.csv 的文件，该函数的格式如下。

```
numpy.savetxt(fname,array,fmt='%.18e',delimiter=None,newline='\n', header='',
footer='', comments='#', encoding=None)
```

函数中参数说明如下。

❑ fname：文件、字符串或产生器，可以是.gz 或.bz2 的压缩文件。

❑ array：存入文件的数组（一维数组或者二维数组）。

❑ fmt：写入文件的格式，例如：%d, %.2f, %.18e，默认值是%.18e。

❑ delimiter：分割符，默认是空格。

❑ newline：换行符。

❑ header：在文件开头写入的字符串。

❑ footer：在文件末尾写入的字符串。

❑ comments：为添加到页眉和页脚的字符串标记注释符，默认值为 # 。

❏ encoding：设置输出文件的编码。如果编码不是 bytes 或 latin1，将无法在 NumPy 1.14 以下版本中加载该文件，默认为 latin1。

其中，newline 参数是 NumPy 1.5.0 版本中的新功能，header、footer、comments 参数是 NumPy 1.7.0 版本中的新功能，encoding 参数是 NumPy 1.14.0 版本中的新功能。这 5 个参数都是可选项。

【例 5-1】创建一个元素范围为 0～11 的 3 行 4 列的数组，然后设置不同的参数，将该数组写入 TXT 文件和 CSV 文件。test5-1 代码如下。

```
# -*- coding: utf-8 -*-
import numpy as np
arr = np.arange(12).reshape(3,4)
#fmt 默认取%.18e(浮点数)，分割符默认是空格，写入文件保存在当前目录
np.savetxt('test5-1-1.txt',arr)
#写入文件的是十进制整数
np.savetxt('test5-1-2.txt',arr,fmt='%d',delimiter=',')
#在test5-1-3.txt 文件头部和尾部都加#test5-1-3 注释，写入的文件是字符串
np.savetxt('test5-1-3.txt',arr,fmt='%s',delimiter=',',header=\
'test5-1-3',footer='test5-1-3')
#在test5-1-4.txt 文件头部加##test5-1-4 注释
np.savetxt('test5-1-4.txt',arr,fmt='%d',delimiter=',',header=\
          'test5-1-4',comments='##')
#将arr 数组保存为CSV 文件
np.savetxt('test5-1.csv',arr,fmt='%d',delimiter=',',header='test5-1')
```

2. 读取 TXT 文件和 CSV 格式文件

在 NumPy 中，读取 TXT 文件和 CSV 格式文件的函数是 loadtxt()，该函数格式如下。

```
numpy.loadtxt(fname,dtype=<type'float'>,comments='#',delimiter=None,convert
ers=None,skiprows=0,usecols=None,unpack=False,ndmin=0,encoding='bytes')
```

函数中参数说明如下。

❏ fname：文件、字符串或产生器，可以是.gz 或.bz2 为扩展名的压缩文件。

❏ dtype：数据类型。

❏ delimiter：分割符，默认是空格。

❏ usecols：选取数据的列。

❏ unpack：如果 True，读入属性将分别写入不同变量。

❏ comments：注释符，默认值为 # 。

❏ converters：转换器，数据列和转换函数之间进行映射的字典。

❏ skiprows：跳过第一行的行数，默认值为 0

❏ ndmin：返回的数组至少具有 ndmin 维度。值为 0（默认值）、1 或 2。

❏ encoding：用于解码输入文件的编码，默认为 bytes。

其中，除了 fname 参数外，其余参数为可选项。

【例 5-2】利用 NumPy 函数实现读取 TXT 文件和 CSV 格式文件的操作。

① 将【例 5-1】中所创建的 test5-1-1.txt、test5-1-2.txt、test5-1-3.txt、test5-1-4.txt 和 test5-1.csv 文件的数据读取并保存到数组中。

② 创建学生通讯录的 CSV 文件，该文件中包含学生姓名、电话和 E-mail，并将其保存为 phone.csv 文件，然后从该文件中读取数据并保存到数组中。其中，学生通讯录 CSV 格式文件（列表形式，两值之间用逗号隔开）的数据如下。

```
id,name,tel,email
1,李明,13873321234,liming@163.com
```

```
2,王红,13656722231,wanghong@163.com
3,张艳,18534512367,zhangyan@sina.com
```

其 test5-2 代码如下。

```
# -*- coding: utf-8 -*-
import numpy as np
#从 test5-1-1.txt 文件中读取数据
arr1 = np.loadtxt('test5-1-1.txt')
print(arr1)
#从 test5-1-2.txt 文件中读取数据
arr2 = np.loadtxt('test5-1-2.txt',delimiter=',')
#从 test5-1-3.txt 文件中读取数据
arr3 = np.loadtxt('test5-1-3.txt',dtype=np.int32,delimiter=',')
#从 test5-1-4.txt 文件中读取数据
arr4 = np.loadtxt('test5-1-4.txt',delimiter=',')
print(arr2,arr3,arr4)
#从 csv 文件中读取数据
arr5 = np.loadtxt('test5-1.csv',delimiter=',')
arr6 = np.loadtxt('phone.csv',dtype=np.str,delimiter=',')
print(arr5,arr6)
```

5.1.2 使用 NumPy 读写二进制格式文件

在 NumPy 中，load()和 save()函数是专门用于读写二进制格式文件的，它们具有自动处理数组元素类型和形状的功能。savez()函数能提供将多个数组存储至一个文件的能力，save()函数保存之后后缀名为 npy，savez()函数保存之后后缀名.npz。使用解压程序打开 npz 文件可以看到里面是若干个以"数组名称"命名的 NPY 格式的文件，数组名称默认为"arr_数字"的形式，在 savez()函数中可以通过指明函数的参数名称来命名数组。

1. 使用 save()或 savez()函数写二进制格式文件

save()或 savez()函数的格式如下。

```
numpy.save(file,array) 或 numpy.savez(file,array)
```

函数中参数说明如下。

❑ file: 文件名，以.npy 为扩展名，压缩扩展名为.npz。
❑ array: 数组变量。

2. 使用 load()函数读取二进制格式文件

load()函数的格式如下。

```
numpy.load(file)
```

其中，file 为文件名，以.npy 为扩展名，压缩扩展名为.npz。

load()、save()和 savez()函数的示例代码 example5-1 如下。

```
# -*- coding: utf-8 -*-
import numpy as np
#load 和 save 函数的示例代码
arr1 = np.arange(30).reshape(3,5,2)
np.save('arr1.npy',arr1)
arr_a = np.load('arr1.npy')
print(arr_a)

#load 和 savez 函数的示例代码
```

```
arr2 = np.arange(20).reshape(4,5)
np.savez('arr2.npz',arr1,arr2)
arr_b = np.load('arr2.npz')
print(arr_b)
```

5.1.3 使用 NumPy 读写多维数据文件

在 NumPy 中，tofile()和 fromfile()函数可用于读写多维数据文件。

1. 使用 tofile()函数写入多维数据文件

tofile()函数的格式如下。

```
数组名.tofile(fid, sep='', format='%s')
```

函数中的参数说明如下。

- ❏ fid：文件、字符串。
- ❏ sep：数据分割符，如果是空串，写入文件为二进制，即默认为空串。
- ❏ format：写入数据的格式。

2. 使用 fromfile()函数读取多维数据文件

fromfile()函数的格式如下。

```
numpy.fromfile(file,dtype=float,count=-1,sep='')
```

函数中的参数说明如下。

- ❏ file：文件、字符串。
- ❏ dtype：读取的数据类型。读取数据的时候都需要指定数据类型，默认为浮点型。
- ❏ count：读入元素个数，-1 表示读入整个文件。
- ❏ sep：数据分割符，如果是空串，写入文件为二进制形式。

tofile()和 fromfile()函数的示例代码 example5-2 如下。

```
# -*- coding: utf-8 -*-
import numpy as np
#tofile和fromfile函数的示例代码
arr1 = np.arange(30).reshape(3,5,2)
arr1.tofile('arr.dat',sep=',',format='%d')
arr = np.fromfile('arr.dat',dtype=np.int32,sep=',').reshape((5,3,2))
print(arr)
```

5.2 NumPy 常用的统计函数

NumPy 的统计函数可以实现对整个数组或者是沿着数组轴方向的统计计算，常用的统计函数有求最大值和最小值，求和与平均值，计算百分位数、中位数、标准差和方差等。

1. 求最大值和最小值的函数

在 NumPy 中，求数组最大值的函数是 amax()和 nanmax()，求数组最小值的函数是 amin()和 nanmin()，其中，amax()和 amin()函数用于返回一个数组的最大值和最小值或者是沿轴返回数组的最大值和最小值；nanmax()函数和 nanmin()函数用于返回忽略任何 NaN 的数组的最大值和最小值或者是沿轴返回忽略任何 NaN 的数组的最大值和最小值。如果数组是全 NaN 切片，将会出现运行警告（Runtime Warning），并为该切片返回 NaN。

amax()函数的格式如下。

```
numpy.amax(a,[axis=None[,out=None[,keepdims=False]]])
```

函数中的参数说明如下。

- ❏ a：输入数据。

❑ axis：指定沿着某个轴来计算最大值，axis=0 表示按列，axis=1 表示按行，默认值 None 表示对整个数组。

❑ out：替代输出数组，用于放置结果，默认值为 None。

❑ keepdims：默认值为 False，输出行维度为 1，如果设置为 True，则输出列维度为 1。

amax()函数除了 a 参数外，其余参数为可选项。而 amin()、nanmax()、nanmin()与 amax()的函数格式和参数相同。另外，也可以使用 max()函数和 min()函数求序列或数组的最大值和最小值。但是对于大型数组而言，使用 amax()函数和 amin()函数性能会更好。

最大值和最小值的函数的示例代码 example5-3 如下。

```python
# -*- coding: utf-8 -*-
import numpy as np
arr = np.array([[0,3,1,5],[2,4,6,1],[2,8,9,2]])
#求 arr 数组的最大值
max1 = np.amax(arr)
#求 arr 数组垂直方向的最大值
max2 = np.amax(arr,axis=0)
#求 arr 数组水平方向的最大值
max3 = np.amax(arr,axis=1)
max4 = np.max(arr,axis=1)
print(max1,max2,max3,max4)


#amin 函数与 nanmin 函数的区别
arr = np.arange(5, dtype=float)
print(arr)                       # [0. 1. 2. 3. 4.]
arr[3] = np.nan
a = np.amin(arr)
print(a)                         # 用 amin 函数输出 NaN
b = np.nanmin(arr)
print(b)                         #用 nanmin 函数输出 0.0
```

2. 求沿轴方向的取值范围

在 NumPy 中，使用 ptp()函数能返回沿某轴（axis）方向上的最大值与最小值的差值，即 maximum-minimum 的值形成的数组。

ptp()函数的格式如下。

```python
numpy.ptp(a,[axis=None[,out=None]])
```

函数中的参数说明如下。

❑ a：输入数据。

❑ axis：指定沿着某个轴来计算差值，axis=0 表示按列，axis=1 表示按行，默认值 None 表示对整个数组。

❑ out：替代输出数组，用于放置结果，默认值为 None。

该函数除了 a 参数外，其余参数为可选项。

ptp()函数的示例代码 example5-4 如下。

```python
# -*- coding: utf-8 -*-
import numpy as np
arr = np.arange(12).reshape((3,4))
a = np.ptp(arr, axis=0)
print(a)                          #[8 8 8 8] 差值形成的数组
b = np.ptp(arr, axis=1)
```

```
print(b)                         #[3 3 3]差值形成的数组
```

3. 求百分位数

在 NumPy 中，使用 percentile()和 nanpercentile()函数可以沿某轴（axis）方向计算数组中第 q 数值的百分位数。

percentile()函数的格式如下。

```
percentile(a,q[, axis, out, …])
```

函数中的主要参数说明如下。

❑ a：数组或可以转化成数组的对象。

❑ q：[0,100]范围的浮点数。

❑ axis：指定沿着某个轴来计算百分位数，axis=0 表示按列，axis=1 表示按行，默认值 None 表示对整个数组。

percentile()函数除了 a、q 参数外，其余参数为可选项。percentile()函数还可以计算多维数组的任意百分比分位数。所谓百分比分位数就是位于 q%位置处的值，称为第 q 百分位数。但要注意，数列要递增排序后再计算。

nanpercentile()函数格式与 percentile()函数格式相同，只是在计算百分位数时会忽略数组中的 NaN 值。

4. 求中位数

在 NumPy 中，利用 median()和 nanmean()函数可以沿某轴（axis）方向计算数组中的中位数。median()函数格式如下。

```
numpy.median(a[, axis, out, overwrite_input, keepdims])
```

函数中的主要参数说明如下。

❑ a：数组或可以转化成数组的对象。

❑ axis：指定沿着某个轴来计算中位数，axis=0 表示按列，axis=1 表示按行，默认值 None 表示对整个数组。

median()函数除了 a 参数外，其余参数为可选项。median()相当于 percentile()函数在参数 q=50 时的值。

nanmedian()函数是计算数组 a 在沿某轴（axis）方向上忽略 NaN 值的中位数。

求百分位数和中位数的示例代码 example5-5 如下。

```
# -*- coding: utf-8 -*-
import numpy as np
arr = np.arange(12).reshape((3,4))
#使用percentile函数求百分位数
a = np.percentile(arr,50)                #相当于求中位数
b= np.percentile(arr,50, axis=0)         #输出[4. 5. 6. 7.]
c = np.percentile(arr,60 , axis=0)       #输出[4.8 5.8 6.8 7.8]
print(a,b,c)
#使用median函数求中位数
d = np.median(arr)                       # 输出5.5
e = np.median(arr,axis = 0)              # 输出[4. 5. 6. 7.]
f = np.median(arr,axis = 1)              # 输出[1.5 5.5 9.5]
print(d,e,f)
```

5. 求和与加权平均值

在 NumPy 中，sum()函数是沿某轴（axis）方向计算数组中相关元素之和，函数格式如下。

```
sum(a[, axis=None])
```

average()函数是沿某轴（axis）方向计算数组中相关元素的加权平均值。加权平均值的数学概念是

有 n 个数 $x_1, x_2, \cdots, x_n$ 的权分别是 $w_1, w_2, \cdots, w_n$，那么，这 n 个数的加权平均值为：

$$(x_1 w_1 + x_2 w_2 + \cdots + x_n w_n)/(w_1 + w_2 + \cdots + w_n)$$

当每个数对应的权重为 1 时，也就是计算平均数。average() 函数的格式如下。

```
average(a[, axis=None, weights=None])
```

函数中的主要参数说明如下。

❏ a：输入数组。

❏ axis：指定沿着某个轴来计算和或平均值，axis=0 表示按列，axis=1 表示按行，默认值 None 表示对整个数组。

❏ weights：表示权重值。当权重值为一维数组时，其长度必须与沿指定轴方向的长度一致。另外，权重值数组也可以与 a 数组的形状相同。

sum() 和 average() 函数除了 a 参数外，其余参数为可选项。

求和与加权平均值的示例代码 example5-6 如下。

```
# -*- coding: utf-8 -*-
import numpy as np
arr = np.arange(12).reshape((3,4))
#计算和
a = np.sum(arr)
b = np.sum(arr,axis = 0)
c = np.sum(arr,axis = 1)
print(a,b,c)


#计算权重值为 1 时的加权平均值
a = np.average(arr)
b = np.average(arr,axis = 0)
c = np.average(arr,axis = 1)
print(a,b,c)
```

6. 算术平均数

算术平均数是所有元素的总和除以元素的数量。在 NumPy 中，mean() 和 nanmean() 函数可以计算数组或者轴方向的算术平均数，函数格式如下。

```
mean(a[, axis=None])
```

函数中的主要参数说明如下。

❏ a：输入数组。

❏ axis：指定沿着某个轴来计算算术平均数，axis=0 表示按列，axis=1 表示按行，默认值 None 表示对整个数组。

mean() 函数除了 a 参数外，其余参数为可选项。nanmean() 函数在计算算术平均数时如果遇到 NaN 值会忽略。

7. 标准差

标准差也称为标准偏差，其定义是总体中各单位标准值与其平均数离差平方的算术平均数的平方根，它反映组内个体间的离散程度。在 NumPy 中，计算标准差的函数有 std() 和 nanstd()。std() 函数的格式如下。

```
numpy.std(a[, axis=None])
```

函数中的主要参数说明如下。

❏ a：输入数组。

❏ axis：指定沿着某个轴来计算标准差，axis=0 表示按列，axis=1 表示按行，默认值 None 表示对整个数组。

std()函数除了 a 参数外，其余参数为可选项。nanstd()函数在计算标准差时如果遇到 NaN 值会忽略。

8. 方差

方差是元素与元素的平均数差的平方的平均数 mean(abs(x - x.mean())**2)。在 NumPy 中，计算方差的函数有 var()和 nanvar()。var()函数的格式如下。

```
numpy.var(a[, axis=None,dtype=None])
```

函数中的主要参数说明如下。

□　a: 输入数组。

□　axis: 指定沿着某个轴来计算方差，axis=0 表示按列，axis=1 表示按行，默认值 None 表示对整个数组。

□　dtype: 数据类型。

var()函数除了 a 参数外，其余参数都为可选项。nanvar()函数在计算方差时会忽略数组中的 NaN 值。

计算算术平均数、标准差与方差的示例代码 example5-7 如下。

```python
# -*- coding: utf-8 -*-
import numpy as np
arr = np.arange(12).reshape((3,4))
#计算算术平均数
a = np.mean(arr)
b = np.mean(arr,axis=0)
c = np.mean(arr,axis=1)
print(a,b,c)


#计算标准差
a = np.std(arr)
b = np.std(arr,axis=0)
c = np.std(arr,axis=1)
print(a,b,c)


#计算方差
a = np.var(arr)
b = np.var(arr,axis=0)
c = np.var(arr,axis=1)
print(a,b,c)
```

///// 5.3　使用 NumPy 函数进行统计分析

在数组的统计分析中，经常需要对数组进行排序、去重与重复、搜索和计数等操作。而这些操作是通过执行 NumPy 中的相关函数来实现的，下面将介绍这些函数的应用。

5.3.1　NumPy 的排序函数

NumPy 的排序方式主要分为直接排序和间接排序两种。直接排序是指对数值直接进行排序；间接排序是指根据一个或多个键对数据集进行排序。在 NumPy 中，直接排序常用 sort()函数，而间接排序常用 argsort()函数和 lexsort()函数。

1. sort()函数

sort()函数用于返回输入数组的排序副本，函数格式如下。

```
numpy.sort(arr[,axis,kind,order])
```

函数中主要参数说明如下。

❑ arr：输入数组。

❑ axis：指定沿着某个轴排序数组，axis=0 表示按列排序，axis=1 表示按行排序。若没有设置 axis，则按行排序。

❑ kind：指定排序算法是快速排序（Quicksort）、归并排序（Mergesort）或是堆排序（Heapsort），默认值为 Quicksort。

❑ order：如果数组包含字段，则用于指明排序的字段。

sort()函数除了 arr 参数外，其余参数都为可选项。

sort()函数示例代码 example5-8 如下。

```python
# -*- coding: utf-8 -*-
import numpy as np
arr = np.array([[4,5,3],[8,1,7]])
print('原数组',arr)
a = np.sort(arr)                #调用 sort() 函数
print('sort()函数排序',a)
b = np.sort(arr,axis=0)         #沿轴 0 排序
print('沿轴 0 排序',b)
c = np.sort(arr,axis=1)         #沿轴 1 排序
print('沿轴 1 排序',c)
# 使用 sort 函数设置排序字段
dt = np.dtype([('name',np.str,10),('age',int)])
arr = np.array([("李明",19),("王力",21),("张艳",18)],dtype = dt)
print ('自定义的数组是: ',arr)
print('按 name 排序: ')
print(np.sort(arr, order='name'))
```

2. argsort()函数

argsort()函数用于使输入数组沿着给定轴执行间接排序，并根据指定排序类型返回数据的索引数组。使用该索引数组可以获得排序数据。

argsort()函数的格式和参数与 sort()函数相同。其示例代码 example5-9 如下。

```python
# -*- coding: utf-8 -*-
import numpy as np
arr = np.array([4,5,3,8,1,7])
print('原数组',arr)
a = np.argsort(arr)                        #数组排序后的索引数组
print('调用 argsort() 函数: ',a)


#根据索引数组重构排序数组
print ('用循环输出排序数组')
for i in a:
    print(arr[a])
```

3. lexsort()函数

lexsort()函数使用键序列执行间接排序，键可以看作是电子表格中的一列，最后一个键是排序的主键，该函数返回一个索引数组。使用该索引数组可以获得排序数据。

lexsort()函数格式如下。

```
numpy.lexsort(keys[,axis])
```

函数中主要参数说明如下。

- ❑ keys：键序列。
- ❑ axis：指定沿着某个轴排序数组，为可选项。

其示例代码 example5-10 如下。

```
# -*- coding: utf-8 -*-
import numpy as np
k = ('name','age','tel')
v = ('李明', '21', '13871234456')
ind = np.lexsort((k,v))
print ('调用 lexsort() 函数: ',ind)

print ('使用这个索引来获取排序后的数据: ')
print ([k[i] + ", " + v[i]  for i in ind])
```

5.3.2 NumPy 的去重与重复函数

在数据处理过程中，不可避免地会出现"脏"数据的情况，而重复数据就是"脏"数据的情况之一。在 NumPy 中，可以通过 unique()函数找出数组中去重后的元素并返回已排序的数组，从而实现去除数组中重复数据的目的。另外，在统计分析中，经常还会遇到需要将一个数据重复若干次的情况。在 NumPy 中，为了实现数据重复，可使用 tile()函数和 repeat()函数。下面将介绍是 NumPy 的去重与重复函数应用。

1. unique()函数

unique()函数可以返回输入数组中所有不同的值（即去重后的值），并且按照从小到大的顺序排列。即 unique()函数能够返回由输入数组中的去重后的值组成的去重数组、去重数组的索引数组、去重数组的下标和去重值的重复数量等结果。unique()函数格式如下。

```
numpy.unique(arr,return_index,return_inverse,return_counts)
```

其中，参数 arr 表示输入的数组，如果不是一维数组则会展开；return_index 如果为 True，返回输入数组中去重数组的索引数组；return_inverse 如果为 True，返回去重数组的下标，它可以用于重构输入数组；return_counts 如果为 True，返回去重数组中的元素在原数组中的出现次数。

unique()函数的示例代码 example5-11 如下。

```
# -*- coding: UTF-8 -*-
import numpy as np
#创建数组 arr
arr = np.array([3,7,5,6,8,9,7,2,6,2,5,9,10])
print('第 1 个数组: ', arr)
print('第 1 个数组的去重（去重后的值）数组: ')
arr_u = np.unique(arr)
print(arr_u)
print('去重数组的索引数组: ')
u_index = np.unique(arr, return_index=True)
print(u_index)

print('查看原数组中的元素相对于去重数组中的元素的索引值')
print('原数组',arr)
print('用去重数组下标标记原数组中元素: ')
```

```
arr_u,u_inverse = np.unique(arr, return_inverse=True)
print(u_inverse)
print('使用去重数组下标重构原数组: ')
print(arr_u[u_inverse])

print('返回去重后的值的重复数量: ')
arr_u,u_inverse = np.unique(arr, return_counts=True)
print(u_inverse)
```

2. tile()函数

tile()函数是模板 numpy.lib.shape_base 中的函数。该函数的作用是将一个已有的数组重复一定的次数。该函数的格式如下。

```
numpy.tile(a,reps)
```

tile()函数有 2 个参数,其中,参数 a 指定重复的数组;参数 reps 指定重复的次数。tile()函数的示例代码 example5-12 如下。

```
# -*- coding: UTF-8 -*-
import numpy as np
arr = np.array([10,20])

#输出 [10 20 10 20]
a = np.tile(arr,2)

#输出[[10 20 10 20],[10 20 10 20],[10 20 10 20]]
b = np.tile(arr,(3,2))

#输出[[42. 42.],[42. 42.],[42. 42.]]
c = np.tile(42.0,(3,2))
print(a,'\n',b,'\n',c)
```

3. repeat()函数

repeat()函数的格式如下。

```
numpy.repeat(a,repeats,axis=None)
```

repeat()函数有 3 个参数,其中,参数 a 指定需要重复的数组元素;参数 repeats 指定重复的次数;参数 axis 指定沿着哪个轴进行重复。

repeat()函数的示例代码 example5-13 如下。

```
# -*- coding: UTF-8 -*-
import numpy as np
a = np.repeat(7.,4)                    #输出[7. 7. 7. 7.]
arr = np.array([10,20])                #定义数组
b = np.repeat(arr,[3,2])               #输出[10 10 10 20 20]

arr = np.array([[10,20],[30,40]])       #定义数组
#沿轴 0 重复数据,输出[[10 20],[10 20],[10 20],[30 40],[30 40]]
c = np.repeat(arr,[3,2],axis=0)

#沿轴 1 重复数据,输出[[10 10 10 20 20], [30 30 30 40 40]]
d = arr.repeat([3,2],axis=1)
print('数据重复 4 次', a,'\n 元素重复', b,'\n 沿轴 0 重复数据',
     c, "\n 沿轴 1 重复数据", d)
```

tile()函数和 repeat()函数的主要区别在于，tile()函数是对数组进行重复操作，而 repeat()函数是对数组中的每个元素进行重复操作。

5.3.3 NumPy 的搜索和计数函数

在 NumPy 中有一些用于在数组内搜索的函数，通过这些搜索函数可以很方便地在数组中查找到满足某些条件的元素，然后根据数据分析的需要进行相关的操作。常用的数组内搜索函数有 argmin()、nanargmin()、argmax()、nanargmax()、nonzero()、where()和 extract()等。

1. argmin()、nanargmin()、argmax()函数、nanargmax()

argmin()和 argmax()函数用于沿指定轴返回最小和最大元素的索引。nanargmin()、nanargmax()函数用于沿指定轴返回忽略了 NaN 的最小值和最大值的索引。其中，argmin()函数的格式如下。

```
numpy.argmin(a[,axis=None])
```

argmin()函数有 2 个参数。其中，参数 a 为输入数组；参数 axis 指定沿着哪个轴进行查找操作，参数 axis 为可选项。

nanargmin()、argmax()和 nanargmax()函数格式与 argmin()函数格式相同。

argmin()、nanargmin()、argmax()函数的示例代码 example5-14 如下。

```
# -*- coding: UTF-8 -*-
import numpy as np
arr = np.array([[3,15,2],[30,7,10]])
print ('原数组是: ',arr)
#调用 argmax() 函数
maxindex= np.argmax(arr)
print('最大值索引',maxindex)
maxindex0 = np.argmax(arr, axis = 0)
print ('沿轴 0 的最大值索引: ',maxindex0)
maxindex1 = np.argmax(arr, axis = 1)
print ('沿轴 1 的最大值索引: ',maxindex1)
#调用 argmin() 函数
minindex = np.argmin(arr)
print ('最小值索引',minindex)
print ('展开数组中的最小值',arr.flatten()[minindex])
minindex0 = np.argmin(arr, axis = 0)
print ('沿轴 0 的最小值索引: ',minindex0)
minindex1 = np.argmin(arr, axis = 1)
print ('沿轴 1 的最小值索引: ',minindex1)


#调用 nanargmin() 函数
arr = np.array([[3,15,2],[30,7,10]], dtype=float)
arr[0,1] = np.nan                    #设置数组有 nan 值
print(arr)
minindex = np.nanargmin(arr)
print ('最小值索引',minindex)
print ('展开数组中的最小值',arr.flatten()[minindex])   #输出 2.0
```

2. nonzero()函数

nonzero()函数用于返回输入数组中非零元素的索引。函数的格式如下。

```
numpy.nonzero(a)
```

nonzero()函数中参数 a 为输入数组。其示例代码如下。

```
# -*- coding: UTF-8 -*-
import numpy as np
#调用 nonzero() 函数
arr = np.array([[3,0,2],[0,7,1]])
#输出(array([0, 0, 1, 1], dtype=int64), array([0, 2, 1, 2], dtype=int64))
print(np.nonzero(arr))
```

3. where()函数

where()函数用于返回输入数组中满足给定条件 x 的元素的索引，或者是当给定的条件 x 为 True 时，返回 y 数据，否则返回 z 数据。函数的格式如下。

```
numpy.where(x[,y,z])
```

其中，x 为条件表达式；y 为 x 为 True 时的取值；z 为 x 为 False 时的取值。其示例代码如下。

```
# -*- coding: UTF-8 -*-
import numpy as np
arr = np.arange(8).reshape(2,4)
x = np.where(arr> 4)
print ('大于 4 的元素的索引: ',x)
print ('用索引来获取满足条件的元素',arr[x])
```

4. extract()函数

extract()函数用于返回满足任何条件的元素。函数的格式如下。

```
numpy.extract(x,a)
```

其中，x 为条件表达式；a 为输入数组。其示例代码如下。

```
# -*- coding: UTF-8 -*-
import numpy as np
arr = np.arange(8).reshape(2,4)
# 定义条件
condition = np.mod(arr,2)== 0
print ('按元素的条件值: ',condition)
print ('使用条件提取元素: ')
print (np.extract(condition,arr))
```

5. count_nonzero()函数

count_nonzero()函数可以统计 NumPy 数组中非 0 元素的个数。该函数的格式如下。

```
numpy.count_nonzero (a)
```

其中，a 为输入数组。其示例代码如下。

```
# -*- coding: UTF-8 -*-
import numpy as np
arr= np.arange(8).reshape(2,4)
a = np.count_nonzero(arr)
print(a)
```

5.4 简单的统计分析

利用 NumPy 可以对大数据进行简单的统计分析，包括数据文件的读取、数据列的提取、数据类型的转换和各种统计计算，还有数据的排序、搜索和计数等。现以中国历史地震数据分析为例来介绍简单的统计分析思路。

【例 5-3】将中国历史地震数据文件命名为 earthquakes.csv 文件。该文件中包含的数据列有日期、时间、地震发生纬度与经度、深度（km）、震级、烈度和精确度等。数据包括 1969 年 12 月 22 日以前中国历史上所发生的地震数据，其中部分数据列表显示如下。

```
日期,时间(北京时),纬度(度-分),经度(度-分),深度(km),震级,烈度,精确度
408/00/00,::.,"39°00""","100°30""",,4.75,VI,9,
416/00/00,::.,"34°18""","105°30""",,5,VI,9,
421/00/00,::.,"41°36""","120°24""",,5,VI,9,
462/08/16,::.,"35°00""","116°48""",,6,VIII,9,
495/03/31,::.,"37°30""","121°30""",,5.5,VII,9,
.........................................................
1969/12/7,52:39.0,"23°42""","121°54""",3.3,5.1,,9
1969/12/17,00:04.0,"18°30""","110°36""",,5.1,,3
1969/12/19,51:05.0,"31°12""","88°12""",,4,,2
1969/12/20,09:15.0,"18°12""","110°18""",2.4,5.2,,2
1969/12/21,38:57.0,"39°54""","76°54""",3.3,4,,9
```

请完成下列数据分析任务。

（1）计算历史地震数据中震级和烈度的最大值、最小值、算术平均值和中位数。

（2）统计不同震级发现次数。

（3）统计发生 6 级以上震级次数的总和。

（4）列出 7.5 级以上地震的发生日期、时间、经度、纬度和震级信息。

中国历史地震数据统计分析思路如下。

1. 文件数据列的读取

利用 NumPy 中的 loadtxt 文件读取命令，将 earthquakes.csv 文件中的震级和烈度这两列数据分别读取并存储到 magnitude 数组和 lido 数组中。

在读取文件时，loadtxt 命令需要使用 delimiter、usecols、dtype 和 skiprows 参数，其中，delimiter 表示文件数据列的分割符为逗号，usecols 是确定读取文件中的列数位置，dtype 是确定数组的数据类型，skiprows 表示跳过第一行的行数。

由于地震的烈度分为 12 级，分别用罗马数字 I、II、…、XII 来表示。但是，在统计计算时需要将罗马数字转换成对应的 1～12 数字表示，因此，在读取烈度列时，loadtxt 命令还需要使用 converters 创建烈度列与转换函数之间进行映射的字典。同时，创建将烈度列中的罗马数字转换成对应的 1～12 数字的自定义函数 lido_conv(x)。

2. 自定义函数 lido_conv(x)

在自定义函数 lido_conv(x)中，先创建数组 keys 用于存储空格和 1～12 的罗马数字，并将数组 keys 转换成列表 keys_list，而列表中每个元素的索引正是该元素的罗马数字对应的阿拉伯数字。由于从 CSV 文件中读取的数据是二进制字符串，因此需要将其转换成字符串。然后，使用 NumPy 的 where()函数，将罗马数字转换成对应的阿拉伯数字。

3. 计算历史地震数据中震级和烈度的最大值、最小值、算术平均值和中位数

计算最大值、最小值、算术平均值和中位数的统计函数分别为 max()、min()、mean()和 median()等。由于烈度列数据中有许多空格，在计算烈度的平均值时要将烈度为 0 的项排除，因此，计算烈度平均值不能使用 mean()函数，而是要使用 sum()函数求出烈度数据总和，再使用 count_nonzero()函数求出烈度数据不为 0 的总个数，然后将总和与总个数相除。

4. 统计不同震级发现的次数

利用 NumPy 中的 unique()函数来实现。

5. 统计发生 6 级以上震级次数的总和

利用 NumPy 中的 where()和 count_nonzero()函数来实现。

6. 列出 7.5 级以上地震的发生日期、时间、经度、纬度和震级信息

利用 NumPy 中的 where()函数来实现。

其程序代码 test5-3 如下。

```python
# -*- coding: utf-8 -*-
import numpy as np
def lido_conv(x):
    keys = np.array(['','I','II','III','IIII','V','VI','VII','VIII',
                     'IX','X','XI','XII'])
    keys_list = keys.tolist()          #将数组转换成列表

    a = str(x, encoding="utf-8")       #将二进制字符转换成字符
    # 使用 NumPy 的 where 函数, 将罗马数字转换成对应的阿拉伯数字
    result = np.where(a in keys,keys_list.index(a),0)
    return result


#取出震级存入 magnitude 数组和烈度存入 lido 数组
magnitude= np.loadtxt('earthquakes.csv',delimiter = ",",
                      usecols=(5,),dtype=float,skiprows=1)
lido = np.loadtxt('earthquakes.csv',delimiter = ",",
                  usecols=(6,),dtype=np.int,skiprows=1,
                  converters={6:lido_conv})
print(magnitude,lido)
#计算震级和烈度的最大值、最小值、算术平均值和中位数
print ("最大震级 =", np.max(magnitude))
print ("最大震级 =", np.amax(magnitude))
print ("最大烈度 =", np.max(lido))
print ("最小震级 =", np.min(magnitude))
print ("最小震级 =", np.amin(magnitude))
print ("最小烈度 =", np.min(lido))
print ("震级平均值 =", np.mean(magnitude))
print ("烈度平均值 =", np.mean(lido))
print ("震级中位数 =", np.median(magnitude))
print ("烈度平均值 =", np.sum(lido)/np.count_nonzero(lido))


#统计不同震级发生的次数
print ('不同震级震级数组: ',np.unique(magnitude))
print ('不同震级发现次数: ')
arr_u,u_inverse = np.unique(magnitude, return_counts=True)
print(u_inverse)


#统计发生 6 级以上的震级次数总和
m_index = np.where(magnitude>6)          #震级大于 6 的元素的索引
m_sum = np.count_nonzero(m_index)
print(m_sum)


#列出 7.5 级以上地震的发生日期、时间、经度、纬度和震级信息
arr = np.loadtxt('earthquakes.csv',delimiter = ',',
                 dtype=np.string_,usecols=(0,1,2,3),skiprows=1)
print('读取的地震数据: ',arr)
```

```
cond = np.where(magnitude>7.5)
print ('7.5 级以上地震的元素索引值: ',cond)
print ('使用元素索引值提取元素: ')
print ('7.5 级以上地震数据:',arr[cond].astype(np.string_))
```

◤ 项目实践

1. 项目描述

现有一个手机评论数据 Mobile.csv 文件，该文件的数据列包括手机品牌、价格和评分，其中部分数据列表显示如下。

```
Samsung,199.99,5
Samsung,199.99,4
Samsung,199.99,4
Samsung,199.99,1
Samsung,199.99,2
..........................................
BLU,249.99,3
BLU,249.99,5
BLU,249.99,1
BLU,249.99,5
```

请完成下列数据分析任务。

（1）按手机价格统计评分最大值、最小值、算术平均值和中位数。

（2）按手机品牌统计评分最大值、最小值、算术平均值和中位数。

2. 项目设计思路

（1）从 Mobile.csv 文件中读取价格和评分两列数据，并存储到 price 和 rating 数组中。

（2）利用 unique()函数从 price 数组中获得手机价格表。

（3）计算手机价格表中有多少个元素，就相当于有多少种手机价格。

（4）创建用于存储手机价格和评分统计数的数组 price_rating。该数组由 n 行 5 列组成，每一行存储一种手机价格和该手机价格对应的评分统计数，其中，n 是价格种类的数量，5 列分别对应存储价格、最大值、最小值、算术平均值和中位数。

（5）利用 where()函数筛选出满足某一手机价格条件的元素索引值，根据该索引值获取该手机价格的评分数组。

（6）利用统计函数计算评分数组中的最大值、最小值、算术平均值和中位数，并存储到 price_rating 数组中。

（7）利用 for 循环语句反复执行第 5 项和第 6 项，直至计算完所有手机价格的统计数据。

（8）最后将 price_rating 数组输出。

3. 完整程序 test5-4.py

```
# -*- coding: utf-8 -*-
import numpy as np
price,rating = np.loadtxt('Mobile.csv',delimiter = ",",usecols=(1,2),
                          dtype=float,unpack=True)
print(price,rating)
u_price = np.unique(price)          #获取价格表
print(u_price)
```

```
p_size = u_price.size              #计算手机价格分类的数量
print(p_size)
price_rating = np.zeros((p_size,5))
j = 0
for i in u_price:
    price_rating[j,0] = i
    price_cond = np.where(price == i)
    print('满足某一价格条件的元素索引值: ', price_cond)
    print('使用元素索引值提取评分元素: ')
    m_rating = rating[price_cond].astype(np.int)
    print('评分数组',m_rating)

    price_rating[j, 1] = np.max(m_rating)
    price_rating[j, 2] = np.min(m_rating)
    price_rating[j, 3] = np.mean(m_rating)
    price_rating[j, 4] = np.median(m_rating)
    print("最大评分 =", np.max(m_rating))
    print("最小评分 =", np.min(m_rating))
    print("评分平均值 =", np.mean(m_rating))
    print("评分中位数 =", np.median(m_rating))
    j += 1

print('输出按价格分类统计分析的结果:',price_rating)
```

该项目实践中数据分析的第二项任务，读者可参照上述设计思路自行完成。

◤ 本章小结

本章首先介绍了使用 NumPy 来实现读写文件的操作，包括读写文本文件、二进制文件和多维数据文件的操作。然后介绍了 NumPy 中常用的统计函数，如计算最大值、最小值、算术平均值、中位数、标准差和方差等函数。重点介绍了运用 NumPy 中的排序、去重、重复、搜索和计数函数进行统计分析。最后通过简单的统计分析案例和项目实践使读者学会综合运用。

◤ 思考练习

1. 简答题

（1）在读取文本文件数据时，如何实现指定读取文本文件中的列？

（2）在读取文本文件数据时，如何实现将文本文件中不同列数据读入后分别写入不同变量？

（3）在读取文本文件数据时，如何实现将文本文件中数据列和转换函数联系在一起？

（4）在保存文件操作中，如何实现将多个数组存储至一个文件？

（5）在读取文件操作中，如何实现读取 NPZ 压缩文件操作？

（6）说明 amin()和 nanmax()函数的作用与区别。

（7）说明 sort()、argsort()和 lexsort()函数的作用与区别。

（8）说明 tile()和 repeat()函数的作用与区别。

（9）如何对数组中的元素进行去重操作？

2. 编程题

（1）现有序列 a 为[6,2,5,0,1,3,4,7,8,9]，序列 b 为['2','a','3','1',5,7,5.9]，请编写程序求出 a 和 b 序列中去重元素的数组和去重元素的重复数量。

（2）现有一个 data_date.csv 文件，该文件的数据列是日期，日期格式为"d-m-y"。请编写程序，实现读取 data_date.csv 文件中的日期列，并根据日期求出是星期几，然后将星期几转换成对应数字，如星期一至星期日对应转换成数字 1~7，最后将星期几转换成数字存储到数组中。

（3）现有序列 a 为[1.1,3.3,5.5,7.7,9.9]，序列 b 为[0.0,2.2,4.4,6.6,8.8]，请编写程序实现输出序列 c 为[1.1,2.2,4.4,7.7,9.9]。

（4）完成本章项目实践中按手机品牌统计评分最大值、最小值、算术平均值和中位数。

第6章
数据可视化——Matplotlib库

学习目标

1. 了解 Matplotlib 的作用。
2. 掌握 Matplotlib 安装和导入的方法。
3. 掌握运用 pyplot 创建图形的方法。

4. 掌握 Matplotlib 参数配置。
5. 掌握绘制分析变量间关系图的方法。
6. 掌握绘制分析变量数据分布和分散状况图的方法。

6.1 Matplotlib 概述

在数据分析中，数据可视化是很重要的部分。数据可视化不仅可展示数据分析的结果，而且更重要的是可利用数据可视化来进行数据分析。例如，发现数据样本中的异常值，观察数据的分布，寻找数据之间的相关性等。

在 Python 中数据可视化工具分为免费和收费两种，其中免费的应用性较好的数据可视化工具有Matplotlip 和 Seaborn 及交互式的数据可视化工具 Bokeh。其中，Matplotlip 是用于创建图表的绘图工具库，Seaborn 是在 Matplotlib 基础上进行了更高级的 API 封装，从而使作图更加容易。在大多数情况下，使用 Seaborn 能做出很具有吸引力的图，而使用 Matplotlib 能制作具有更多特色的图，Seaborn可视为 Matplotlib 的补充。Bokeh 是一个专门针对用 Web 浏览器来呈现图表功能的交互式可视化Python 库，这正是 Bokeh 与其他可视化库最核心的区别。

交互式的数据可视化工具 Bokeh 的优势如下。

- Bokeh 允许通过简单的指令快速创建复杂的统计图。
- Bokeh 提供了各种输出方式，如 HTML、Notebook 文档和服务器的输出。
- 可以将 Bokeh 可视化嵌入 Flask 和 Django 程序。
- Bokeh 可以转换写在其他库（如 Matplotlib 和 Seaborn）中的可视化。
- Bokeh 能灵活地将交互式应用、布局和不同样式的选择用于可视化。

本章将介绍 Matplotlib 库的基础知识及创建常用图形的方法。有关 Seaborn 数据可视化工具的应用将在第 9 章中介绍。

6.1.1 Matplotlib 简介

Matplotlib 库是专门用于开发 2D 图表的，是 Python 2D 绘图领域使用最广泛的套件。它能让使用者很轻松地将数据图形化，并且提供多样化的输出格式。

使用 Matplotlib 实现数据图形化的优势如下。

- 使用起来极其简单。

- 以渐进、交互式方式实现数据可视化。
- 表达式和文本使用 LaTeX 排版。
- 对图像元素控制力更强。
- 可输出 PNG、PDF、SVG 和 EPS 等多种格式。

Matplotlib 库最初模仿了 MATLAB 图形命令，但是与 MATLAB 是相互独立的。在其使用方面，Matplotlib 不仅具有简洁性和推断性，而且还继承了 MATLAB 的交互性。也就是说，分析师可逐条输入命令，为数据生成渐趋完整的图形表示。这种模式很适合于用 IPython Notebook 等互动性更强的 Python 工具进行开发，这些工具所提供的数据分析环境可与 Mathematic、IDL 和 MATLAB 相媲美。

Matplotlib 还整合了 LaTeX 用于表示科学表达式和符号的文本格式模型，此外，不容忽视的是，Matplotlib 不是一个单独的应用，而是编程语言 Python 的一个图形库，它可以通过编程来管理组织图表的图形元素，用编程的方法生成图形。由于 Matplotlib 是 Python 的一个库，因此在程序开发中，它也可以使用 Python 的其他库，Matplotlib 通常与 NumPy 和 pandas 等库配合使用。

另外，通过访问 https://matplotlib.org/gallery.html 网页，可查看网页中的上百幅缩略图，打开缩略图后都有源程序。如果需要绘制某种类型的图，只需要浏览该页面，找到相应类型的图，复制对应的源代码即可。

6.1.2 Matplotlib 的测试、安装与导入

Matplotlib 与 NumPy 的安装方法相同。在安装 Matplotlib 之前，先要安装 Python。由于 Matplotlib 是 Python 环境中的一个独立模块，在 Python 的默认安装环境下是未安装 Matplotlib 的。

1. 测试 Python 环境中是否安装 Matplotlib

当 Python 安装完成后，在 Windows 操作系统下，按【Windows】+【R】键，进入 cmd 命令窗口，输入 "python" 命令，按【Enter】键，进入 Python 命令窗口。在 Python 命令窗口中输入 "import matplotlib"，可导入 Matplotlib 模块，如果在窗口中出现 "ModuleNotFound Error:No module named 'matplotlib'" 的错误提示，则需要安装 Matplotlib 软件包，否则表明已安装了 Matplotlib 软件包。

2. 在 Windows 操作系统下安装 Matplotlib 软件包的方法

（1）首先访问 https://www.lfd.uci.edu/~gohlke/pythonlibs/网址，然后，根据计算机上所安装的 Python 版本和操作系统版本来选择下载相应的 Matplotlib 软件包。例如，在 Windows（64 位）操作系统下安装了 Python 3.6，则下载 Matplotlib 软件包为 matplotlib-3.0.0rc2-cp36-cp36m-win_amd64.whl。

（2）将下载的软件包复制到 Python 安装目录的 Scripts 文件夹下，例如 Python 3.6 安装目录 D:\Python，则将下载的软件包复制到 D:\Python\Scripts 目录下。

（3）按【Windows】+【R】键，进入 cmd 命令窗口。

（4）在 cmd 命令窗口中输入 "pip install D:\Python\Scripts\matplotlib-3.0.0rc2-cp36-cp36m-win_amd64.whl" 命令，按【Enter】键，进入 Matplotlib 模块进行安装，安装界面如图 6-1 所示。

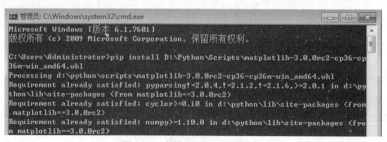

图 6-1　安装 Matplotlib 软件包

（5）安装成功就会提示"Successfully installed matplotlib-3.0.0rc2"。

> **注意**
>
> 如果下载的 Matplotlib 软件包是 basemap-1.1.0-cp36-cp36m-win_amd64.whl，则还需要下载 pyproj-1.9.5.1-cp36-cp36m-win_amd64.whl。并将它们都复制到 D:\Python\Scripts 目录下，然后用"pip install D:\Python\Scripts\软件包名"来安装，先安装 pyproj-1.9.5.1-cp36-cp36m-win_amd64.whl 软件包，再安装 basemap-1.1.0-cp36-cp36m-win_amd64.whl。

3. 在 PyCharm 中安装 Matplotlib 的方法

在 Matplotlib 软件包安装成功后，打开 PyCharm，选择"File→Settings→Project 当前项目名→Project Interpreter"，单击【Project Interpreter】栏的下拉列表按钮右边的 按钮，将会弹出 上下文菜单，选择"Add Local"菜单，则弹出创建虚拟环境对话框。在该对话框中选择"Existing Environment"项，单击【Interpreter】栏的下拉列表，选择 D:/python/python.exe（即 Python 安装路径），单击【OK】按钮，加入已安装的 Matplotlib 软件包，单击【Apply】按钮，最后单击【OK】按钮即可。

4. Matplotlib 的导入方法

Matplotlib 安装测试成功后，在编写代码时，首先需要导入 Matplotlib 库，导入方法是使用 Python 语句中的导入模块的语句，具体如下。

```
import matplotlib as mp 或者 from matplotlib import *
```

6.1.3　IPython 及 pylab 模式

1. IPython

IPython 是 Python 的一个增强版本。相比 Python，它在使用系统命令（Shell Commands）、排错（Debug）能力、命名输入/输出等方面都有所增强。如果在命令行终端给 IPython 加上参数-pylab（Python 0.12 以后的版本是--pylab）之后，就可以像 MATLAB 或者 Mathematica 那样以交互的方式绘图。

2. pylab 模式

pylab 是 Matplotlib 面向对象绘图库的一个接口。它的语法和 MATLAB 十分相近，即它主要的绘图命令和 MATLAB 对应的命令有相似的参数。

Matplotlib 提供的 pylab 的模块中包括了许多 NumPy 和 pyplot 中常用的函数，方便用户快速进行计算和绘图，可以用于 IPython 中的快速交互式使用。

6.2　使用 pyplot 创建图形

pyplot 是 Matplotlib 的子库，该子库提供了与 MATLAB 类似的绘图 API，使用 pyplot 子库可快速地绘制 2D 图表。下面将介绍利用 pyplot 子库绘制图表的方法。

6.2.1　创建简单图形

1. 导入快速绘图的函数库——pyplot 子库

其代码如下。

```
import matplotlib.pyplot as plt
```

2. 创建绘图对象——figure 对象

由于 Matplotlib 的图像均位于绘图对象中，在绘图前，先要创建绘图对象。如果不创建就直接调用绘图 plot 函数，Matplotlib 会自动创建一个绘图对象。

创建 figure 对象的函数语法格式如下。

```
plt.figure(num=None,figsize=None,dpi=None,facecolor=None,edgecolor=None,frameon=
True,FigureClass=<class 'matplotlib.figure.Figure'>,clear=False,**kwargs)
```

函数中的参数说明如下。

❑ num：接收 int 或 string，可选，默认值为 None。如果该参数未提供，将创建新图形，并且图形编号将递增，图形对象将此数字保存在数字属性中。如果提供了 num，并且已存在具有此 num 的数字，请将其设置为活动状态，并返回对它的引用。如果此图不存在，则创建它并返回它。如果 num 是一个字符串，则窗口标题将设置为此数字的 num。

❑ figsize：接收整数元组（tuple），可选，默认值为 None。该参数指定绘图对象的宽度和高度，单位为英寸。如果没有提供，默认为 rcfigure.figsize。

❑ dpi：接收 int，可选，默认值为 None。该参数指定绘图对象的分辨率，即每英寸多少个像素。如果没有提供，默认值为 80 或默认为 rcfigure.dpi。

❑ facecolor：可选，默认值为 None。该参数指定背景颜色。如果未提供，默认为 rcfigure.facecolor。

❑ edgecolor：可选，默认值为 None。该参数指定边框颜色。如果未提供，则默认为 rcfigure.edgecolor。

❑ frameon：接收 boolean，可选，默认值为 True。如果为 False，则禁止绘制图框。

❑ FigureClass：从 matplotlib.figure.Figure 派生的类，可选，使用自定义图形实例。

❑ clear：接收 boolean，可选，默认值为 False。如果为 True，并且该图已经存在，那么它将被清除。

3. 绘制图表

通过调用 plot 函数可实现在当前绘图对象中绘制图表，plot 函数的语法格式如下。

```
plt.plot(x,y,label,color,linewidth,linestyle)或 plt.plot(x,y,fmt,label)
```

函数中的参数说明如下。

❑ x,y：表示所绘制的图形中各点位置在 x 轴和 y 轴上的数据，用数组表示。

❑ label：给所绘制的曲线设置一个名字，此名字在图例（Legend）中显示。只要在字符串前后添加 "$" 符号，Matplotlib 就会使用其内嵌的 LaTeX 引擎来绘制数学公式。

❑ color：指定曲线的颜色。

❑ linewidth：指定曲线的宽度。

❑ linestyle：指定曲线的样式。

❑ fmt：指定曲线的颜色和线型，如 "b—"，其中 b 表示蓝色，"—" 表示线型为虚线，该参数也称为格式化参数。在 IPython 中输入 "plt.plot?"，可以查看格式化字符串的详细配置。

 注意 调用 plot 函数前，先定义所绘制图形的坐标，即图形在 x 轴和 y 轴上的数据。

4. 添加各类标签和图例

在调用 plot 函数完成绘图后，还需要为图表添加各类标签和图例，pyplot 中添加各类标签和图例的函数如表 6-1 所示。

表6-1　pyplot 中添加各类标签和图例的函数

函数	说明
plt.xlabel()	在当前图形中指定 x 轴的名称，可以指定位置、颜色、字体大小等参数
plt.ylabel()	在当前图形中指定 y 轴的名称，可以指定位置、颜色、字体大小等参数

续表

函数	说明
plt.title()	在当前图形中指定图表的标题,可以指定标题名称、位置、颜色、字体大小等参数
plt.xlim()	指定当前图形 x 轴的范围,只能输入一个数值区间,不能使用字符串
plt.ylim()	指定当前图形 y 轴的范围,只能输入一个数值区间,不能使用字符串
plt.xticks()	指定 x 轴刻度的数目与取值
plt.yticks()	指定 y 轴刻度的数目与取值
plt.legend()	指定当前图形的图例,可以指定图例的大小、位置和标签

5. 保存和显示图表

在完成图表绘制、添加各类标签和图例后,下一步所要完成的任务是将图表保存为图片,并在本机上显示图表。保存和显示图表的函数如表 6-2 所示。

表 6-2　保存和显示图表的函数

函数	说明
plt.savefig()	保存绘制的图表为图片,可以指定图表的分辨率、边缘和颜色等参数
plt.show()	在本机显示图表

注意　要先将绘制的图表保存为图片,再显示图表。

6. 示例程序代码

【例 6-1】用 Matplotlib 绘制一个正弦函数曲线,要求为所绘制的正弦函数曲线设置名字为"sin(x)",曲线的颜色为红色,曲线的宽度为 3。另外,再绘制一个余弦函数曲线,要求为所绘制的余弦函数曲线设置名字为"cos(x)",曲线的颜色为蓝色,曲线为虚线。

其程序代码 test6-1.py 如下。

```python
# -*- coding: utf-8 -*-
import numpy as np
import matplotlib.pyplot as plt
x = np.linspace(0,10,1000)#在[0,10]之间等距取 1000 个数作为 x 的取值
y = np.sin(x)      #定义 y 轴坐标
z = np.cos(x)      #定义 z 轴坐标
plt.figure(figsize=(10,6))    #创建绘图对象
plt.plot(x,y,label="$sin(x)$",color="red",linewidth=3)
plt.plot(x,z,"b--",label="$cos(x)$")

#设置各类图例和标签
plt.xlabel("Time(s)")
plt.ylabel("Volt")
plt.title("PyPlot First Example")
plt.ylim(-1.2,1.2)
plt.legend()
plt.show()
```

运行程序后,显示的函数曲线如图 6-2 所示。

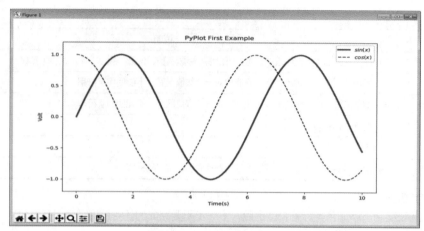

图 6-2　正弦函数和余弦函数

6.2.2　创建子图

在 Matplotlib 中，可以将一个绘图对象分为几个绘图区域，在每个绘图区域中可以绘制不同的图像，这种绘图形式称为创建子图。创建子图可以使用 subplot()函数，该函数的语法格式如下。

```
subplot(numRows,numCols,plotNum)
```

函数中的参数说明如下。

❑　numRows：表示将整个绘图区域等分为 numRows 行。

❑　numCols：表示将整个绘图区域等分为 numCols 列。

❑　plotNum：表示当前选中要操作的区域。

subplot()函数的作用就是将整个绘图区域等分为 numRows（行）×numCols（列）个子区域，然后按照从左到右、从上到下的顺序对每个子区域进行编号，左上的子区域的编号为 1。如果 numRows、numCols 和 plotNum 这 3 个数都小于 10，可以把它们缩写为一个整数，例如 subplot(223)和subplot(2,2,3)是相同的。subplot()在 plotNum 指定的区域中创建图形。如果新创建的图形和先前创建的图形重叠，则先前创建的图形将被删除。

【例 6-2】创建 3 个子图，分别绘制正弦函数、余弦函数和线性函数。

其程序代码 test6-2.py 如下。

```
# -*- coding: utf-8 -*-
import numpy as np
import matplotlib.pyplot as plt
x = np.linspace(0, 10, 1000)
y = np.sin(x)
z = np.cos(x)
k = x
plt.subplot(221)  # 第一行的左图
plt.plot(x,y,label="$sin(x)$",color="red",linewidth=2)
plt.subplot(222)  # 第一行的右图
plt.plot(x,z,"b--",label="$cos(x)$")
plt.subplot(212)  # 第二整行
plt.plot(x,k,"g--",label="$x$")
plt.legend()
plt.savefig('image.png',dpi=100)  #dpi 是指保存图像的分辨率，默认值为 80
plt.show()
```

运行程序后，显示的图形如图 6-3 所示。

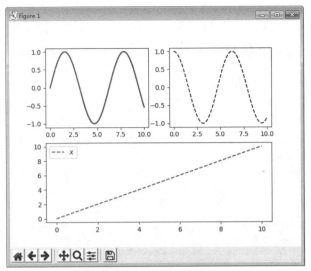

图 6-3　创建 3 个子图

6.3　Matplotlib 参数配置

在绘制图形时，有许多需要配置的属性，如颜色、字体、线型等。但是，在许多情况下，这些属性是直接采用了 Matplotlib 的默认配置。Matplotlib 将默认配置保存在"matplotlibrc"配置文件中，通过修改配置文件，可修改图表的默认样式，这称之为 rc 配置或者 rc 参数。

6.3.1　matplotlibrc 配置文件

在 Matplotlib 中可以使用多个"matplotlibrc"配置文件，它们的搜索顺序如下，顺序靠前的配置文件将会被优先采用。

（1）当前路径：程序的当前路径。

（2）用户配置路径：在用户文件夹的".matplotlib"目录下，可通过环境变量 MATPLOT LIBRC 修改它的位置。

（3）系统配置路径：保存在 Matplotlib 的安装目录下的 mpl-data 中。

通过下面的代码可以获取用户配置路径和系统配置路径。

```
# -*- coding: utf-8 -*-
import matplotlib
print(matplotlib.get_configdir()) #获取用户配置路径
print(matplotlib.matplotlib_fname()) #获得系统配置路径
```

"matplotlibrc"配置文件实际上是一个字典。在该字典中，为了对众多的配置进行区分，关键字可以用点分开。

如果需要读取配置文件中的所有参数及其参数值，可在 Matplotlib 模块载入时去调用 rc_params()函数，并把得到的配置字典保存到 rcParams 变量中，其代码如下。

```
# -*- coding: utf-8 -*-
import matplotlib
#读取配置文件中的所有参数及其参数值
print(matplotlib.rc_params())
```

输出结果部分值：

```
agg.path.chunksize: 0
animation.avconv_args: []
```

6.3.2 设置动态 rc 参数

1. 直接修改 rcParams 变量值

当配置字典保存到 rcParams 变量后，Matplotlib 将使用 rcParams 变量中的配置进行绘图。用户可以直接修改该字典中的配置，所做的改变会反映到此后所绘制的图形中。

【例 6-3】绘制一条斜线，并设置所绘制的斜线标记字符（lines.marker）为"v"一角朝下的三角形。其程序代码 test6-3.py 如下。

```
# -*- coding: utf-8 -*-
import matplotlib.pyplot as plt
import matplotlib
#读取配置文件中的所有参数及其参数值
matplotlib.rc_params()
#设置标记符 lines.marker 为"v"一角朝下的三角形
plt.rcParams["lines.marker"] = "v"
plt.plot([1,2,3])
plt.show()
```

2. 使用 rc 函数修改参数配置

使用 rc 函数可以修改"matplotlibrc"配置文件中的参数，rc 函数的语法格式如下。

```
matplotlib.rc(group,**kwargs)
```

函数中的参数说明如下。

❑ group：为 rc 参数的分组。线条常用的 rc 参数名称、解释与取值见表 6-3。

❑ kwargs：为字典属性名称/值对。

表 6-3　线条常用的 rc 参数名称、解释与取值

rc 参数名称	解释	取值
lines.linewidth	线条宽度	取 0~10 之间的数值，默认为 1.5
lines.linestyle	线条样式	可取实线 "–"、长虚线 "—"、点线 "–."、短虚线 ":" 4 种，默认为实线 "–"
lines.marker	线条上点的形状	可取 "." "o" "v" "^" 等 20 多种，默认为 None
lines.markersize	点的大小	取 0~10 之间的数值，默认为 1

其中，lines.marker 参数的 20 种取值及其代表的意义见表 6-4。

表 6-4　lines.marker 参数的取值及其代表的意义

lines.marker 参数取值	意义	lines.marker 参数取值	意义
o	圆圈	.	点
D	菱形	s	正方形
h	六边形 1	*	星号
H	六边形 2	d	小菱形
–	水平线	v	一角朝下的三角形
8	八边形	<	一角朝左的三角形
p	五边形	>	一角朝右的三角形
,	像素	^	一角朝上的三角形
+	加号	\	竖线
None	无	X	X

【例 6-4】绘制一条斜线，设置所绘制的斜线标记符（lines.marker）为"o"圆圈，线宽为 3，线型为虚线，并设置字符的字体、样式和大小。

其程序代码 test6-4.py 如下。

```
# -*- coding: utf-8 -*-
import matplotlib.pyplot as plt
import matplotlib
matplotlib.rc("lines", marker="o", linewidth=3,linestyle='--')
font = {'family' : 'monospace',
        'style' : 'italic',
        'size' : '16'}

matplotlib.rc("font", **font)
plt.title("rc() Example")
plt.plot([1,2,3])
plt.show()
```

修改了配置文件中的参数后，如果想恢复到默认的配置（Matplotlib 载入时从配置文件读入的配置），可以调用 rcdefaults()函数，函数的语法格式如下。

```
matplotlib.rcdefaults()
```

如果通过文本编辑器修改了配置文件，希望重新载入最新的配置文件，则调用 update()函数，函数的语法格式如下。

```
matplotlib.rcParams.update(matplotlib.rc_params())
```

6.4 分析变量间关系图

6.4.1 绘制散点图

散点图（Scatter Diagram）又称为散点分布图，是一种以一个变量为横坐标，以另一个变量为纵坐标，利用坐标点（散点）的分布形态反映变量间的统计关系的图形。散点图将序列显示为一组点，值由点在图表中的位置表示，类别由图表中的不同标记表示。散点图通常用于比较跨类别的聚合数据。

散点图可以提供以下两类关键信息。

（1）变量之间是否存在数值或数量的关联趋势，以及关联趋势是线性还是非线性的。

（2）如果有某一个点或者某几个点偏离大多数点，也就是离群值，通过散点图可以一目了然，从而可以进一步分析这些离群值是否可能在建模分析中对总体产生很大影响。

散点图通过散点的疏密程度和变化趋势表示变量的数量关系，如果有 3 个变量，并且自变量为分类变量，通过对点的形状或者点的颜色进行区分，即可了解这些变量之间的关系。

pyplot 中绘制散点图的函数为 scatter，其语法格式如下。

```
matplotlib.pyplot.scatter(x,y,s=None,c=None,marker=None,cmap=None,norm=None,
vmin=None,vmax=None,alpha=None,linewidths=None,verts=None,edgecolors=None,
hold=None,data=None,**kwargs)
```

函数中的主要参数说明如下。

❑ x,y：接收 array。表示 x 轴和 y 轴对应的数据，无默认。

❑ s：接收数值或者一维的 array。指定点的大小，若传入一维 array，则表示每个点的大小，默认为 None。

❑ c：接收颜色或者一维的 array。指定点的颜色，若传入一维 array，则表示每个点的颜色，默认为 None。

❑ marker：接收特定 string。表示绘制的点的类型，默认为 None。

❑ alpha：接收 0～1 的小数。表示点的透明度，默认为 None。

【例 6-5】使用不同颜色、不同形状的点，绘制 2007—2016 年的全国就业人员、城镇就业人员和乡村就业人员的散点图。其中，全国就业人员（万人）用红色的"o"圆圈形状的点表示，城镇就业人员（万人）用绿色的"x"形状的点表示，乡村就业人员（万人）用篮色的"v"形状的点表示。

颜色表示方法：红色用"r"表示，绿色用"g"表示，篮色用"b"表示。

其程序代码 test6-5.py 如下。

```python
# -*- coding: utf-8 -*-
import numpy as np
import matplotlib.pyplot as plt
#导入数据
Emp_data= np.loadtxt('d:\data\Employedpopulation.csv',delimiter = ",",
                     usecols=(1,2,3,4,5,6,7,8,9,10),dtype=int)
# 设置 Matplotlib 正常显示中文和负号
plt.rcParams['font.sans-serif']=['SimHei']      # 用黑体显示中文
plt.rcParams['axes.unicode_minus']=False        # 正常显示负号

#创建一个绘图对象，并设置对象的宽度和高度
plt.figure(figsize=(6, 4))
#绘制全部就业人员散点图
plt.scatter(Emp_data[0],Emp_data[1],c='r',marker='o')
#绘制城镇就业人员散点图
plt.scatter(Emp_data[0],Emp_data[2],c='g',marker='x')
#绘制乡村就业人员散点图
plt.scatter(Emp_data[0],Emp_data[3],c='b',marker='v')

plt.xlabel('年份')
plt.ylabel('人员(万人)')
plt.ylim((30000,80000))
plt.xlim(2006,2017)
plt.title("2007-2016年城镇、乡村和全部就业人员情况散点图")
#添加图例
plt.legend({'全部就业','城镇就业', '乡村就业'})
plt.savefig('d:/data/Employedpopulation_s.png')
plt.show()
```

运行程序后，保存并显示散点图如图 6-4 所示。

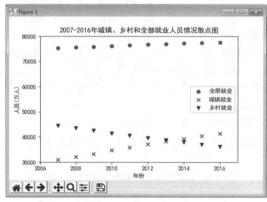

图 6-4 2007—2016 年就业人员情况散点图

从就业人员情况散点图可见，近 10 年来城镇就业人员的数量不断增加，而乡村就业人员的数量不断减少。2013 年以后，城镇就业人员的数量超过乡村就业人员的数量。

6.4.2　绘制折线图

折线图（Line Chart）是一种将数据点按照顺序连接起来的图形，可以看作是将散点图按照 x 轴坐标顺序连接起来的图形。折线图的主要功能是查看因变量 y 随着自变量 x 改变的趋势，最适合于显示随时间（根据常用比例设置）而变化的连续数据。同时还可以看出数量的差异和增长趋势的变化。

pyplot 中绘制折线图的函数为 plot，其语法格式如下。

```
matplotlib.pyplot.plot(*args,**kwargs)
```

plot 函数在官方文档的语法中只要求输入不定长参数，实际可以输入的参数说明如下。

- ❑ x,y：接收 array。表示 x 轴和 y 轴对应的数据，无默认。
- ❑ color：接收特定 string。指定线条的颜色，默认为 None。
- ❑ linestyle：接收特定 string。指定线条的类型，默认为 "-"。
- ❑ marker：接收特定 string。表示绘制的点的类型，默认为 None。
- ❑ alpha：接收 0~1 的小数。表示点的透明度，默认为 None。

其中，color 参数的 8 种常用颜色的缩写见表 6-5。

表 6-5　color 参数常用颜色的缩写

颜色缩写	代表的颜色	颜色缩写	代表的颜色
b	蓝色	m	品红
g	绿色	y	黄色
r	红色	k	黑色
c	青色	w	白色

【例 6-6】使用不同颜色、不同线条样式，绘制 2007—2016 年的全国就业人员、城镇就业人员和乡村就业人员的折线图。其中，全国就业人员（万人）用红色的实线 "–" 表示，城镇就业人员（万人）用绿色的长虚线 "––" 表示，乡村就业人员（万人）用篮色的点线 "–·" 表示。

其程序代码 test6-6.py 如下。

```
# -*- coding: utf-8 -*-
import numpy as np
import matplotlib.pyplot as plt
#导入数据
Emp_data= np.loadtxt('d:\data\Employedpopulation.csv',delimiter = ",",
                    usecols=(1,2,3,4,5,6,7,8,9,10),dtype=int)

# 设置matplotlib正常显示中文和负号
plt.rcParams['font.sans-serif']=['SimHei']      # 用黑体显示中文
plt.rcParams['axes.unicode_minus']=False        # 正常显示负号

#创建一个绘图对象，并设置对象的宽度和高度
plt.figure(figsize=(6, 4))
#绘制全部就业人员折线图
plt.plot(Emp_data[0],Emp_data[1],"r-")
#绘制城镇就业人员折线图
plt.plot(Emp_data[0],Emp_data[2],"g--")
#绘制乡村就业人员折线图
plt.plot(Emp_data[0],Emp_data[3],"b-.")
```

```
plt.xlabel('年份')
plt.ylabel('人员(万人)')
plt.ylim((30000,80000))
plt.xlim(2006,2017)
plt.title("2007-2016年城镇、乡村和全部就业人员情况折线图")
#添加图例
plt.legend({'全部就业','城镇就业','乡村就业'})
plt.savefig('d:/data/Employedpopulation_line.png')
plt.show()
```

运行程序后，保存并显示折线图，如图6-5所示。

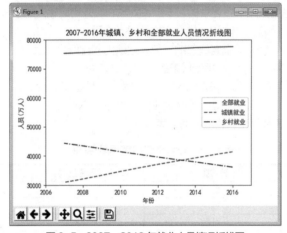

图6-5　2007—2016年就业人员情况折线图

6.5 分析变量数据分布和分散状况

6.5.1 绘制直方图

直方图（Histogram）又称为质量分布图，是一种二维统计图表。它用一系列高度不等的纵向条纹或线段表示数据分布的情况，一般用横轴表示数据所属类别，用纵轴表示数量或者占比。用直方图可以比较直观地看出产品质量特征的分布状态，便于判断其总体质量分布情况。

在直方图中可以发现分布表无法发现的数据模式、样本的频率分布和总体的分布。

pyplot中绘制直方图的函数为hist，其语法格式如下。

```
matplotlib.pyplot.hist(x,bins=None,range=None,density=None,weights=None,
cumulative=False,bottom=None,histtype='bar',align='mid',orientation=
'vertical',rwidth=None,log=False,color=None,label=None,stacked=False,
normed=None,hold=None,data=None,**kwargs)
```

函数中的主要参数说明如下。

❑ x: 接收array。表示x轴的数据，无默认。

❑ bins: 接收int、序列或auto。表示直方图的长条形数目，可选项，默认为10。

❑ range: 接收tuple。表示箱子的下部和上部范围，忽略较低和较高的异常值。如果未提供，则范围为（x.min(), x.max()），可选，默认值为None。

❑ histtype: 取值为bar、barstacked、step、stepfilled，可选，默认为bar，表示要绘制的直方图的类型。其中，bar是传统的条形直方图，如果给出多个数据，则条形直方图并排排列；barstacked是将多个数据堆叠在一起的条形直方图；step生成一个默认未填充的线图；stepfilled生成一个默认填充的线图。

❑　align：取值为 left、mid、right，可选，默认为 mid，用于控制直方图的绘制方式。其中，left 表示直方图位于左边框边缘的中心；mid 表示直方图在 bin 边缘之间居中；right 表示直方图位于右侧边框的中心。

❑　rwidth：接收标量或无，可选，默认值为 None。表示条形的相对宽度作为箱宽的一部分。如果为 None，则自动计算宽度；如果 histtype 是'step'或'stepfilled'，则忽略。

❑　color：接收特定 string 或者包含颜色字符串的 array，表示直方图颜色，默认为 None。

❑　edgecolor：接收特定 string 或者包含颜色字符串的 array，表示长条形边框的颜色。

❑　alpha：接收 0～1 的小数。表示长条形的透明度，默认为 None。

❑　normed：表示是否将得到的直方图向量归一化，可选项，默认为 0，代表不归一化，显示频数。normed=1，表示归一化，显示频率。

【例 6-7】绘制一个正态分布数据的直方图。其程序代码 test6-7.py 如下。

```
# -*- coding: utf-8 -*-
import matplotlib.pyplot as plt
import numpy as np
import matplotlib
# 设置 Matplotlib 正常显示中文和负号
matplotlib.rcParams['font.sans-serif']=['SimHei']        # 用黑体显示中文
matplotlib.rcParams['axes.unicode_minus']=False          # 正常显示负号
# 随机生成 10000 个满足正态分布的数据
data = np.random.randn(10000)
plt.hist(data, bins=40,normed=1,color="red",edgecolor="black",
         rwidth=0.7,alpha=0.7)
# 显示横轴标签
plt.xlabel("区间")
# 显示纵轴标签
plt.ylabel("频数/频率")
# 显示图标题
plt.title("频数/频率分布直方图")
plt.show()
```

运行程序后，显示的直方图如图 6-6 所示。

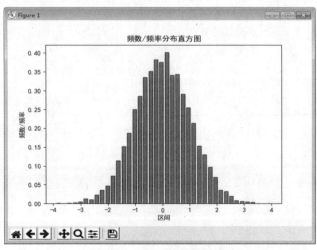

图 6-6　正态分布数据的直方图

6.5.2 绘制柱状图

柱状图（Bar Chart）是一种以长方形的长度为变量的表达图形的统计报告图，是由一系列高度不等的纵向条纹表示数据分布的情况，用来比较两个或两个以上的价值（不同时间或者不同条件），只有一个变量，通常适用于较小的数据集分析。柱状图亦可横向排列，或用多维方式表达。

pyplot 中绘制柱状图的函数为 bar，其语法格式如下。

```
matplotlib.pyplot.bar(x,height,*,align='center',**kwargs)
matplotlib.pyplot.bar(x,height,width,*,align='center',**kwargs)
matplotlib.pyplot.bar(x,height,width,bottom,*,align='center',**kwargs)
```

函数中的主要参数说明如下。

❑ x: 接收 array。表示 x 轴的数据，无默认。
❑ height: 接收 array。表示 x 轴所代表数据的数量，无默认。
❑ width: 接收 0~1 之间的 float，指定柱状图宽度，默认为 0.8。
❑ bottom: 接收 array，可选，柱状图的 y 坐标，默认值为 0。
❑ align: 取值为 center 或 edge，可选，默认为 center，表示柱状图对齐 x 坐标。
❑ color: 接收特定 string 或者包含颜色字符串的 array，表示柱状图颜色，默认为 None。
❑ edgecolor: 接收特定 string 或者包含颜色字符串的 array，表示柱状图的边框颜色。

【例 6-8】绘制 2007—2016 年的全国就业人员、城镇就业人员和乡村就业人员的柱状图。其中，全国就业人员（万人）用红色的柱状表示，城镇就业人员（万人）用绿色柱状表示，乡村就业人员（万人）用篮色柱状表示。

其程序代码 test6-8.py 如下。

```
# -*- coding: utf-8 -*-
import numpy as np
import matplotlib.pyplot as plt
#导入数据
Emp_data= np.loadtxt('d:\data\Employedpopulation.csv',delimiter = ",",
                usecols=(1,2,3,4,5,6,7,8,9,10),dtype=int)


# 设置 Matplotlib 正常显示中文和负号
plt.rcParams['font.sans-serif']=['SimHei']    # 用黑体显示中文
plt.rcParams['axes.unicode_minus']=False      # 正常显示负号


#创建一个绘图对象，并设置对象的宽度和高度
plt.figure(figsize=(6, 4))
#绘制全部就业人员柱状图
plt.bar(Emp_data[0],Emp_data[1],width = 0.35,color = 'red',
        edgecolor = 'white')
#绘制城镇就业人员柱状图
plt.bar(Emp_data[0]+0.35,Emp_data[2],width = 0.35,color = 'green',
        edgecolor = 'white')
#绘制乡村就业人员柱状图
plt.bar(Emp_data[0]+0.7,Emp_data[3], width = 0.35,color = 'blue',
        edgecolor = 'white')


# 给图加 text
X = Emp_data[0];Y1 = Emp_data[1]
for x, y in zip(X, Y1):
```

```
    plt.text(x + 0.3, y + 0.05, '%i' % y, ha='center')
Y2 = Emp_data[2]
for x, y in zip(X, Y2):
    plt.text(x + 0.6, y + 0.05, '%i' % y, ha='center')
Y3 = Emp_data[3]
for x, y in zip(X, Y3):
    plt.text(x + 0.9, y + 0.05, '%i' % y, ha='center')
#添加标签
plt.xlabel('年份')
plt.ylabel('人员(万人)')
plt.ylim((30000,80000))
plt.xlim(2006,2017)
plt.title("2007-2016年城镇、乡村和全部就业人员情况柱状图")
#添加图例
plt.legend({'全部就业','城镇就业','乡村就业'})
plt.savefig('d:/data/Employedpopulation_bar.png')
plt.show()
```

运行程序后，显示的柱状图如图 6-7 所示。

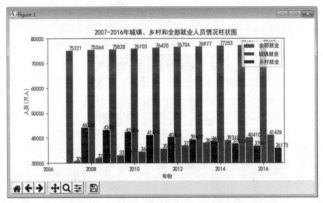

图 6-7　2007—2016 年就业人员情况柱状图

6.5.3　绘制饼图

饼图（Pie Graph）用于显示一个数据系列中各项的大小及其在各项总和中所占的比例。饼图中的数据点显示为整个饼图的百分比。饼图可以比较清楚地反映出部分与部分、部分与整体之间的比例关系。易于显示每组数据相对于总数的大小，且显示方式直观。

pyplot 中绘制饼图的函数为 pie，其语法格式如下。

```
matplotlib.pyplot.pie(x,explode=None,labels=None,colors=None,autopct=None,
pctdistance=0.6,shadow=False,labeldistance=1.1,startangle=None,radius=None,
counterclock=True,wedgeprops=None,textprops=None,center=(0,0),frame=False,
rotatelabels=False,hold=None,data=None)
```

函数中的主要参数说明如下。

❑ x：接收 array。表示用于绘制饼图的数据，无默认。

❑ explode：接收 array。表示指定项距离饼图圆心为 n 个半径，默认为 None。

❑ labels：接收 array。指定每一项的名称，默认为 None。

❑ colors：接收特定 string 或者包含颜色字符串的 array，表示饼图颜色，默认为 None。

❑ autopct：接收特定 string，指定数值的显示方式，默认为 None。

❑ pctdistance：接收 float，指定每一项的比例 autopct 和距离圆心的半径，默认为 0.6。

❑ labeldistance：接收 float，指定每一项的名称 labels 和距离圆心的半径，默认为 1.1。

❑ radius：接收 float，表示饼图的半径，默认为 1。

【例 6-9】绘制 2016 年城镇就业人员和乡村就业人员的饼图。

其程序代码 test6-9.py 如下。

```python
# -*- coding: utf-8 -*-
import numpy as np
import matplotlib.pyplot as plt
#导入2016年就业数据
Emp_data= np.loadtxt('d:\data\Employedpopulation.csv',delimiter = ",",
                     usecols=(1),dtype=int)

# 设置Matplotlib正常显示中文和负号
plt.rcParams['font.sans-serif']=['SimHei']    # 用黑体显示中文
plt.rcParams['axes.unicode_minus']=False      # 正常显示负号

#将2016年就业数据赋值给X
X = [Emp_data[2],Emp_data[3]]

#创建一个绘图对象，将画布设定为正方形，则绘制的饼图是正圆
plt.figure(figsize=(8, 8))
label = ['城镇就业','乡村就业']   #定义饼图的标签，标签是列表
explode = [0.01,0.01]   #设定各项距离圆心的半径

#绘制饼图（数据，半径，数据对应的标签，百分数保留两位小数点）
plt.pie(X,explode = explode, labels=label,autopct='%1.2f%%')
#添加标题
plt.title("2016年城镇和乡村就业人员情况饼图")
#添加图例
plt.legend({'城镇就业','乡村就业'})
plt.savefig('d:/data/Employedpopulation_pie.png')
plt.show()
```

运行程序后，显示的饼图如图 6-8 所示。

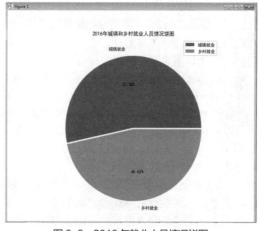

图 6-8　2016 年就业人员情况饼图

6.5.4 绘制箱线图

箱线图（Boxplot）也称为箱形图，其绘制需使用常用的统计量，能提供有关数据位置和分散情况的关键信息，尤其在比较不同特征时，更可表现其分散程度差异。图 6-9 标出了箱线图中每条线表示的含义。

箱线图利用数据中的 5 个统计量（最小值、下四分位数、中位数、上四分位数、最大值）来描述数据。它可以粗略地看出数据的对称性、分布的分散程度信息等。特别是可以用于对几个样本进行比较。

pyplot 中绘制箱线图的函数为 boxplot，其语法格式如下。

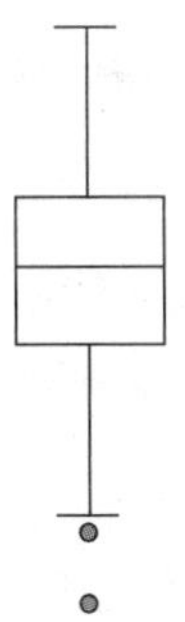

图 6-9　箱线图中每条线表示的含义

```
matplotlib.pyplot.boxplot(x,notch=None,sym=None,
vert=None,whis=None,positions=None,widths=None,
patch_artist=None,bootstrap=None,usermedians=None,
conf_intervals=None,meanline=None,showmeans=None,showcaps=None,
showbox=None,showfliers=None,boxprops=None,labels=None,flierprops=None,
medianprops=None,meanprops=None,capprops=None,whiskerprops=None,
manage_xticks=True,autorange=False,zorder=None,hold=None,data=None)
```

函数中的主要参数说明如下。

❑ x：接收 array。表示用于绘制箱线图的数据，无默认。
❑ notch：接收 boolean。表示中间箱体是否有缺口，默认为 None。
❑ sym：接收特定 string。指定异常点形状，默认为 None。
❑ vert：接收 boolean。表示图形是纵向还是横向，默认为 None。
❑ positions：接收 array。表示图形位置，默认为 None。
❑ widths：接收 scalar 或者 array。表示每个箱体的宽度，默认为 None。
❑ labels：接收 array。指定每一个箱线图的标签，默认为 None。
❑ meanline：接收 boolean。表示是否显示均线值，默认为 False。

【例 6-10】绘制 2007—2016 年的全国就业人员、城镇就业人员和乡村就业人员的箱线图。其程序代码 test6-10.py 如下。

```
# -*- coding: utf-8 -*-
import matplotlib.pyplot as plt
import numpy as np
#导入 2007—2016 年就业数据
Emp_data= np.loadtxt('d:\data\Employedpopulation.csv',delimiter = ",",
                     usecols=(1,2,3,4,5,6,7,8,9,10),dtype=int)


# 设置 Matplotlib 正常显示中文和负号
plt.rcParams['font.sans-serif']=['SimHei']    # 用黑体显示中文
plt.rcParams['axes.unicode_minus']=False      # 正常显示负号


#将 2007—2016 年就业数据赋值给 X
X = [Emp_data[1],Emp_data[2],Emp_data[3]]
#创建一个绘图对象
plt.figure(figsize=(8, 6))
label = ['全国就业','城镇就业','乡村就业']   #定义箱线的标签，标签是列表
#绘制箱线图
plt.boxplot(X,notch=True, labels=label,meanline=True)
```

```
#添加标题
plt.title("2007-2016年城镇、乡村和全部就业人员情况箱线图")
#添加图例
plt.legend({'全国就业','城镇就业','乡村就业'})
plt.savefig('d:/data/Employedpopulation_box.png')
plt.show()
```

运行程序后，显示的箱线图如图 6-10 所示。

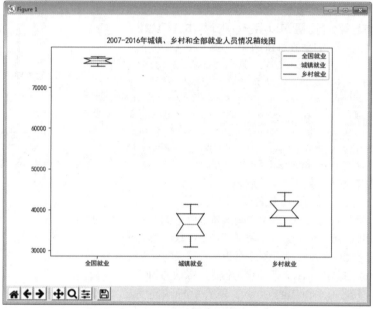

图 6-10　2007—2016 年就业人员情况箱线图

项目实践

1. 项目描述

现有上海市 2016 年全年各行业用电量情况统计表，其中部分数据列表显示如下。

	1月份	2月份	3月份	4月份	5月份	6月份
全社会	138.39	103.47	117.93	103.88	109.32	117.03
其中：第一产业	0.60	0.54	0.51	0.5	0.52	0.57
第二产业	77.46	49.69	62.99	58.29	64.87	67.85
第三产业	40.94	27.97	36.51	29.57	32.07	36.85
城乡居民生活用电	19.40	25.26	17.92	15.51	11.85	11.75

请完成绘制上海市 2016 年全年用电量的散点图、折线图、柱状图、饼图和箱线图的任务。

2. 项目设计思路

（1）从全社会用电量-2016.csv 文件中导入上海市 2016 年全年各行业用电量数据。

（2）设置 Matplotlib 正常显示中文和负号。

```
plt.rcParams['font.sans-serif']=['SimHei']    # 用黑体显示中文
plt.rcParams['axes.unicode_minus']=False      # 正常显示负号
```

（3）分别绘制散点图、折线图、柱状图、饼图和箱线图。

3. 程序代码设计

参考例 6-5、例 6-6、例 6-8、例 6-9 和例 6-10。

◤ 本章小结

本章介绍了 Python 中免费的数据可视化工具 Matplotlib 的作用、安装与导入，重点介绍了如何运用 pyplot 创建图形、子图和动态配置 rc 参数的方法。然后，介绍了绘制分析变量间关系图（如绘制散点图和折线图），以及绘制分析变量数据分布和分散状况的图表（如绘制直方图、柱状图、饼图和箱线图）。

◤ 思考练习

简答题

（1）在 Python 中免费的应用性较好的数据可视化工具有哪些？它们各有什么特点？

（2）Matplotlib 的作用是什么？它有什么优势？

（3）简述 Matplotlib 是如何实现绘图功能的。

（4）说明利用 pyplot 子库绘制图表的步骤。

（5）利用 Matplotlib 绘图前是否一定要先创建绘图对象？

（6）如何创建子图？

（7）如何动态配置 rc 参数？

（8）保存图表应在显示图表之前，还是之后？

第 7 章
pandas数据分析基础

07

学习目标

1. 了解 pandas 的作用。
2. 掌握 pandas 安装与导入方法。
3. 熟悉 pandas 数据结构。
4. 掌握 pandas 常用操作。
5. 掌握 pandas 索引机制。
6. 掌握 pandas 数据结构之间的相互运算。
7. 掌握 pandas 的函数运用。
8. 掌握数据读取与写入。
9. 掌握数据分析的方法。

7.1 pandas 概述

pandas 是一个专门用于数据分析的开源 Python 库。pandas 是目前所有使用 Python 语言研究和分析数据集的专业人士在做相关统计分析和决策时都需要使用的不可或缺的工具。

7.1.1 pandas 简介

pandas 库最初是由 Wes McKinney 一人于 2008 年开发设计的，2012 年，Wes McKinney 的同事 Sien Chang 加入开发工作，他们一起开发出了用于数据分析的著名开源 Python 库——pandas。

pandas 是以 NumPy 为基础进行设计的，因此 pandas 不仅能与其他大多数模块兼容，而且还能借力 NumPy 模块强大的计算能力，因此，在数据分析中 pandas 和 NumPy 这两个模块经常是一起使用的。另外，为了数据分析的需要，pandas 既不使用 Python 已有的内置数据结构，也不使用其他库的数据结构，而是专门设计了两种新型的数据结构。使用这两种数据结构管理与 SQL 关系数据库和 Excel 工作表具有类似特征的数据会非常方便。由于 pandas 最初是作为金融数据分析工具而开发出来的，因此，pandas 为时间序列分析提供了很好的支持。根据开发 pandas 时提出的需求，pandas 的基本功能如下。

❑ 具备按轴自动或显式数据对齐功能的数据结构。这可以防止许多由于数据未对齐以及来自不同数据源（索引方式不同）的数据而导致的常见错误。

❑ 集成时间序列功能。

❑ 既能处理时间序列数据也能处理非时间序列数据的数据结构。

❑ 数学运算和约简（比如对某个轴求和）可以根据不同的元数据（轴编号）执行。

❑ 灵活处理缺失数据。

❑ 合并及其他出现在常见数据库（例如基于 SQL）中的关系型运算。

7.1.2　pandas 测试、安装与导入

pandas 与 NumPy 安装方法相同。在安装 pandas 之前，先要安装 Python。由于 pandas 是 Python 环境中的一个独立模块，在 Python 的默认安装环境下是未安装 pandas 的。

1. 测试 Python 环境中是否安装 pandas

当 Python 安装完成后，在 Windows 操作系统下，按【Windows】+【R】键，进入 cmd 命令窗口，输入"python"命令，按【Enter】键，进入 Python 命令窗口。在 Python 命令窗口中输入"from pandas import *"导入 pandas 模块，如果在命令窗口中出现"ModuleNotFound Error:No module named 'pandas'"的错误提示，则需要安装 pandas 软件包，否则表明已安装了 pandas 软件包。

2. 在 Windows 操作系统下安装 pandas 软件包的方法

（1）下载 pandas 软件包

首先访问 https://www.lfd.uci.edu/~gohlke/pythonlibs/ 网址，然后，根据计算机上所安装的 Python 版本和操作系统版本来选择下载相应的 pandas 软件包。例如，在 Windows（64 位）操作系统下安装了 Python 3.6，则选择下载 pandas 软件包为 pandas-0.23.4-cp36-cp36m-win_amd64.whl。

（2）将下载的软件包拷贝在 Python 安装目录的 Scripts 文件夹下，例如 Python 3.6 安装目录 D:\Python，则将下载的软件包拷贝到 D:\Python\Scripts 目录下。

（3）按【Windows】+【R】键，进入 cmd 命令窗口。

（4）在 cmd 命令窗口中输入"pip install D:\Python\Scripts\pandas-0.23.4-cp36-cp36m-win_amd64.whl"命令，按【Enter】键，进入 pandas 模块安装，安装界面如图 7-1 所示。

（5）安装成功就会提示"Successfully installed pandas -0.23.4pytz-2018.5"。

图 7-1　安装 pandas 软件包

3. PyCharm 安装 pandas 方法

在 pandas 软件包安装成功后，打开 PyCharm，选择"File->settings->project 当前项目名->Project Interpreter"，单击【Project Interpreter】栏下拉列表按钮右边的 按钮，将会弹出 上下文菜单，选择"Add Local"菜单，则弹出创建虚拟环境对话框。在该对话框中选择"Existing Environment"项，单击【Interpreter】栏的下拉列表，选择 D:/python/python.exe（即 Python 安装路径），单击【OK】按钮，加入安装好的 pandas 软件包，单击【Apply】按钮，最后单击【OK】按钮即可。

4. pandas 的导入方法

pandas 安装测试成功后，在编写代码时，首先需要导入 pandas 库，导入方法是使用 Python 语句中的导入模块语句。如：

```
import pandas as pd
```

或者

```
from pandas import *
```

7.2 pandas 的数据结构及常用操作

pandas 的核心是 Series 和 DataFrame 两大数据结构，数据分析相关的所有事务都是围绕着这两种结构进行的。其中，Series 数据结构用于存储一个序列的一维数组，而 DataFrame 数据结构则用于存储复杂数据的二维数据结构。

虽然这些数据结构不能解决所有的问题，但它们为大多数应用提供了有效且强大的工具，就简洁性而言，理解和使用它们都很简单。此外，很多更为复杂的数据结构都可以追溯到这两种结构。下面将介绍 Series 和 DataFrame 数据结构对象及常用操作。

7.2.1 Series 对象及常用操作

Series 是一种类似于一维数组的对象，它是由一组数据（可以是 NumPy 中任意类型的数据）以及一组与之相关的数据标签组成的。Series 对象的内部结构是由两个相互关联的数组组成的，其中用于存放数据（即值）的是 value 主数组，主数组的每个元素都有一个与之相关联的标签（即索引），这些标签存储在另外一个叫作 Index 的数组中。

Series 的表现形式为：索引在左边，值在右边。例如，Series 对象[2,4,-3,7]的内部结构如图 7-2 所示。

Series	
index	value
0	2
1	4
2	-3
3	7

图 7-2　Series 内部结构

1. 创建 Series 对象

（1）通过 Series()构造函数创建

创建 Series 对象的 Series()构造函数如下。

```
pandas.Series(data[, index])
```

函数中的参数说明如下。

❑　data 是输入给 Series 构造器的数据，它可以是 NumPy 中任意类型的数据。

❑　index 是 Series 对象中数据的标签（即索引）。

创建过程：调用 Series()构造函数，把要存放在 Series 对象中的数据以数组形式传入，就能创建一个 Series 对象。例如，在 Jupyter Notebook 下输入下列代码。

```
In [1]: import pandas as pd
In [2]: se1 = pd.Series([2,4,-3,7])
```

此代码声明了一个 Series 对象 se1，输出 se1，可见左边是标签，右边是标签对应的元素。

```
In [3]: se1
Out[3]: 0    2
        1    4
        2   -3
        3    7
        dtype:int64
```

声明 Series 时，若不指定标签，pandas 默认使用从 0 开始依次递增的数值作为标签，此时，标签与 Series 对象中元素的索引（在数组中的位置）是一致的。但是，如果想对各个数据使用有特定意义的标记（标签），就必须在调用 Series() 构造函数时，指定 index 选项，把存放有标签的数组赋值给 index。例如，设置标签的 Series 声明如下。

```
In [4]:  se2 = pd.Series([2,4,-3,7],index=['b','c','a','d'])
In [5]:  se2
Out[5]:  b    2
         c    4
         a   -3
         d    7
         dtype: int64
```

（2）用 NumPy 数组或其他 Series 对象定义新的 Series 对象

① 用 NumPy 数组定义新的 Series 对象代码如下。

```
In [6]:  import numpy as np
In [7]:  arr = np.array([2,3,4,5])
In [8]:  se3 = pd.Series(arr)
In [9]:  se3
Out[9]:  0    2
         1    3
         2    4
         3    5
         dtype: int32
```

② 用其他 Series 对象定义新的 Series 对象命令如下。

```
In [10]:  se4 = pd.Series(se2)
In [11]:  se4
Out[11]:  b    2
          c    4
          a   -3
          d    7
          dtype: int64
```

注意 利用这两种方法创建的新 Series 对象中的元素不是原 NumPy 数组或 Series 对象元素的副本，而是对它们的引用。也就是说，这些对象是动态插入到新 Series 对象中的。如改变原有对象元素的值，新 Series 对象中这些元素也会发生变化。

（3）将字典转换为 Series 对象

如果数据存放在字典中，字典中的一个键与值的映射关系，可以被看成是 Series 对象中的索引值到数据值的一个映射，因此，可以将字典直接转换为 Series 对象。

```
In [12]:  s_data = {'s_number':20171010, 'Normal':86, 'exam':90}
In [13]:  se5 = pd.Series(s_data)
In [14]:  se5
Out[14]:  s_number    20171010
          Normal            86
          exam              90
          dtype: int64
```

注意 将字典直接转换为 Series 对象，当字典中值发生变化时，转换为 Series 对象中的元素不会变化。同样，也可以将 Series 对象转换成字典。

2. 查看 Series 值和标签

通过 Series 的属性 values 和 index 可查看值和标签。

例如：se2.values 查看值和 se2.index 查看标签。

3. 选择内部元素

Series 索引的工作方式类似于 NumPy 数组的索引，只不过 Series 的索引值不只是整数。

（1）选择单个元素

若想获取 Series 对象的内部元素，把它看成普通的 NumPy 数组，指定索引即可。例如，se1[2] 获取元素是-3。

或者指定位于索引位置处的标签。例如，se2['a'] 获取的元素也是-3。

（2）选择多个元素

通过 Series 索引的切片来选择多个元素时，切片"[起始值:终止值:步长]"所指定的元素是不包含终止值的元素，如没有指定终止值，则终止值是包含 Series 最后索引的元素。

```
In [15]:  se1[0:2]
Out[15]:  0    2
          1    4
          dtype: int64
```

或者可以使用元素对应的标签，只不过要把标签放在数组中。

```
In [16]:  se2[['a','d']]
Out[16]:  a    -3
          d     7
          dtype: int64
```

如利用标签的切片来选择多个元素时，切片"[起始标签:终止标签]"所指定的元素是包含终止标签的元素，如果没有指定终止标签，则终止标签是包含 Series 最后标签的元素。

```
In [17]:  se6 = pd.Series([1,2,3,4],index=['a', 'b', 'c', 'd'])
In [18]:  se6['b':'c']
Out[18]:  b    2
          c    3
          dtype: int64
```

4. 给元素赋值

通过索引或标签选取元素后直接进行赋值。例如，se1[1]=1 或 se2['a']=0。

5. Series 对象的简单运算

pandas 库开发是以 NumPy 库为基础的，从数据结构而言，NumPy 数组中的许多操作都会保留到 Series 对象中，如根据条件筛选数据。还有适用于 NumPy 数组的算术运算符（+、-、*、/）和其他数学函数等，也适用于 Series 对象。

（1）筛选元素

筛选元素就是根据条件筛选数据结构中的元素。例如，筛选 se1 中大于 3 的元素。

```
In [19]:  se1[se1>3]
Out[19]:  1    4
          3    7
          dtype: int64
```

（2）算术运算和数学函数

例如：se1*2、np.exp(se1)。

6. Series 对象之间的运算

在 Series 对象之间进行运算时，Series 能够通过识别标签对齐不一致的数据。这就是 Series 运算时的自动对齐功能。例如，将 se1 与 se1[se1>3]相加，其结果如下。

```
In [20]:  se1 += se1[se1>3]
In [21]:  se1
Out[21]:  0    NaN
          1    8.0
          2    NaN
          3    14.0
          dtype: float64
```

通过上述计算得到了一个新 Series 对象，其中只对标签相同的元素求和，其他只属于各自的 Series 对象的标签也被添加到新对象中，只不过它们的值为 NaN。

7. NaN

一般来讲，NaN 表示数据有问题，必须对其进行处理，尤其是在数据分析时。从某些数据源抽取数据时遇到了问题，甚至是数据源缺失数据时，往往会产生这类数据。另外，在执行计算和函数运算时也会遇到这类数据。有关 NaN 数据的处理方法将会在 8.1.2 节中介绍。

尽管 NaN 值是在数据有问题时产生的，但在 pandas 中是可以定义这种类型的数据的，并将它添加到 Series 等数据结构中。在创建数据结构时，可以为数组中元素缺失的项输入 np.NaN。

8. 统计 Series 对象的组成元素

Series 对象往往包含重复元素，因此，统计元素重复出现的次数和判断元素是否存在 Series 对象中是常用的操作。

① 统计元素重复出现的次数

统计 Series 对象包含多少个不同的元素，可使用 unique()函数返回一个由 Series 去重后的元素所组成的数组，但是数组中元素的顺序不会自动排序。

```
In [22]:  se = pd.Series([5,1,4,1,2,2])
In [23]:  se.unique()
Out[23]:  array([5, 1, 4, 2], dtype=int64)
```

另外，还有一个 value_counts()函数，它不仅能返回各个不同的元素，而且还能计算每个元素在 Series 中的出现次数。运行结果中左边是元素，右边是元素出现的次数。

```
In [24]:  se.value_counts()
Out[24]:  2    2
          1    2
          5    1
          4    1
          dtype: int64
```

② 判断元素是否存在

使用 isin()函数可以判断给定的一列元素是否包含在 Series 数据结构中，如果给定的元素包含在数据结构中，isin()函数返回是 True，否则返回是 False。利用此函数可以筛选 Series 或 DataFrame 列中的数据。

```
In [25]:  se.isin([0,2])
Out[25]:  0    False
          1    False
          2    False
          3    False
          4    True
          5    True
          dtype: bool
```

7.2.2 DataFrame 对象及常用操作

DataFrame 对象的数据结构与工作表（最常见的是 Excel 工作表）极为相似，其设计初衷是将 Series 的使用场景由一维扩展到多维。DataFrame 数据结构是由按一定顺序排列的多列数据组成的，各列的数据类型可以有所不同（数值、字符串或布尔值等）。DataFrame 的数据结构特点如下。

❑ DataFrame 由共用相同索引的一组列组成。

❑ DataFrame 是一个表格型的数据结构，每列值类型可以不同。

❑ DataFrame 常用于表达二维数据，也可表达多维数据。

❑ DataFrame 既有行索引（index），也有列索引（columns），其中行索引的数组与行相关，它与 Series 的索引数组相似，每个标签与标签所在行的所有元素相关联。而列索引包含一系列列标签，每个标签与一列数据相关联。

例如用于表示姓名、性别和年龄的 DataFrame 数据结构，如图 7-3 所示。

行索引		列索引（columns）	
index	name	sex	age
0	张艳	False	18
1	李明	True	20
2	王勇	True	19

图 7-3　DataFrame 数据结构

DataFrame 还可以理解为一个由 Series 组成的字典，其中每一列的名称为字典的键，形成 DataFrame 列的 Series 作为字典的值。进一步来说，每个 Series 的所有元素映射到叫作 index 的标签数组。

1. 创建 DataFrame 对象

使用 DataFrame() 构造函数可创建 DataFrame 对象，DataFrame() 构造函数的格式如下。

```
pandas.DataFrame(data[,index[,columns]])
```

函数中的参数说明如下。

❑ data 是输入给 DataFrame 构造器的数据，见表 7-1。

❑ index 是 DataFrame 对象中行索引的标签。

❑ columns 是 DataFrame 对象中列索引的标签。

表 7-1　输入给 DataFrame 构造器的数据

类型	说明
二维 ndarray	数据矩阵，还可以传入行标和列标
由数组、列表或元组组成的字典	每个序列会变成 DataFrame 的一列，所有序列的长度必须相同
NumPy 的结构化记录数组	类似于"由数组组成的字典"
由 Series 组成的字典	每个 Series 会组成一列，如果没有显示指定索引，则各 Series 的索引会被合并成结果的行索引
由字典组成的字典	各内层字典会成为一列。键会被合并成结果的行索引，与"由 Series 组成的字典"的情况一样
字典或 Series 的列表	各项将会成为 DataFrame 的一行。字典键或 Series 索引的并集将会成为 DataFrame 的列标
由列表或元组组成的列表	类似于"二维 ndarray"
另一个 DataFrame	该 DataFrame 的索引将会被沿用，除非显示指定了其他索引
NumPy 的 MaskedArray	类似于"二维 ndarray"的情况，只是掩码值在结果 DataFrame 会变成 NA/缺失

（1）用字典生成 DataFrame 对象

新建 DataFrame 对象最常用的方法是传递一个字典对象给 DataFrame()构造函数。字典对象以每一列的名称作为键，每个键都有一个数组或列表或元组作为值。

例如，创建一个包含学生姓名、性别和年龄的 DataFrame 对象。首先创建一个字典对象，然后将字典对象传入给 DataFrame()构造函数。在 Jupyter Notebook 下输入下列代码。

```
In [1]: import pandas as pd
In [2]: dt = {'name':['张艳','李明','王勇'],'sex':['False','True',
              'True'],'age':[18,20,19]}
In [3]: df = pd.DataFrame(dt)
In [4]: df
Out[4]:
            name    sex      age
        0   张艳    False     18
        1   李明    True      20
        2   王勇    True      19
```

如果只需要用字典对象中部分列来创建 DataFrame 对象，可通过 columns 参数指定字典对象列名，其示例代码如下。

```
In [5]: df = pd.DataFrame(dt,columns=['name','age'])
In [6]: df
Out[6]:
            name    age
        0   张艳     18
        1   李明     20
        2   王勇     19
```

DataFrame 对象与 Series 相同，如果 index 数组没有明确指定标签，pandas 也会自动为其添加一列从 0 开始的数值作为索引。如果想用标签作为 DataFrame 的索引，则要将标签放到数组中，赋值给 index 选项，其示例代码如下。

```
In [7]: df = pd.DataFrame(dt,index=['a','b','c'],columns=
                          ['name','age'])
In [8]: df
Out[8]:
            name    age
        a   张艳     18
        b   李明     20
        c   王勇     19
```

（2）用嵌套字典生成 DataFrame 对象

嵌套字典是 Python 广泛使用的数据结构，例如用嵌套字典表示学生姓名和年龄。

```
dt = {'name':{'a':'张艳','b':'李明','c':'王勇'},'age':{'a':18,'b':20}}
```

如果将这种数据结构直接作为参数传递给 DataFrame()构造函数，pandas 就会将外部的键解释成列名称，将内部的键解释为用作索引的标签。

解释嵌套结构时，可能并非所有的位置都有相应的元素存在，pandas 会用 NaN 填补缺失的元素，其示例代码如下。

```
In [9]: dt = {'name':{'a':'张艳','b':'李明','c':'王勇'},'age':
              {'a':18,'b':20}}
In [10]: df= pd.DataFrame(dt)
Out[10]: df
```

```
            name    age
        a   张艳    18.0
        b   李明    20.0
        c   王勇     NaN
```

（3）用二维数组生成 DataFrame 对象

利用 numpy.arange(8).reshape(2,4)创建 2 行 4 列的二维数组，然后将其传递给 DataFrame() 构造函数，可创建一个新 DataFrame 对象，其示例代码如下。

```
In [11]:  import numpy as np
In [12]:  df = pd.DataFrame(np.arange(8).reshape(2,4))
In [13]:  df
Out[13]:
              0  1  2  3
          0   0  2  2  3
          1   4  5  6  7
```

（4）用由 Series 组成的字典生成 DataFrame 对象

将由 Series 组成的字典传递给 DataFrame()构造函数，也可创建一个新的 DataFrame 对象，例如，创建一个产品价格表的 DataFrame 对象，其示例代码如下。

```
In [14]:  dt = {'product':pd.Series(['电视机','空调','洗衣机',
               '电脑']),'price':pd.Series([2300,1980,780])}
In [15]:  df = pd.DataFrame(dt)
In [16]:  df
Out[16]:
              product   price
          0   电视机     2300.0
          1    空调     1980.0
          2   洗衣机      780.0
          3    电脑        NaN
```

从运行结果可见，DataFrame 的每个列是由各个 Series 组成，DataFrame 的行索引是由各个 Series 的索引合并组成的。与用嵌套字典生成 DataFrame 对象相同，在解释 Series 数据结构时，可能并非所有的位置都有相应的元素存在，pandas 会用 NaN 填补缺失的元素。

2. 利用 DataFrame 属性选择元素

（1）选择所有列的名称和索引列表

DataFrame 属性有 index 和 columns，调用 columns 属性可获取 DataFrame 对象所有列的名称，而要获取 DataFrame 的索引列表，则调用 index 属性即可，其示例代码如下。

```
In [17]:  df.columns
Out[17]:  Index(['product', 'price'], dtype='object')
In [18]:  df.index
Out[18]:  RangeIndex(start=0, stop=4, step=1)
```

（2）选择所有的元素

如果想获取存储在数据结构中的元素，可使用 values 属性获取所有的元素。其示例代码如下。

```
In [19]:  df.values
Out[19]:  array([['电视机', 2300.0],
                 ['空调', 1980.0],
                 ['洗衣机', 780.0],
                 ['电脑', NaN]], dtype=object)
```

（3）选择一列元素

如果想选择一列的内容，可把这一列的名称作为索引，或者用列名称作为 DataFrame 实例的属性，其示例代码如下。

```
In [20]: df['price']
Out[20]: 0    2300.0
         1    1980.0
         2     780.0
         3      NaN
         Name: price, dtype: float64
In [21]: df.price
```

df.price 和 df['price']的输出结果相同，返回值为 Series 对象的 price 列的内容。

（4）选择一行元素

如果想选择一行的内容，利用 iloc 属性和行的索引值就能获取到。例如，获取产品价格表第 2 行数据，其示例代码如下。

```
In [22]: df.iloc[1]
Out[22]: product    空调
         price    1980
         Name: 1, dtype: object
```

返回值同样是一个 Series 对象，其中列的名称已经变为索引数组的标签，而列中的元素变为 Series 数据部分。

（5）选择多行元素

利用 iloc 属性和一个数组的切片来指定 DataFrame 实例的索引列表的取值范围，从而可选取多行元素。例如，选择产品价格表的 DataFrame 实例中第 1 行和第 3 行元素，其示例代码如下。

```
In [23]: df.iloc[0:4:2]
Out[23]:
        product    price
    0    电视机    2300.0
    2    洗衣机     780.0
```

其中，iloc[0:4:2]属性中数组切片 0:4:2，表示起始值是 0，终止值是 4（不包含 4），步长是 2，所取行数是 0 和 2。

（6）选择 DataFrame 实例中的一个元素或一个范围内的元素

如果想获取存储在 DataFrame 实例中的一个元素，需要依次指定元素所在的列名称、行的索引值或标签。例如，用 df['product'][1]可选择产品价格表中产品名称为"空调"的元素。

如果想获取存储在 DataFrame 实例中某个范围内的元素，可用切片方式指定元素所在的列名称的范围和行的索引值或标签的范围。例如，用 df['product'][1:3]可选择产品价格表中产品名称为"空调"和"洗衣机"的元素。

3. 给 DataFrame 赋值

（1）指定行索引和列索引标签

前面讲过 index 属性可以指定 DataFrame 结构中的索引数组，用 columns 属性可以指定包含列名称的行，而使用 name 属性，通过对一个 DataFrame 实例进行 df 设置（df.index.name 和 df.columns.name）就可以为 DataFrame 结构指定行索引标签和列索引标签。例如，对产品价格表指定行索引标签和列索引标签，其示例代码如下。

```
In [24]: df.index.name = 'id'
In [25]: df.columns.name = 'item'
In [26]: df
Out[26]:
        item productprice
          id
```

```
     0  电视机  2300.0
     1   空调   1980.0
     2  洗衣机   780.0
     3   电脑    NaN
```

（2）添加一列元素

为 DataFrame 实例添加一列元素的方法就是指定 DataFrame 实例新列的名称，并为其赋值即可。例如，为产品价格增加一个折扣率列，其示例代码如下。

```
In [27]: df['discount']=[0.9,0.85,0.95,1]
In [28]: df
Out[28]:
        item product  price discount
        id
        0    电视机    2300.0   0.90
        1    空调     1980.0   0.85
        2    洗衣机    780.0    0.95
        3    电脑     NaN      1.00
```

或者用 insert()函数在指定位置添加一列元素。例如，在折扣率列后面，添加一列价格（"price"）乘以折扣率（"discount"）的实际价格（"Actual_price"）列，其示例代码如下。

```
In [29]: df.insert(3,'Actual_price',df['price']*df['discount'])
In [30]: df
Out[30]:
        item product  price discount  Actual_price
        id
        0    电视机    2300.0   0.90      2070.0
        1    空调     1980.0   0.85      1683.0
        2    洗衣机    780.0    0.95       741.0
        3    电脑     NaN      1.00       NaN
```

（3）添加一行元素

为 DataFrame 实例添加一行元素的方法就是使用 loc 属性为 DataFrame 实例新添加一行，并为此行赋值即可。例如，为产品价格增加一个手机产品的价格行，其示例代码如下。

```
In [31]: df.loc['add_row'] = ['手机',1900,1,1900]
In [32]: df
Out[32]:
           item product  price discount  Actual_price
           id
           0      电视机   2300.0   0.90      2070.0
           1      空调    1980.0   0.85      1683.0
           2      洗衣机   780.0    0.95       741.0
           3      电脑    NaN      1.00       NaN
           add_row 手机   1900.0   1.00      1900.0
```

（4）修改一行元素

修改 DataFrame 对象中的一行元素，只需要使用 loc 属性指定 DataFrame 实例中行索引，并为此行赋值即可。例如，修改产品价格中电脑一行的数据，其示例代码如下。

```
In [33]: df.loc[3] = ['电脑',4500,1,4500]
In [34]: df
Out[34]:
           item product  price discount   Actual_price
```

```
       id
        0        电视机       2300.0        0.90        2070.0
        1         空调        1980.0        0.85        1683.0
        2        洗衣机        780.0        0.95         741.0
        3         电脑        4500.0        1.00        4500.0
    add_row       手机        1900.0        1.00        1900.0
```

（5）修改一列元素或一个元素

修改 DataFrame 实例中的一列元素，只要指定 DataFrame 实例中列名称，将要更新的一列元素存放到数组中，然后将此数组赋值给这一列即可。例如，修改产品价格中的价格为新价格[3000,2300,560,5600]，其示例代码如下。

```
In [35]:  df['price']=[3000,2300,560,5600,1880]
In [36]:  df
Out[36]:
              item  product    price  discount   Actual_price
       id
        0        电视机        3000        0.90        2070.0
        1         空调        2300        0.85        1683.0
        2        洗衣机         560        0.95         741.0
        3         电脑        5600        1.00        4500.0
    add_row       手机        1880        1.00        1900.0
```

修改一个元素，只需要选择该元素，直接给其赋值即可。例如 df['discount'][1]=0.96。

4. 删除元素

（1）使用 del 命令删除一列元素

如果要删除一整列的所有数据，使用 del 命令。例如，删除产品价格中的实际价格列，其示例代码如下。

```
In [37]:  del df['Actual_price']
In [38]:  df
Out[38]:
              item  product    price  discount
       id
        0        电视机        3000        0.90
        1         空调        2300        0.85
        2        洗衣机         560        0.95
        3         电脑        5600        1.00
    add_row       手机        1880        1.00
```

（2）使用 pop()函数删除一列元素

pop()函数可以将所选列从原数据块中删除，原数据块不再保留该列。例如，使用 pop()函数删除折扣率列，其示例代码如下。

```
In [39]:  df.pop('discount')
Out[39]:  id
        0         0.90
        1         0.85
        2         0.95
        3         1.00
    add_row      1.00
    Name: discount, dtype: float64
```

（3）使用 drop()函数删除一列元素或删除一行元素

在 drop()函数中有两个参数，一个参数是 axis，当参数 axis=1 时，则删除列元素；当 axis=0 时，则删除行元素。还有一个参数是 inplace，当 inplace 为 True 时，drop()函数执行内部删除，不返回任何值，原数据发生改变；当 inplace 为 False 时，原数据不会发生改变，只是输出新变量删除。例如，先添加 1 列折扣率列，然后再用 drop()函数设置参数 axis=1 和 inplace=True 删除折扣率的列元素，其示例代码如下。

```
In [40]: df['discount']=0.94
In [41]: df.drop(['discount'],axis=1,inplace=True)
```

如果要删除一行，则设置 axis=0，并指定删除的行索引或行标签。例如，删除行标签为 add_row 的一行元素，其示例代码如下。

```
In [42]: df.drop(['add_row'],axis=0,inplace=True)
```

如果要删除多行，除了设置 axis=0 外，还要指定删除的行索引或行标签，例如，删除第 1 行和第 3 行元素，其示例代码如下。

```
In [43]: df.drop([0,2],axis=0,inplace=True)
```

5. 筛选元素

对于 DataFrame 对象，也可以通过指定条件来筛选元素。例如，筛选出产品价格中价格大于 2000 元的产品信息，其示例代码如下。

```
In [44]: df[df['price']>2000]
Out[44]:
        item product   price
          id
          0   电视机     3000
          1    空调     2300
          3    电脑     5600
```

例如，筛选出产品价格中所有元素都小于 2000 元的产品信息，其示例代码如下。

```
In [45]: df[df<2000]
Out[45]:
        item product   price
          id
          0   电视机      NaN
          1    空调      NaN
          2   洗衣机      560
          3    电脑      NaN
```

返回的 DataFrame 对象中只包含满足条件的数字，各元素的位置保持不变，其他不符合条件的元素替换成 NaN。

6. 判断元素是否存在

使用 isin()函数可以判断给定的一列元素是否包含在 DataFrame 结构中，如果给定的元素包含在数据结构中，isin()函数返回是 True，否则返回是 False。利用此函数可以筛选 DataFrame 列中的数据。例如判断产品价格中是否存在"电脑"和 2300 这两个元素，并返回满足条件的元素，其示例代码如下。

```
In [46]: df[df.isin(['电脑',2300])]
Out[46]:
        item  product    price
          id
          0    NaN       NaN
          1    NaN      2300.0
          2    NaN       NaN
```

```
        3      电脑          NaN
```

7. DataFrame 转置

DataFrame 数据结构类似于表格数据结构，在处理表格数据时，常常会用到转置操作，即将列变成行，行变成列。pandas 提供了一种简单的转置方法，就是通过调用 T 属性获得 DataFrame 对象的转置形式。例如将产品价格数据结构进行转置操作，其示例代码如下。

```
In [47]: df.T
Out[47]:
           id       0      1       2        3
         item
      product     电视机   空调    洗衣机     电脑
        price     3000   2300    560      5600
```

7.3 pandas 的索引

7.3.1 Index 索引对象

pandas 的两种数据结构 Series 和 DataFrame 都是具备索引的。在创建 pandas 的两种数据结构时，可以通过选项参数 index 指定标签或行索引。pandas 的索引对象负责管理轴标签和其他元数据（如轴名称等）。在创建 Series 或 DataFrame 的时候，所用到的任何数组或其他序列的标签都会被转换成一个 Index 对象。

与 pandas 数据结构（Series 和 DataFrame）中其他元素不同的是，Index 对象是不可修改的（Immutable），一旦声明，它就不能改变。当不同数据结构共用 Index 对象时，该特性能够保证它的安全。

pandas 中主要的 Index 对象见表 7-2。

表 7-2 主要的 Index 对象

类型	说明
Index	最泛化的 Index 对象，轴标签是一个由 Python 对象组成的 NumPy 数组
Int64Index	针对整数的特殊 Index
MultiIndex	"层次化"索引对象，表示单个轴上的多层索引，可以看作由元组组成的数组
DatetimeIndex	存储纳秒级时间戳（用 NumPy 的 datatime64 类型表示）
PeriodIndex	针对 Period 数据（时间间隔）的特殊 Index

7.3.2 Index 对象的属性和方法

每个索引对象都有一些属性和方法，这些属性和方法可用于设置逻辑并回答有关该索引所包含的数据的常见问题。

1. 获取 Index 对象

利用 Index 属性可以获取 Index 对象。例如，获取产品价格的 DataFrame 数据结构转置后的 Index 对象，其示例代码如下。

```
In [48]: index = df.T.Index
In [49]: index
Out[49]: Index(['product', 'price'], dtype='object', name='item')
```

2. 索引切片

对索引的切片与 Python 对列表的切片操作是相同的，即 index[起始值:终止值:步长]。

3. 判断索引是否属于 Index 对象

in()函数可用于判断索引是否属于 Index 对象。例如，首先创建一个 Index 对象，再创建 Series 对象，该对象中 index 参数引用 Index 对象，然后利用 in()函数判断'a'索引是否属于 Index 对象，其示例代码如下。

```
In [1]:  #创建一个 Index 对象
In [2]:  import pandas as pd
In [3]:  index = pd.Index(['a','b','c'])
In [4]:  se1 = pd.Series([0,1,2],index=index)
In [5]: 'a' in index
Out[5]: True
```

4. 连接两个 Index 对象

利用 append()函数连接另一个 Index 对象，可产生一个新的 Index 对象。例如创建 2 个 Index 对象 index1 和 index2，然后将它们连接成一个新的 Index 对象，其示例代码如下。

```
In [6]:  #创建 2 个 Index 对象
In [7]:  index1 = pd.Index(['a','b','c'])
In [8]:  index2 = pd.Index(['c','d','b','e'])
In [9]:  #连接两个 Index 对象
In [9]:  index3 = index1.append(index2)
In [10]: index3
Out[10]: Index(['a', 'b', 'c', 'c', 'd', 'b', 'e'], dtype='object')
```

5. 计算差集

利用 difference()函数可实现计算差集的操作，其示例代码如下。

```
In [11]:  #计算两个 Index 对象的差集
In [12]:  index3 = index1.difference(index2)
In [13]:  index3
Out[13]:  Index(['a'], dtype='object')
```

6. 计算交集

利用 intersection()函数可实现计算交集的操作，其示例代码如下。

```
In [14]:  #计算两个 Index 对象的交集
In [15]:  index3 = index1.intersection (index2)
In [16]:  index3
Out[16]:  Index(['b', 'c'], dtype='object')
```

7. 计算并集

利用 union()函数可实现计算并集的操作，其示例代码如下。

```
In [17]:  #计算两个 Index 对象的并集
In [18]:  index3 = index1.union(index2)
In [19]:  index3
Out[19]:  Index(['a', 'b', 'c', 'd', 'e'], dtype='object')
```

8. 判断索引是否存在

利用 isin()函数可实现判断一个索引对象是否在另一个索引对象中，返回一个 bool 类型的数组的操作，其示例代码如下。

```
In [20]:  index3 = index1.isin(index2)
In [21]:  index3
Out[21]:  array([False, True, True])
```

9. 删除索引

利用 delete()函数可以删除指定位置索引，返回一个新的索引对象，其示例代码如下。

```
In [22]: index1 = pd.Index(['a','b','c','d','e','f','g'])
In [23]: index = index1.delete([0,3,6])
In [24]: index
Out[24]: Index(['b', 'c', 'e', 'f'], dtype='object')
```

10. 插入元素

利用 insert()函数将元素插入到指定下标位置，返回一个新索引对象，其示例代码如下。

```
In [25]: index = index1.insert(1,'h')
In [26]: index
Out[26]: Index(['a', 'h', 'b', 'c', 'd', 'e', 'f', 'g'], dtype='object')
```

11. 判断索引对象中是否存在重复值

利用 is_unique()函数可判断索引对象中是否存在重复值，包含重复值返回 False，不包含返回 True，其示例代码如下。

```
In [27]: index1 = pd.Index(['a','b','c','a'])
In [28]: index1.is_unique
Out[28]: False
In [29]: index2 = pd.Index(['a','b','c'])
In [30]: index2.is_unique
Out[30]: True
```

12. 筛选出 Index 对象去重后的元素

利用 unique()函数可以筛选出 index 对象去重后的元素，组成一个新的 Index 对象，其示例代码如下。

```
In [31]: index1 = pd.Index(['a','b','a'])
In [32]: index1.unique()
Out[32]: Index(['a', 'b'], dtype='object')
```

13. 判断递增或递减

利用 is_monotonic 或 is_monotonic_increasing()函数可以判断 Index 对象中的元素是否是递增的，而利用 is_monotonic_decreasing()函数则可判断 Index 对象中的元素是否是递减的，其示例代码如下。

```
In [33]: index1 = pd.Index(['a','b','c'])
In [34]: index1.is_monotonic_increasing
Out[34]: True
In [35]: index2 = pd.Index(['c','b','a'])
In [36]: index2.is_monotonic_decreasing
Out[36]: True
```

7.3.3 重新索引

reindex 是 pandas 对象的一个重要方法，其作用是创建一个适应新索引的新对象。例如定义一个 Series 对象为 se1 = pd.Series([1,4,-1,2],index=['a','e','d','c'])，现在调用 Series 对象的重新索引 se1.reindex(['a','b','c','d','e'])，此时，se1 中的元素将会根据新索引进行重排，如果某个索引值当前不存在，就引入缺失值 NaN，其示例代码如下。

```
In [37]: se1 = pd.Series([1,4,-1,2],index=['a','e','d','c'])
In [38]: se1.reindex(['a','b','c','d','e'])
Out[38]: a    1.0
         b    NaN
         c    2.0
         d   -1.0
```

```
      e    4.0
      dtype: float64
```

如果是类似于时间序列的有序数据，重新索引时可能需要做一些插值处理。在 reindex() 函数中，参数 method 就是说明插值填充方式的。reindex() 函数的格式如下。

```
obj.reindex(index[,method [,columns[,fill_value[,limit[,level[,copy]]]]]])
```

函数中的参数说明如下。

❑ obj: pandas 对象名称。

❑ index: 用作索引的新序列。既可以是 Index 实例，也可以是其他序列型的 Python 数据结构。Index 会被完全使用，就像没有任何复制一样。

❑ method: 插值填充方式，ffill 或.pad 表示向前填充（或搬运）值，bfill 或 backfill 表示向后填充（或搬运）值。

❑ fill_value: 在重新索引过程中，需要引入缺失值时使用的替代值。

❑ limit: 向前或向后填充时的最大填充量。

❑ level: 在 MultiIndex 的指定级别上匹配简单索引，否则选取其子集。

❑ copy: 默认为 True，表示无论如何都复制。如果为 False，则表示新旧相等就不复制。

【例 7-1】利用 reindex() 函数重新定义 Series 和 DataFrame 的索引及顺序。其程序代码 test7-1.py 如下。

```python
# -*- coding: utf-8 -*-
import numpy as np
from pandas import DataFrame,Series
print ('重新指定索引及顺序')
se1 = Series([2.1, 4.3, -1.6], index = ['c', 'e', 'a'])
print (se1)
# 指定不存在元素的默认值为 0
print (se1.reindex(['a', 'b', 'c', 'd', 'e'], fill_value = 0))
print ('重新指定索引，并指定填充元素的方法')
se2 = Series(['20170101', '20170102', '20170104'], index = [0, 2, 4])
print (se2.reindex(range(6), method = 'ffill'))
print ('对 DataFrame 重新指定索引')
df1 = DataFrame(np.arange(12).reshape(3, 4),index = ['a', 'c', 'd'],
                columns = ['item1', 'item2', 'item3','item4'])
print (df1)
# 指定不存在元素的默认值为 0
df2 = df1.reindex(['a', 'b', 'c', 'd'],fill_value = 0)
print (df2)
print ('重新指定 column')
states = ['col1', 'item2', 'item3']
print (df1.reindex(columns = states))

print ('对 DataFrame 重新指定索引，并指定填充元素的方法')
print (df1.reindex(index = ['a', 'b', 'c', 'd'],method = 'ffill',
                columns = states))
```

7.3.4 层级索引

pandas 有 Series 和 DataFrame 两种数据结构，它们分别用于处理一维数据和二维数据。但是在实际应用中经常会遇到多维数据的情况，为了处理多维数据，可使用层级索引，将高维数据转化为类似一维 Series 和二维 DataFrame 对象的形式。

层级索引就是对索引进行层次化分类，该索引既可以是行索引，也可以是列索引。层级索引是 pandas 的一项重要功能，它能在一个轴上拥有多个（两个以上）索引级别。利用层级索引可实现以低维度形式处理高维度数据。

1. 创建层级索引

（1）创建 Series 的层级索引

常用的方法就是给 Series()构造函数的 index 参数传递两个数组。例如，创建一个由整数与文字组成的层级索引，其示例代码如下。

```
In [1]: import pandas as pd
In [2]: se=pd.Series(['电视机',2300,'空调',1980],index=[[1,1,2,2],
                      ['product','price','product','price']])
In [3]: se
Out[3]: 1    product    电视机
             price      2300
        2    product    空调
             price      1980
        dtype: object
```

（2）创建 DataFrame 的层级索引

① 隐式构造层级索引

常用的方法就是给构造函数 DataFrame()的 index 或 columns 参数传递两个或两个以上的数组。例如，创建一个包含品牌、产品类型、价格和折扣率的产品信息 DataFrame 对象，该 DataFrame 的行索引中就包含品牌与产品类型的层级索引，其示例代码如下。

```
In [4]: import numpy as np
In [5]: from pandas import DataFrame,Series
In [6]: data = np.array([[2300,1.00],[1980,1.00],[3600,0.96],[2100,0.98]])
In [7]: df = DataFrame(data,columns=['价格','折扣率'],
                       index=[['格力','格力','TCL','TCL'],
                              ['电视机','空调','电视机','空调']])
In [8]: df
out[8]:              价格    折扣率
        格力  电视机 2300.0   1.00
            空调  1980.0   1.00
        TCL 电视机 3600.0   0.96
            空调  2100.0   0.98
```

层级索引（MultiIndex）继承于 Index，是多级索引的对象。MultiIndex 有 levels 和 labels 两个信息。levels 表示每个层级中分别有哪些标签，labels 是每个标签的下标。利用 levels 属性可获取索引中每一级的标签，而用 labels 属性可获取标签的下标。还可以使用 get_loc()和 get_indexer()来获取单个和多个标签的下标。

以产品信息 DataFrame 实例 df 为例，获取 df 标签的下标，其示例代码如下。

```
In [9]: mindex = df.index      #MultiIndex 对象
In [10]: mindex[0:4]
Out[10]: MultiIndex(levels=[['TCL','格力'],['电视机','空调']],
                    labels=[[1, 1, 0, 0], [0, 1, 0, 1]])
In [11]: mindex.levels[0]
Out[11]: Index(['TCL','格力'], dtype='object')
```

```
In [12]:  mindex.labels[0]
Out[12]:  FrozenNDArray([1, 1, 0, 0], dtype='int8')
In [13]:  mindex.get_loc(('格力','电视机'))
Out[13]:  0
In [14]:  mindex.get_indexer([('格力','电视机'),('TCL','空调'),'nothing'])
Out[14]:  array([ 0,  3,  -1], dtype=int64)
```

② 显式构造 pd.MultiIndex

显式构造 pd.MultiIndex 就是使用以 from_ 开头的 MultiIndex 类方法，从特定的数据结构创建 MultiIndex 对象。以创建产品信息的层级索引为例，其示例代码如下。

❏ 使用 from_arrays()方法，从多个数组创建 MultiIndex 对象。

```
df_arrays = DataFrame(data,columns=['价格','折扣率'],
    index=pd.MultiIndex.from_arrays([['格力','格力','TCL','TCL'],
                                     ['电视机','空调','电视机','空调']]))
```

❏ 使用 from_tuples()方法，从多个元组创建 MultiIndex 对象。

```
df_tuples = DataFrame(data,columns=['价格','折扣率'],
    index=pd.MultiIndex.from_tuples([('格力','电视机'),
            ('格力','空调'),('TCL','电视机'),('TCL','空调')]))
```

❏ 使用 from_product()方法，利用多个集合的笛卡尔积创建 MultiIndex 对象。

```
df_product = DataFrame(data,columns=['价格','折扣率'],
    index=pd.MultiIndex.from_product([['格力','TCL'],
                                      ['电视机','空调']]))
```

2. 层级索引对象的元素选择

（1）Series 的元素选择

通过中括号（[]）的索引和切片操作可获取单个或多个元素，或使用 loc 与 iloc 同样也能获取单个或多个元素，其示例代码如下。

```
In [15]:  se[[2,'price']]
Out[15]:  2  product      空调
             price      1980
          dtype: object
In [16]:  se[2]['price']
Out[16]:  1980
In [17]:  se.iloc[1:2]
Out[17]:  1  price    2300
          dtype: object
```

（2）DataFrame 的元素选择

① 直接使用列名称选择 1 列元素，例如 df['价格']，表示选择"价格"这 1 列元素。

② 使用中括号（[]）或 iloc()函数的切片操作可选择 1 行或多行元素。如 df[0:1]与 df.iloc[0:1]选择是行索引为"0"的这 1 行元素，而 df[0:3]与 df.iloc[0:3]选择的是行索引为"0""1""2"的这 3 行元素。

③ 使用行索引切片和列名称组合可选择某个范围的元素，如 df[0:2]['价格']。

其示例代码如下。

```
In [18]:  df['价格']
Out[18]:  格力  电视机    2300.0
              空调    1980.0
          TCL  电视机    3600.0
              空调    2100.0
```

```
                   Name: 价格, dtype: float64
In [19]: df[0:1]
Out[19]:
                        价格      折扣率
       格力  电视机  2300.0      1.0
In [20]: df[0:2]['价格']
Out[20]: 格力  电视机  2300.0
              空调   1980.0
                   Name: 价格, dtype: float64
```

3. 调整层级索引间的顺序

首先指定层级索引中每一层索引的名称,然后再使用 swaplevel() 函数来调整层级索引间的顺序,其示例代码如下。

```
In [21]: df.index.names = ['key1','key2']
In [22]: df.swaplevel('key1','key2')
Out[22]:
                        价格    折扣率
     key2   key1
     电视机   格力     2300.0   1.00
     空调    格力     1980.0   1.00
     电视机   TCL    3600.0   0.96
     空调    TCL    2100.0   0.98
```

4. 对某级别索引排序

使用 sort_index(level) 函数来实现对某级别索引的排序,其示例代码如下。

```
In [23]: df.sort_index(level=1)
Out[23]:
                        价格    折扣率
     key1   key2
     TCL    电视机    3600.0   0.96
     格力    电视机    2300.0   1.00
     TCL    空调     2100.0   0.98
     格力    空调     1980.0   1.00
```

5. 根据某级别索引进行汇总

使用 sum(level,axis) 函数可根据某级别索引进行汇总,其示例代码如下。

```
In [24]: df.sum(level=1,axis=0)
Out[24]:
                        价格    折扣率
     key2
     电视机            5900.0   1.96
     空调             4080.0   1.98
```

6. 指定 DataFrame 的列为索引或还原索引列

使用 set_index() 函数可指定 DataFrame 的列为索引,而使用 reset_index() 函数可还原索引列,其示例代码如下。

```
In [25]: df.reset_index()
Out[25]:
         key1    key2     价格    折扣率
     0   格力     电视机   2300.0   1.00
     1   格力     空调    1980.0   1.00
```

```
              2   TCL    电视机 3600.0   0.96
              3   TCL    空调  2100.0   0.98
In [26]: df.set_index('价格')
Out[26]:


        价格    折扣率
      2300.0    1.00
      1980.0    1.00
      3600.0    0.96
      2100.0    0.98
```

7.4 pandas 数据结构之间的运算

pandas 数据结构 Series 和 DataFrame 对象都支持 NumPy 的接口，因此，这两种数据结构都可以使用 NumPy 提供的 ufunc 函数。pandas 还提供了一些运算方法，如 mean()、std()和 max()等，这些函数与 NumPy 类似。此外，pandas 还提供了二元运算符对应的函数，如 add()、sub()、mul()、div()和 mod()等。在算术运算中，pandas 还具备按轴自动或显式数据对齐的功能。

7.4.1 算术和数据对齐

pandas 具有将两个数据结构索引自动对齐的功能。当参与运算的两个数据结构其索引项的顺序不一致，或者有的索引只存在于一个数据结构中时，也能实现这两个数据结构之间的运算，这称之为 pandas 的数据对齐。

【例 7-2】定义两个 Series 对象，分别指定两个不完全一致的标签数组，并将这两个 Series 对象进行加、减、乘、除算术运算。

其程序代码 test7-2.py 如下。

```
# -*- coding: utf-8 -*-
import numpy as np
from pandas import DataFrame,Series
print ('定义两个 Series 对象')
se1 = Series([2.1, 4.3, -1.6], index = ['c', 'd', 'a'])
se2 = Series(np.arange(4), index = ['a', 'b', 'c', 'd'])
print(se1,se2)
#将两个 Series 对象进行加、减、乘、除算术运算
se = se1+se2
print('两个 Series 对象相加',se)
print('两个 Series 对象相减',se1-se2)
print('两个 Series 对象相乘',se1*se2)
print('两个 Series 对象相除',se1/se2)
```

两个 Series 对象相加的结果如下。

```
a   -1.6
b   NaN
c   4.1
d   7.3
dtype: float64
```

观察输出结果可知，两个 Series 对象相加就是将两个 Series 对象中标签相同的元素相加，并输出这些标签和相加后的值。对于只有一个 Series 对象有的标签，也会出现在输出结果中，但其值

为 NaN。

【例 7-3】定义两个 DataFrame 对象，分别指定它们的行索引和列索引不完全一致，并将这两个
DataFrame 对象进行加、减、乘、除算术运算。

其程序代码 test7-3.py 如下。

```
# -*- coding: utf-8 -*-
import numpy as np
from pandas import DataFrame,Series
print ('定义两个 DataFrame')
df1 = DataFrame(np.arange(6).reshape(2,3), columns=['a','b','c'])
df2 = DataFrame(np.arange(12).reshape(3,4),columns=['a','b','c','d'])
print('df1',df1,'\n','df2',df2)

#将两个 DataFrame 对象进行加、减、乘、除运算
df = df1 + df2
print('两个 DataFrame 对象相加','\n',df)
print('两个 DataFrame 对象相减','\n',df1-df2)
print('两个 DataFrame 对象相乘','\n',df1*df2)
print('两个 DataFrame 对象相除','\n',df1/df2)
```

两个 DataFrame 对象相加的结果如下。

```
定义两个 DataFrame
df1       a  b  c
      0   0  1  2
      1   3  4  5
df2       a  b  c   d
      0   0  1  2   3
      1   4  5  6   7
      2   8  9  10  11
两个 DataFrame 对象相加
          a    b    c    d
      0  0.0  2.0  4.0  NaN
      1  7.0  9.0  11.0 NaN
      2  NaN  NaN  NaN  NaN
```

观察输出结果可知，两个 DataFrame 对象相加就是将两个 DataFrame 对象中行索引和列标签都
相同的元素相加，并输出索引和相加后的值。对于只有一个 DataFrame 对象有的行索引和列标签，也
会出现在输出结果中，但其值为 NaN。

7.4.2　算术运算方法

pandas 数据结构之间可以使用运算符运算，也可以使用算术运算方法来完成。pandas 提供的算术
运算方法有 add()、sub()、mul()、div()和 mod()等函数。这些函数分别可完成加、减、乘、除和求余
数的运算，函数的调用方法如下。

```
obj1.add(obj2)
```

其中，obj1 和 obj2 是 Series 或 DataFrame 对象；sub()、mul()、div()和 mod()等函数的调用方
法与 add()相同。

【例 7-4】定义两个 DataFrame 对象，分别指定它们的行索引和列索引不完全一致，并用
add()、sub()、mul()、div()和 mod()等函数对这两个 DataFrame 对象进行加、减、乘、除和求
余数运算。

其程序代码 test7-4.py 如下。

```
# -*- coding: utf-8 -*-
import numpy as np
from pandas import DataFrame,Series
print ('定义两个 DataFrame')
df1 = DataFrame(np.arange(6).reshape(2,3), columns=['a','b','c'])
df2 = DataFrame(np.arange(12).reshape(3,4),columns=['a','b','c','d'])
print('df1',df1,'\n','df2',df2)


#将两个 DataFrame 对象进行加、减、乘、除、求余数运算
df = df1.add(df2)
print('两个 DataFrame 对象相加',df)
print('两个 DataFrame 对象相减',df1.sub(df2))
print('两个 DataFrame 对象相乘',df1.mul(df2))
print('两个 DataFrame 对象相除',df1.div(df2))
print('两个 DataFrame 对象求余',df1.mod(df2))
```

观察该程序的输出结果，可见其运算结果与用算术运算符运算的结果是相同的。

7.4.3 DataFrame 与 Series 对象之间的运算

pandas 不仅可以实现相同数据结构之间的运算，而且还可以实现不同数据结构之间的运算。例如，DataFrame 与 Series 对象之间运算。

【例7-5】定义一个 Series 对象 se = Series(np.arange(4))，再定义一个 DataFrame 对象 df=DataFrame(np.arange(6).reshape(2,3)，编写一个程序实现这两种不同数据结构之间的运算。

其程序代码 test7-5.py 如下。

```
# -*- coding: utf-8 -*-
import numpy as np
from pandas import DataFrame,Series
print ('定义 Series 对象')
se1 = Series(np.arange(4), index = ['a', 'b', 'c', 'd'])
print ('定义 DataFrame 对象')
df1 = DataFrame(np.arange(6).reshape(2,3), columns=['a','b','c'])
print('se1',se1,'\n','df1',df1)


#将 Series 与 DataFrame 对象进行加、减、乘、除运算
df = df1 + se1
print('相加',df)
print('相减',df1-se1)
print('相乘',df1*se1)
print('相除',df1/se1)
```

Series 与 DataFrame 对象进行加法运算的结果如下。

```
se1     a    0
        b    1
        c    2
        d    3
      dtype: int32
df1      a  b  c
        0  0  1  2
```

	1	3	4	5	
相加		a	b	c	d
	0	0	2	4	NaN
	1	3	5	7	NaN

观察程序输出结果可知，Series 与 DataFrame 对象之间的运算就是将 DataFrame 对象中的所有行同时与 Series 对象进行运算，运算时是将 Series 对象的索引和 DataFrame 对象的列名称相同的元素进行运算。而 Series 对象的索引和 DataFrame 对象的列名称不匹配的索引，也会出现在输出结果中，但其值为 NaN。因此，要实现 Series 与 DataFrame 对象之间的运算，Series 对象的索引和 DataFrame 对象的列名称一定要有相同部分，否则输出结果会全部为 NaN。

7.5　pandas 的函数应用

pandas 库提供了很多的函数，而且这些函数的应用在数据分析时是非常有用的。在前面的章节中已介绍过了一些 pandas 的函数，本节将主要对 pandas 库中的数据筛选和数据统计函数进行归纳总结，同时介绍 apply() 函数和 DataFrame 格式化函数。

7.5.1　数据筛选

数据筛选是 pandas 数据结构中最常用的数据操作之一。除了在前面章节中介绍过的一些数据筛选函数外，pandas 还提供一些数据筛选函数，现将常用的数据筛选函数进行归纳总结，具体见表 7-3。

表 7-3　常用的数据筛选函数

函数	功能
df.columns 列名	返回 Index 类型的列的集合
obj.index 索引名	返回 Index 类型的索引的集合
obj.values	返回 obj 的值，以 numpy.ndarray 对象返回
obj.head(n)	返回前 n 行
obj.tail(n)	返回最后 n 行
obj.shape	返回元组（tuple），表示行数和列数
df.info()	返回 DataFrame 对象索引、数据类型和内存信息
obj[m:n]	切片，选取 $m\sim n$-1 行
obj[obj 条件表达式]	选取满足条件的元素
df.loc[m:n]	获取从 $m\sim n$ 行（推荐）
df.iloc[m:n]	获取从 $m\sim n$-1 行
df.loc[m:n,'col1':'coln']	获取从 $m\sim n$ 行的 col1$\sim$coln 列
s.iloc[n]	按位置 n 选取数据
s.loc['index_one']	按索引选取数据

注：obj 为 Series 或 DataFrame 对象，df 为 DataFrame 对象，s 为 Series 对象

7.5.2　apply() 函数

apply() 函数是 pandas 所有函数中自由度最高的函数。它分为以下两种情况。

1. Series.apply()

该函数的功能是在序列的每一个元素上应用自定义函数，函数的格式如下。

```
Series.apply(func, convert_dtype=True, args=(), **kwds)
```

函数中的参数说明如下。

❏. Series：Series 对象名称。

❏ func：要应用到序列上每一个元素的函数。

❏ convert_dtype：布尔数据类型，默认为 True，表示寻找到最合适的结果类型。

❏ args=()：元组数据类型，表示传入 func 函数的参数。

❏ **kwds：表示传入 func 函数的参数。

2. DataFrame.apply()

该函数的功能是在 DataFrame 对象指定的轴方向应用自定义函数，函数的格式如下。

```
DataFrame.apply(func,axis,broadcast,row,reduce,args=(),**kwds)
```

函数中的参数说明如下。

❏ DataFrame：DataFrame 对象名称。

❏ func：要应用在 DataFrame 对象的行或列的函数。

❏ axis：用于控制是将 DataFrame 对象的行数据，还是列数据传入 func 函数。如果 axis=1 则将 DataFrame 对象的行数据作为 Series 的数据结构传入 func 函数。它的默认值是 0。

❏ broadcast：布尔数据类型，默认为 False。对于聚合函数，返回具有传播值的相同大小的对象。

❏ row：布尔数据类型，默认为 False。其作用是将每行或每列转换为一个系列。如果 row = True，则传递的函数将接收 ndarray 对象。

❏ reduce：默认为 None，表示尽量减少应用程序。

❏ args=()：.元组数据类型，表示传入 func 函数的参数。

❏ **kwds：表示传入 func 函数的参数。

3. apply()函数应用

（1）查看序列中元素的类型

其示例代码如下。

```
In [1]:   import pandas as pd
In [2]:   se =pd.Series(['a',2,True])
In [3]:   se.apply(type) #使用 type()函数
Out[3]:   0      <class 'str'>
          1      <class 'int'>
          2      <class 'bool'>
          dtype: object
```

（2）DataFrame 的多列运算

其示例代码如下。

```
In [4]:   import numpy as np
In [5]:   #创建匿名函数，实现两列数据运算
In [6]:   f = lambda x: x['item1'] + 2 * x['item2']
In [7]:   df = pd.DataFrame(np.arange(6).reshape(3, 2),
                            columns = ['item1', 'item2'])
In [8]:   #应用 apply()，并创建运算结果列
In [9]:   df['item3'] = df.apply(f, axis=1)
In [10]:  df
Out[10]:
          tem1i   tem2i   tem3
          0    0      1      2
          1    2      3      8
          2    4      5      14
```

apply()函数可以返回一个标量，也可以返回 Series 对象。如果创建一个自定义函数，该自定义函数

可返回两个或两个以上的结果，那么，调用 apply()函数应用该自定义函数时，返回的结果是 DataFrame
对象。

7.5.3　数据统计函数

数组的大多数统计函数对 DataFrame 对象依旧有效，pandas 常用的统计函数见表 7-4。

表 7-4　常用的统计函数

函数	功能
df.count()	求非 NA 值的数量
df.max()	求最大值
df.min()	求最小值
df.sum(axis=0)	按各列求和
df.mean()	按各列求平均值
df.median()	求中位数
df.describe()	按各列返回基本统计量和分位数
df.var()	求方差
df.std()	求标准差
df.mad()	根据平均值计算平均绝对利差
df.cumsum()	求累计和

注：df 为 DataFrame 对象

7.5.4　DataFrame 格式化函数

1. applymap 函数

使用 applymap 函数可以格式化 DataFrame，其示例代码如下。

```
In [11]:  df = pd.DataFrame(np.arange(6).reshape(3, 2),
                            columns = ['item1', 'item2'])
In [12]:  #将 DataFrame 中的元素格式化为 2 位小数
In [13]:  format = lambda x: "%.2f" % x
In [14]:  df.applymap(format)
Out[14]:

          item1   item2
0   0.00    1.00

1   2.00    3.00

2   4.00    5.00
```

2. map()函数

使用 map()函数可格式化 DataFrame 指定行或列，其示例代码如下。

```
In [15]:  df = pd.DataFrame(np.arange(6).reshape(3, 2),
                            columns = ['item1', 'item2'])
In [16]:  df['item1'].map(format)
Out[16]:

          item1
0   0.00

1   2.00

2   4.00
```

7.5.5 排序和排名

1. 排序

在数据分析时，对数据排序是常用的一种操作，因此，pandas 提供了根据索引的大小或者值的大小对 Series 和 DataFrame 进行排序的函数，见表 7-5。

表 7-5 排序函数

函数	功能
obj.sort_index(aixs,ascending)	将 obj 按行或列的索引进行排序。参数：axis 可以赋值为 0 或 1，默认为 0，表示指定对行或列的索引排序；ascending 可以赋值 True 或 False，默认为 True，表示是升序排序，还是降序排序
obj.sort_values(by,aixs)	将 obj 按指定行或列的值进行排序。参数：by 指定行或列，axis 可以赋值为 0 或 1，表示指定对行或列的索引排序

注：obj 为 Series 或 DataFrame 对象

【例 7-6】定义一个 Series 对象 se 和一个 DataFrame 对象 df，编写一个程序分别实现对 se 和 df 的按索引排序和按值排序。

其代码 test7-6.py 如下。

```python
# -*- coding: utf-8 -*-
import numpy as np
from pandas import DataFrame, Series
#Series 按索引排序
se = Series([1,np.nan,5,7,0],index=['a','c','e','b','d'])
#对 Series 的索引进行排序，默认是升序
print(se.sort_index())
#对索引进行降序排序
print(se.sort_index(ascending=False))
#对 Series 的值进行排序，默认是按值的升序进行排序
print(se.sort_values())
#对 Seires 的值进行降序排序
print(se.sort_values(ascending=False))


#对 DataFrame 按索引排序
a = np.array([[2,5,7],[1,0,3]])
df = DataFrame(a,index=['0','1'],columns=['b','c','a'])
#按行的索引升序进行排序，默认为升序
print(df.sort_index())
#按行的索引降序进行排序
print(df.sort_index(ascending=False))
#按列的索引升序进行排序
print(df.sort_index(axis=1))
#按列的索引降序进行排序
print(df.sort_index(axis=1,ascending=False))
#按指定列的值进行排序
print(df.sort_values(by=['c','a']))
#按指定行的值进行排序
print(df.sort_values(by='1', axis=1))
```

2. 排名

排名和排序有些类似，排名会为序列的每个元素安排一个初始值为 1、依次加 1 的位次，位次越靠前，所使用的数据越小，通过 rank() 函数可计算排名的位次。

（1）Series 的排名

使用 rank() 函数计算排名的位次。rank() 函数表示序列中的每个元素在原来的 Series 中排第几位（初始值为 1，依次加 1），若有相同的数，默认情况下取其排名的平均值。

① 默认情况下排名

其示例代码如下。

```
In [17]:  se = pd.Series([1,-1,0,1,2])
In [18]:  se.rank()
Out[18]:  0    3.5
          1    1.0
          2    2.0
          3    3.5
          4    5.0
          dtype: float64
```

rank() 函数中有一个 method 参数，method 参数的选项见表 7-6。

表 7-6　method 参数的选项

参数	说明
average	默认值，即在相等分组中，为各值分配平均排名
min	使用整个分组的最小排名
max	使用整个分组的最大排名
first	按值在原始数据中出现的顺序分配排名
dense	与 min 类似，但是排名每次只会增加 1，即并列的数据只占一个名次

② 按降序进行排名

其示例代码如下。

```
In [19]:  se = pd.Series([1,3,2,1,2])
In [20]:  se.rank(ascending=False, method='max')
Out[20]:  0    5.0
          1    1.0
          2    3.0
          3    5.0
          4    3.0
          dtype: float64
```

（2）DataFrame 的排名

若对 DataFrame 进行排名，则可根据 axis 指定的轴进行排名，axis=0 按行排名，axis=1 按列排名，其示例代码如下。

```
In [21]:  df = pd.DataFrame({'x':[4,6,-1],'y':[1,0,2],'z':[5,7,-1]})
In [22]:  df.rank(axis=0)
Out[22]:
               X      y      z
          0   2.0    2.0    2.0
          1   3.0    1.0    3.0
          2   1.0    3.0    1.0
```

7.6　数据读取与写入

通过学习前面几节 pandas 数据分析基础知识，了解了 pandas 库中的 Series 和 DataFrame 两种核心数据结构及它们的常用操作，明确了 Python 的数据处理、数据计算和数据分析都是围绕着这两种数据结构展开的。

在现实世界中，数据的存储形式常分为文件和数据库两大类，具体见表 7-7。因此，为了实现数据处理，首先需要解决的问题是如何从文件或数据库中读取数据，并将其存储为 DataFrame 对象，或将处理后的 DataFrame 中的数据存储到文件或数据库中。

表 7-7　数据的存储形式

存储	存储形式	说明
文件	CSV	用","分割列的文件，又称为字符分隔文件
	Excel	微软办公软件 Excel 文件
	TXT	纯文本文件
	JSON	一种轻量级的数据交换格式文件
数据库	MySQL	开源的数据库
	Access	微软办公软件 Access 文件
	SQL Server	微软企业级数据库
	…	其他数据库

pandas 库为实现文件的读取与写入提供了专门的工具——I/O API 函数，这些函数可分为完全对称的两大类——读取函数和写入函数。常用的读/写数据源主要有文本文件、Excel 文件、数据库文件和 JSON 文件，下面将分别介绍读/写这 4 类数据文件的操作。

7.6.1　读/写文本文件

文本文件是一种由若干行字符构成的计算机文件，它是一种典型的顺序文件。CSV 是一种用分隔符分隔的文件格式，因为其分隔符不一定是逗号，因此，又被称为字符分隔文件。CSV 文件是以纯文件形式存储表格数据（数字和文本）的，它最广泛的应用是在程序之间转移表格数据，而这些程序本身是在不兼容的格式上进行操作的（往往是私有的、无规范的格式）。因为大量程序都支持 CSV 或者其变体，因此可以作为大多数程序的输入和输出格式。

1. 文本文件读取

pandas 在处理千万行级别的数据时有很高的实用价值，通过将文本数据读取加载到内存中，再利用 pandas 进行数据处理运算，效率非常高。常用的文本文件有 CSV 文件和 TXT 文本文件，pandas 提供了一些用于将表格型文本数据读取为 DataFrame 对象的函数，常用的有 read_csv() 和 read_table() 函数。

❑ read_csv() 函数：从文件、URL、文件型对象中加载带分隔符的数据。默认分隔符为逗号（","）。
❑ read_table() 函数：从文件、URL、文件型对象中加载带分隔符的数据。默认分隔符为制表符（"\t"）。

read_csv() 函数的语法格式如下。

```
pandas.read_csv(file,sep=',',header='infer', names=None, index_col=0,
dtype=None, encoding=utf-8, engine=None, nrows=None)
```

read_table() 函数的语法格式如下。

```
pandas.read_table(file,sep='\t', header='infer',index_col=None,
dtype=None, encoding=utf-8, engine=None, nrows=None)
```

read_csv() 和 read_table() 函数的大多数参数相同，函数中常用参数说明如下。

❑ file：接收 string，表示 CSV 或 TXT 的文件名和路径。

❑ sep：接收 string，表示分隔符，read_csv()默认为逗号，read_table()默认为制表符。

❑ header：接收 int 或 sequence，表示将某行数据作为列名。默认为 infer，表示自动识别。

❑ names：接收 array，表示列名，默认为 None。

❑ index_col：接收 int、sequence 或 False，表示索引列的位置，取值为 sequence 则代表多重索引，默认为 None。

❑ dtype：接收 dict，代表写入的数据类型（列名为 key，数据格式为 values，默认为 None）。

❑ engine：接收 C 或 Python，表示数据解析引擎，默认为 C。

❑ nrows：接收 int。表示读取前 n 行，默认为 None。

❑ encoding：表示文件的编码方式。常用的编码方式有 UTF-8、UTF-16、GBK、GB2312、GB18030 等。

以员工月工资收入信息为例，用 read_csv()和 read_table()函数分别读取 salary.csv 文件和 salary.txt 文件。

【例 7-7】现有一个包含有员工姓名、性别、年龄和月工资收入的 salary.csv 文件，文件前 3 条数据内容如下。

```
name,sex,age,salary
李明,男,24,3600
王小红,女,28,4000
杨勇,男,30,4500
```

其中第一行数据 name,sex,age,salary 是列名，每列数据用逗号隔开。并将 salary.csv 文件另存为 salary.txt 文件，再分别读取 salary.csv 和 salary.txt 文件。

示例代码 test7-7.py 如下。

```
# -*- coding: utf-8 -*-
import pandas as pd
print('数据文件保存在 d 盘的 data 目录下')
df = pd.read_csv('d:\data\salary.csv',encoding='GBK')
print('输出 df:','\n',df)
df1 = pd.read_table('d:\data\salary.txt',encoding='GBK',sep='\t')
print('输出 df1:','\n',df1)
```

在读取文本文件时，要注意设置文件的编码方式（encoding）和分隔符（sep）等参数。

2. 文本文件存储

文本文件的存储与其读取类似，对于结构化的数据，可以通过 pandas 中的 to_csv()函数实现以 CSV 文件格式存储。to_csv()函数的语法格式如下。

```
DataFrame.to_csv(path_or_buf=None,sep=',',na_rep='',columns=None,
header=True,index=True, index_label=None,mode='w',encoding=None)
```

函数中的参数说明如下。

❑ path_or_buf：接收 string，表示保存的文件名和路径。

❑ sep：接收 string，表示分隔符，默认为逗号。

❑ na_rep：接收 string，表示缺失值，默认为""。

❑ columns：接收 list，表示写出的列名。

❑ header：接收 boolean，表示是否将列名写出，默认为 True。

❑ index：接收 boolean，表示是否将行名（索引）写出，默认为 True。

❑ index_label：接收 sequence，表示索引名，默认为 None。

❑ mode：接收特定的 string，表示数据写入的模式，默认为 "w"。

❑ encoding：接收特定的 string，表示存储文件的编码格式。

【例 7-8】以【例 7-7】读取的员工月工资收入信息为例，在读取 salary.csv 文件后，在 DataFrame 对象中增加一个员工工资收入信息为（周斌，男，35，5000），然后将增加后的数据重新存储到 salaryadd.csv 文件中。

示例代码 test7-8.py 如下。

```
# -*- coding: utf-8 -*-
import pandas as pd

print('数据文件保存在 d 盘的 data 目录下')
df = pd.read_csv('d:\data\salary.csv',encoding='GBK')
print('输出 df:','\n',df)
df.loc['add_row'] = ['周斌','男',35,5000]
print('输出 df:','\n',df)
df.to_csv('D:\data\salaryadd.csv',encoding='GBK')
```

代码运行后，可到 data 目录下查看是否有 salaryadd.csv 文件。

7.6.2 读/写 Excel 文件

Excel 是微软公司办公软件 Microsoft Office 的组件之一。使用 Excel 可以进行各种数据处理和统计分析，因而被广泛应用于管理、统计财经、金融等众多领域。

Microsoft Office Excel 软件有不同的版本，Microsoft Office Excel 2007 之前的版本的文件扩展名为.xls，而 Microsoft Office Excel 2007 及其以后版本的文件扩展名为.xlsx。

1. Excel 文件读取

pandas 提供了 read_excel()函数来读取 Excel 文件，其函数的语法格式如下。

```
pandas.read_excel(io,sheet_name=0, header=0,index_col=None, names=None,
dtype=None)
```

函数中的参数说明如下。

❑ io: 接收 string，表示文件名和路径。

❑ sheet_name: 接收 string、int，表示 Excel 表内数据的分表位置，默认为 0。

❑ header: 接收 int 或 sequence，表示将某行数据作为列名，取值为 int 时代表将该列作为列名，取值为 sequence 时则代表多重列索引，默认为 infer，表示自动识别。

❑ names: 接收 array，表示列名，默认为 None。

❑ index_col: 接收 int、sequence 或 False，表示索引列的位置。取值为 sequence 代表多重索引，默认为 None。

❑ dtype: 接收 dict，代表写入的数据类型（列名为 key，数据格式为 values），默认为 None。

注意 在执行 pandas 读取 Excel 的操作时，需要安装 xlrd 库,并且在当前代码中导入 xlrd 库。安装 xlrd 库的方法为：进入 cmd 状态，输入"pip install xlrd"命令即可。

【例 7-9】将员工月工资收入信息 salary.csv 文件打开，另存为 salary.xls 文件，然后将 salary.xls 文件中的数据读取为 DataFrame 对象。

示例代码 test7-9.py 如下。

```
# -*- coding: utf-8 -*-
import pandas as pd
import xlrd

print('数据文件保存在 d 盘的 data 目录下')
```

```
df = pd.read_excel('d:\data\salary.xls',sheet_name='salary')
print('输出df:','\n',df)
```

2. Excel 文件存储

将 DataFrame 数据保存为 Excel 文件，可使用 to_excel()函数，函数的语法格式如下。

```
DataFrame.to_excel(excel_writer=None,sheet_name='None',na_rep='',
header=True, index=True, index_label=None,mode='w',encoding=None)
```

函数中的参数说明如下。

❑ excel_writer: 接收 string，表示保存的文件名和路径。

❑ sheet_name: 接收 string，表示保存到 Excel 表内数据的分表名称，默认为 None。

❑ na_rep: 接收 string，表示缺失值，默认为""。

❑ header: 接收 boolean，表示是否将列名写出，默认为 True。

❑ index: 接收 boolean，表示是否将行名（索引）写出，默认为 True。

❑ index_label: 接收 sequence，表示索引名，默认为 None。

❑ mode: 接收特定的 string，表示数据写入的模式，默认为 "w"。

❑ encoding: 接收特定的 string，表示存储文件的编码格式。

 注意 在执行 pandas 写入 Excel 的操作时，需要安装 xlwt 库,并且在当前代码中导入 xlwt 库。
安装 xlwt 库方法为：进入 cmd 状态，输入 "pip install xlwt" 命令即可。

【例 7-10】以【例 7-9】读取的员工月工资收入信息为例，在读取 salary.xls 文件后，在 DataFrame 对象中增加一个员工工资收入信息为（李丽，女，25，3000），然后将增加后的数据重新存储到 salaryadd.xls 文件中。

示例代码修改后的 test7-10.py 如下。

```
# -*- coding: utf-8 -*-
import pandas as pd
import xlrd
import xlwt
print('数据文件保存在d盘的data目录下')
df = pd.read_excel('d:\data\salary.xls',sheet_name='salary')
print('输出df:','\n',df)
df.loc['add_row'] = ['李丽','女',25,3000]
print('输出df:','\n',df)
df.to_excel('D:\data\salaryadd.xls',encoding='GBK')
```

代码运行后，可到 data 目录下查看是否有 salaryadd.xls 文件。

7.6.3 读/写数据库文件

在实际工作中，大多数的数据都是存储在数据库中的。pandas 提供了读取与存储关系型数据库数据的函数。除了 pandas 库外，还需要使用 SQLAlchemy 库建立对应的数据库连接。SQLAlchemy 配合相应数据库的 Python 连接工具（例如，MySQL 数据库需要安装 mysqlclient 或者 pymysql 库，Oracle 数据库需要安装 cx_oracle 库）。可使用 create_engine 函数建立一个数据库连接。pandas 支持 MySQL、PostgreSQL、Oracle、SQL Server 和 SQLite 等主流数据库。下面以 MySQL 数据库为例，介绍 pandas 的读/写数据库文件的操作。

1. SQLAlchemy 连接 MySQL 数据库

（1）ORM 介绍

ORM（Object Relational Mapping，对象关系映射）可将数据库中的表与面向对象语言中的类建立一种对应关系。当操作数据库时，数据库中的表或者表中的一条记录就可以直接通过操作类或者类实例来完成，ORM 相当于把数据库也给实例化了。

ORM 的优点如下。

❑ 隐藏了数据访问细节，使数据库的交互变得简单易行，并且完全不用考虑 SQL 语句。

❑ ORM 使构造固化数据结构变得简单易行。

（2）SQLAlchemy 安装

SQLAlchemy 是 Python 社区最知名的 ORM 工具之一，使用它可以实现高效和高性能的数据库访问。在 Windows 下安装 SQLAlchemy 方法，进入 cmd 状态，输入以下命令：

```
pip install SQLAlchemy
pip install pymysql
```

注意

由于 MySQL 数据库不支持 Python 3 版本，所以要用 pymysql 与 SQLAlchemy 交互。

（3）创建 MySQL 数据库

创建一个 MySQL 数据库，数据库名为 salary。在该数据库下创建一个员工月工资收入表（salary），表的结构包括姓名、性别、年龄和月工资，然后再输入 10 条员工月工资收入的记录，记录的内容可自拟。

（4）连接数据库

编写连接数据库的程序代码 db_link.py 如下。

```
# -*- coding: utf-8 -*-
from sqlalchemy import create_engine
# 创建实例，并连接 salary 库
engine = create_engine('mysql+pymysql://root:@localhost:3306/salary?\
        charset=gb2312')
print(engine)
```

运行该程序，如果输出下面信息，即表明数据库连接成功。

```
Engine(mysql+pymysql://root:***@localhost:3306/salary?charset=gb2312)
```

在连接数据库的程序中，create_engine 中输入的是一个连接字符串。在使用 Python 的 SQLAlchemy 时，MySQL 和 Oracle 数据库连接字符串的格式如下。

数据库产品名+连接工具名://用户名:密码@数据库 IP 地址:数据库端口号/数据库名称? charset=数据库数据编码

2. 读取数据库文件

pandas 提供了 3 个读取数据库文件的函数，它们的作用如下。

❑ read_sql()函数：既可读取数据库中的某个表，又可实现查询操作。

❑ read_sql_table()函数：只能读取数据库的某一个表格，不能实现查询操作。

❑ read_sql_query()函数：可实现查询操作，但不能直接读取数据库中的某个表。

read_sql()函数的语法格式如下。

```
pandas.read_sql(sql,con, index_col=None, coerce_float=True, columns=None)
```

read_sql_table()函数的语法格式如下。

```
pandas.read_sql_table(table_name,con, schema=None, index_col=None,
coerce_float=True, columns=None)
```

read_sql_query()函数的语法格式如下。

```
pandas.read_sql_query(sql,con, index_col=None, coerce_float=True)
```

函数中的参数说明如下。

❑ sql：接收 string，表示读取数据库的表名或者 SQL 语句，无默认值。

❑ table_name: 接收 string，表示读取数据库的表名，无默认值。

❑ con: 接收数据库连接。表示接收数据库连接信息，无默认值。

❑ index_col: 接收 int、sequence 或 False，表示设定的列作为行名。如果是一个数列，则是多重索引，默认为 None。

❑ coerce_float: 接收 boolean。将数据库中的 decimal 类型的数据转换为 pandas 中的 float64 类型的数据，默认为 True。

❑ columns: 接收 int，表示读取数据的列名，默认为 None。

【例 7-11】以员工月工资收入信息为例，分别运用 read_sql()、read_sql_table()和 read_sql_query()函数读取 MySQL 数据库文件 salary，并观察这 3 个函数的特点。

示例代码 test7-11.py 如下。

```
# -*- coding: utf-8 -*-
import pandas as pd
from sqlalchemy import create_engine
# 创建实例，并连接 salary 库
engine = create_engine('mysql+pymysql://root:@localhost:3306/salary?\
charset=gb2312')
print(engine)


#使用 read_sql_query()查看数据表的数目
tables = pd.read_sql_query('show tables',con=engine)
print('salary 数据库数据表的清单: ','\n',tables)


#使用 read_sql_table()读取 salary 数据表的数据
dftable = pd.read_sql_table('salary',con=engine)
print('salary 数据表的数据: ','\n',dftable)


#使用 read_sql()读取 salary 数据表的数据
dftable = pd.read_sql('SELECT * FROM 'salary'',con=engine)
print('salary 数据表的数据: ','\n',dftable)
```

3. 存储为数据库数据

将 DataFrame 写入数据库中，同样也要依赖 SQLAlchemy 库的 create_engine 函数创建数据库连接。将数据存储到数据库的函数是 to_sql()，其函数的语法格式如下。

```
DataFrame.to_sql(name,con, schema=None, if_exists='fail', index=True,
index_label=None, dtype=None)
```

函数中的参数说明如下。

❑ name: 接收 string，表示数据库的表名，无默认值。

❑ con: 接收数据库连接，表示接收数据库连接信息，无默认值。

❑ if_exists: 接收 fail、replace 和 append。fail 表示如果表名存在，则不执行写入操作；replace 表示如果存在，则将原数据库表删除，再重新创建；append 则表示在原数据库表的基础上追加数据，默认为 fail。

❑ index: 接收 boolean，表示是否将行索引作为数据传入数据库，默认为 True。

❑ index_label: 接收 string 或者 sequence，代表是否引用索引的名称，如果 index 参数为 True，此参数为 None，则使用默认名称。如果为多重索引，则必须使用 sequence，默认为 None。

❑ dtype: 接收 dict，代表写入的数据类型（列名为 key，数据格式为 values），默认为 None。

【例 7-12】以员工月工资收入信息为例，首先读取 salary.csv 文件，然后将读取的数据存储到 salary 数据库的 salary 数据表中。

示例代码 test7-12.py 如下。

```
# -*- coding: utf-8 -*-
import pandas as pd
from sqlalchemy import create_engine
# 创建实例，并连接 salary 库
engine = create_engine('mysql+pymysql://root:@localhost:3306/salary?\
        charset=gb2312')
print('数据文件保存在 d 盘的 data 目录下，读取 csv 文件')
df = pd.read_csv('d:\data\salary.csv',encoding='GBK')
print('将读取 csv 文件中数据存储到 salary 数据表中')
df.to_sql('salary.',con=engine,if_exists='replace')
```

7.6.4 读/写 JSON 文件

1. JSON 简介

JSON（JavaScript Object Notation）是一种轻量级的数据交换格式。简单地说，JSON 可以将 JavaScript 对象中表示的一组数据转换为字符串，然后可以在函数之间轻松地传递这个字符串，或者在异步应用程序中将字符串从 Web 客户机传递给服务器端程序。

JSON 具有良好的可读性和便于快速编写的特性，适合于服务器与 JavaScript 客户端的交互，是目前网络中主流的数据传输格式之一，应用十分广泛。

2. JSON 基本语法

JSON 数据以一种 key-value（键值对）的方式存在。JSON 值可以是：数字（整数或浮点数）、字符串（在双引号中）、逻辑值（True 或 False）、数组（在方括号中）、对象（在花括号中）、null（空值）等。

JSON 的语法规则如下。

❑ 并列的数据之间用逗号（","）分隔;

❑ 映射用冒号（":"）表示;

❑ 并列数据的集合（数组）用方括号（"[]"）表示;

❑ 映射的集合（对象）用大括号（"{}"）表示。

JSON 的 Object（对象类型）：用{ }包含一系列无序的 key-value 键值对表示，其中 key 和 value 之间用冒号分割，每个 key-value 之间用逗号分割。访问其中的数据，通过 obj.key 来获取对应的 value，例如：json={"name":"小芳", "age":16}。

JSON 的 Array（数组类型）：使用[ ]包含所有元素，每个元素用逗号分隔，元素可以是任意的值。访问其中的元素，使用索引号从 0 开始。例如：json= ["唱歌","编程","打球"]。

JSON 的复杂数据形式为 Object 或数组中的值还可以是另一个 Object 或者数组，例如：json= { "name":"小芳"," hobby ":["唱歌","编程","打球"] }。

3. Python 读取 JSON 文件

在 Python 中若要进行 JSON 文件的读写，需要添加 JSON 模块。在 Python 中读取 JSON 文件是通过调用 json.load()函数来实现的，json.load()函数的语法格式如下。

```
json.load(file, encoding="utf-8")
```

函数中的参数 file 表示 JSON 文件名，encoding 表示编码方式。

4. Python 存储 JSON 文件

存储 JSON 文件需要调用 json.dump()函数，该函数的语法格式如下。

```
json.dumps(data, file, sort_keys=False, indent=4, separators=(',', ': '),
encoding="utf-8", ensure_ascii=False)
```

函数中的参数说明如下。

- ❏ data：表示存储的 JSON 数据。
- ❏ file：表示存储的 JSON 文件名。
- ❏ sort_keys：表示是否排序，默认为 False，不排序。
- ❏ indent：指定每个变量的缩进量，一般填 4，缩进 4 格。
- ❏ separators：消除多余的空格，以减小文件大小。
- ❏ encoding：编码方式，默认为"utf-8"。

其示例代码 example7-1.py 如下。

```
# -*- coding: utf-8 -*-
import json
#写文件
data = [{'a': 'apple', 'b': 'banana', 'c': [1, 2, 3]}, 11, 'test', True]
file = open('d:/data/jsontest1.txt','w')
json.dump(data, file)
file.close()
#读文件
file = open('d:/data/jsontest1.txt')
data = json.load(file,encoding="utf-8")
print(data)
```

7.7 数据分析方法

pandas 的数据分析包括基本统计分析、分组统计分析、分布分析、交叉分析、结构分析和相关分析等，下面分别进行介绍。

7.7.1 基本统计分析

基本统计分析又称为描述性统计分析，一般统计某个变量的个数、均值、标准差、最小值、25%分位值、50%分位值、75%分位值，以及最大值。常用的统计分析指标有计数、求和、求均值、方差、标准差等。

描述性统计分析的功能是按各列返回基本统计量和分位数，函数的语法格式如下。

```
DataFrame.describe()或 DataFrame.columns.describe()
```

下面通过分析学生成绩的案例来说明描述性统计分析的应用。

【例 7-13】在 grade.xls 文件中包含有学号（stu_id）、平时成绩（normal）和期末考试成绩（exam）这 3 列数据，要求对该文件中的期末考试成绩（exam）列的数据进行描述性统计分析，并进行计数、求最大值和均值的计算。

其示例代码 test7-13 如下。

```
# -*- coding: utf-8 -*-
import numpy as np
import pandas as pd
from pandas import DataFrame,Series
df = pd.read_excel('d:\data\grade.xls',sheet_name='grade')
print('exam 列描述性统计分析',df.exam.describe())
print('exam 列个数',df.exam.size)
print('exam 列的最大值',df.exam.max())
print('exam 列的均值',df.exam.mean())
```

运行输出结果如下。

```
exam列描述性统计分析
count    38.000000
mean     68.368421
std      14.695874
min      32.000000
25%      60.000000
50%      68.000000
75%      81.000000
max      91.000000
Name: exam, dtype: float64
exam列个数 38
exam列的最大值 91
exam列的均值 68.36842105263158
```

分析运行结果可知，使用describe()函数统计计算的结果与单独用统计函数计算的结果是一致的。

7.7.2 分组分析

分组分析是指根据分组字段，将分析对象划成不同的部分，以对比分析各组之间差异性的分析方法。分组分析常用的统计指标是计数、求和、平均值。

分组统计函数的语法格式如下。

```
groupby(by=[分组列1,分组列2,…])
        [统计列1,统计列2,…]
          .agg({统计列别名1:统计函数1,统计列别名2:统计函数2,…})
```

函数中的参数说明如下。

❑ by: 用于分组的列。

❑ 中括号[]: 用于统计的列。

❑ agg: 统计别名用于显示统计值的名称，统计函数用于统计数据，常用的统计函数有计数（size）、求和（sum）和均值（mean）。

【例7-14】在Employee_income.xls文件中包含有职工号（emp_id）、性别（sex）、年龄（age）、学历（education）、参加工作时间（firstjob）、工作地区（region）、行业（industry）、职业（occupation）、月薪（salary）和月补贴（subsidy）等10列数据，要求分别按年龄、学历分组统计人数，并求月薪的均值、最大值和最小值。

其示例代码test7-14如下。

```
# -*- coding: utf-8 -*-
import numpy as np
from pandas import DataFrame;
import pandas as pd
df = pd.read_excel('d:\data\emp_income\Employee_income.xls',
                   sheet_name='emp_income')
age_result = df.groupby(by=['age'])['salary'].agg({
    '人数':np.size,
    '平均月薪':np.mean,
    '最高月薪':np.max,
    '最低月薪':np.min
})
print(age_result)
```

```
edu_result = df.groupby(by=['education'])['salary'].agg({
    '人数':np.size,
    '平均月薪':np.mean,
    '最高月薪':np.max,
    '最低月薪':np.min
})
print(edu_result)
```

运行输出结果如下。

education	人数	平均月薪	最高月薪	最低月薪
大专	4	3700.000000	4500	3000
本科	5	4700.000000	5000	4500
研究生	2	7099.500000	7699	6500
高中	7	2685.714286	3500	2000

7.7.3 分布分析

分布分析是指根据分析的目的，将定量数据进行等距或者不等距的分组，从而研究各组分布规律的一种分析方法。如学生成绩分布、用户年龄分布、收入状况分布等。

分布分析 cut()函数的语法格式如下。

```
pandas.cut(x,bins,right=True,labels=None,retbins=False,precision=3,
include_lowest=False)
```

函数中的参数说明如下。

❑ x：进行划分的一维数组。

❑ bins：取整数值，表示将 x 划分为多少个等距的区间。取序列值，表示将 x 划分在指定序列中，若不在该序列中，则是 NaN。

❑ right：分组时是否包含右端点，默认为 True（包含）。

❑ labels：分组时是否用自定义标签来代替返回的 bins，可选项，默认为 NULL。

❑ precision：表示精度，默认为 3。

❑ include_lowest：分组时是否包含左端点，默认为 False（不包含）。

在分布分析时，首先用 cut()函数确定分布分析中的分层，然后再用 groupby()函数实现分组分析。

【例 7-15】在 Employee_income.xls 文件中包含有职工号（emp_id）、性别（sex）、年龄（age）、学历（education）、参加工作时间（firstjob）、工作地区（region）、行业（industry）、职业（occupation）、月薪（salary）和月补贴（subsidy）等 10 列数据，要求按年龄分布状况，分组统计人数、平均月薪、最高月薪和最低月薪。

其示例代码 test7-15 如下。

```
# -*- coding: utf-8 -*-
import numpy as np
import pandas as pd
df = pd.read_excel('d:\data\emp_income\Employee_income.xls',
                   sheet_name='emp_income')
#年龄分布状况
age_bins = [20,30,40,50,60]
age_labels = ['20-30岁', '31-40岁', '41-50岁', '51-60岁']
df['年龄分层']=pd.cut(df.age, age_bins,labels=age_labels)
#分组统计人数、平均月薪、最高月薪和最低月薪
aggResult = df.groupby(by=['年龄分层'])['salary'].agg({
```

```
        '人数': np.size,
        '平均月薪':np.mean,
        '最高月薪':np.max,
        '最低月薪':np.min
})
print(aggResult)
```

运行输出结果如下。

年龄分层	人数	平均月薪	最高月薪	最低月薪
20-30岁	8.0	3287.500000	5000.0	2000.0
31-40岁	9.0	4144.444444	6500.0	2500.0
41-50岁	1.0	7699.000000	7699.0	7699.0
51-60岁	NaN	NaN	NaN	NaN

7.7.4 交叉分析

交叉分析通常用于分析两个或两个以上分组变量之间的关系，以交叉表形式进行变量间关系的对比分析；从数据的不同维度，综合进行分组细分，进一步了解数据的构成、分布特征。

1. 透视表

交叉分析有数据透视表和交叉表两种，其中，pivot_table()函数返回值是数据透视表的结果，该函数相当于 Excel 中的数据透视表功能。

pivot_table()函数的语法格式如下。

```
pandas.pivot_table(data,values,index,columns,aggfunc,fill_value,margins)
```

或

```
dataframe.pivot_table(values,index,columns,aggfunc,fill_value,margins)
```

函数中的参数说明如下。

- ❑ data：要应用透视表的数据框。
- ❑ values：待聚合的列的名称，默认聚合所有数值列。
- ❑ index：用于分组的列名或其他分组键，出现在结果透视表的行。
- ❑ columns：用于分组的列名或其他分组键，出现在结果透视表的列。
- ❑ aggfunc：聚合函数或函数列表，默认为'mean'，可以是任何对 groupby 有效的函数。
- ❑ fill_value：用于替换结果表中的缺失值。
- ❑ margins：添加行/列小计和总计，默认为 False。

在交叉分析时，可先用 cut()函数确定交叉分析中的分层，然后再利用 pivot_table()函数实现交叉分析。

【例 7-16】对 Employee_income.xls 文件中的数据进行下列交叉分析。

（1）对年龄（age）和性别（sex）数据列进行交叉分析，求解不同年龄段中不同性别的人数。

（2）对年龄（age）和学历（education）数据列进行交叉分析，求解不同年龄段中不同学历员工的平均月薪。

其示例代码 test7-16 如下。

```
# -*- coding: utf-8 -*-
import numpy as np
import pandas as pd
df = pd.read_excel('d:\datá\emp_income\Employee_income.xls',
                   sheet_name='emp_income')
#年龄分布状况
age_bins = [20,30,40,50,60,70]
```

```
age_labels = ['20-29岁', '30-39岁', '40-49岁', '50-59岁','60-69岁']
df['年龄分层']=pd.cut(df.age, age_bins, right=False, labels=age_labels
#求不同年龄段中不同性别的人数年龄分布状况
ptResult1 = df.pivot_table(
    values=['age'],
    index=['年龄分层'],
    columns=['sex'],
    aggfunc=[np.size]
)
print(ptResult1)
#求不同年龄段中不同学历的平均月薪
ptResult2 = df.pivot_table(
    values=['salary'],
    index=['年龄分层'],
    columns=['education'],
    aggfunc=[np.mean]
)
print(ptResult2)
```

运行输出结果如下。

```
sex      女    男
年龄分层
20-29岁  3.0  3.0
30-39岁  5.0  6.0
40-49岁  NaN  1.0
          mean
          salary
education    大专     本科    研究生      高中
年龄分层
20-29岁     3400.0    NaN     NaN  2500.000000
30-39岁     4000.0  4700.0  6500.0  2933.333333
40-49岁       NaN    NaN   7699.0        NaN
```

2. 交叉表

交叉表（Cross-Tabulation，简称 crosstab）是一种用于计算分组频率的特殊透视表。
交叉表 crosstab()函数的语法格式如下。

```
pandas.crosstab(index, columns,values=None,rownames=None,colnames=None,
aggfunc=None,margins=False,margins_name='All',dropna=True,normalize=False)
```

函数中的参数说明如下。

❑ index：接收 array、Series 或数组列表，表示要在行中分组的值。

❑ columns：接收 array、Series 或数组列表，表示要在列中分组的值。

❑ values：接收 array，可选。根据因素聚合的值数组。需要指定 "aggfunc"。

❑ rownames：接收 sequence，默认为 None。如果传递，则必须匹配传递的行数组。

❑ colnames：接收 sequence，默认为 None。如果传递，则必须匹配传递的列数组。

❑ aggfunc：聚合函数或函数列表。

❑ margins：添加行/列小计和总计，默认为 False。

❑ margins_name：接收 string，默认为'All'，表示包含总计的行/列的名称。

【例 7-17】利用交叉表分析 Employee_income.xls 文件中的不同性别的学历人数。

其示例代码 test7-17 如下。

```
# -*- coding: utf-8 -*-
import numpy as np
import pandas as pd
df = pd.read_excel('d:\data\emp_income\Employee_income.xls',
                   sheet_name='emp_income')
# 按性别（sex）分组，统计各个分组中学历的频数
ctResult = pd.crosstab(df['sex'], df['education'], margins=True)
print(ctResult)
```

运行输出结果如下。

```
education  大专  本科  研究生  高中  All
sex
女          3    2    0    3    8
男          1    3    2    4   10
All        4    5    2    7   18
```

总而言之，在交叉分析中，透视表 pivot_table() 是一种进行分组统计的函数，参数 aggfunc 决定统计类型；而交叉表 crosstab() 是一种特殊的 pivot_table()，专门用于计算分组的频率。

7.7.5 结构分析

结构分析是在分组和交叉的基础上，计算各组成部分所占的比例，进而分析总体的内部特征的一种分析方法。结构分析中的分组主要是指定性分组，定性分组一般应看结构，重点在于了解各部分占总体的比例。例如，求公司中不同学历员工所占的比例，产品在市场的占有率、股权结构等。

在结构分析时，先利用 pivot_table() 函数进行数据透视表分析，然后，通过指定 axis 参数对数据透视表按行或列进行计算（当 axis=0 时按列计算，axis=1 时按行计算）。其中，数据框的外运算函数见表7-8，而数据框的内运算函数见表 7-9。

表7-8　数据框的外运算函数

运算	说明
add	加
sub	减
multiply	乘
div	除

表7-9　数据框的内运算函数

运算	说明
sum	求和
mean	均值
var	方差
sd	标准差

【例 7-18】对 Employee_income.xls 文件中的年龄（age）和学历（education）数据列进行结构分析，求不同年龄分层下各种学历的占比。

其示例代码 test7-18 如下。

```
# -*- coding: utf-8 -*-
import numpy as np
```

```
import pandas as pd
df = pd.read_excel('d:\data\emp_income\Employee_income.xls',
                   sheet_name='emp_income')
age_bins = [20,30,40,50,60,70]#年龄分布状况
age_labels = ['20-29岁', '30-39岁', '40-49岁', '50-59岁','60-69岁']
df['年龄分层']=pd.cut(df.age, age_bins, right=False, labels=age_labels)
ptResult = df.pivot_table(
    values=['age'],
    index=['年龄分层'],
    columns=['education'],
    aggfunc=[np.size]
)
print(ptResult)
print(ptResult.sum())
print(ptResult.div(ptResult.sum(axis=0), axis=1))
#div 的第一个参数是除法的分母，意思是按行把数据除以该列的总和
#即得到某一个年龄分层下的学历占比。
```

运行输出结果如下。

```
          size
          age
education  大专  本科  研究生  高中
年龄分层
20-29岁    2.0  NaN  NaN  4.0
30-39岁    2.0  5.0  1.0  3.0
40-49岁    NaN  NaN  1.0  NaN
          education
size  age  大专        4.0
           本科        5.0
           研究生       2.0
           高中        7.0
dtype: float64
          size
          age
education  大专  本科  研究生   高中
年龄分层
20-29岁    0.5  NaN  NaN   0.571429
30-39岁    0.5  1.0  0.5   0.428571
40-49岁    NaN  NaN  0.5   NaN
```

7.7.6 相关分析

相关分析（Correlation Analysis）用于研究现象之间是否存在某种依存关系，并探讨具有依存关系的现象的相关方向以及相关程度，是研究随机变量之间相关关系的一种统计方法。

线性相关关系主要采用皮尔逊（Pearson）相关系数 r 来度量连续变量之间线性相关强度；$r>0$，线性正相关；$r<0$，线性负相关；$r=0$，表示两个变量之间不存在线性关系，但并不代表两个变量之间不存在任何关系。其相关系数见表 7-10。

169

表 7-10　相关系数

相关系数	r	取值范围	相关程度
$0 \leqslant |r| < 0.3$	低度相关
$0.3 \leqslant |r| < 0.8$	中度相关
$0.8 \leqslant |r| \leqslant 1$	高度相关

相关分析函数包括 DataFrame.corr() 和 Series.corr(other)。

函数说明如下。

❑　如果由数据框调用 corr() 函数,那么将会计算列与列之间的相似度。

❑　如果由序列调用 corr() 方法,那么只是该序列与传入的序列之间的相关度。

函数返回值如下。

❑　DataFrame 调用:返回 DataFrame。

❑　Series 调用:返回一个数值型数据,大小为相关度。

【例 7-19】分别计算 Employee_income.xls 文件中的年龄(age)与月薪(salary)的相关系数,年龄(age)与月薪(salary)、补贴(subsidy)的相关系数,以及所有数据的相关系数矩阵。

其示例代码 test7-19 如下。

```python
# -*- coding: utf-8 -*-
import pandas as pd

df = pd.read_excel('d:\data\emp_income\Employee_income.xls',
                   sheet_name='emp_income')

#计算 age 和 salary 的相关系数
corrResult1 = df.age.corr(df.salary)
print('age 和 salary 的相关系数',corrResult1)

#计算 age 和 salary、subsidy 的相关系数
corrResult2 = df.loc[:,['age', 'salary', 'subsidy']].corr()
print('age 和 salary、subsidy 的相关系数\n',corrResult2)

#返回一个相关系数矩阵
print('返回一个相关系数矩阵\n',df.corr())
```

运行输出结果如下。

```
age 和 salary 的相关系数 0.6781676305144909
age 和 salary、subsidy 的相关系数
              age    salary   subsidy
age      1.000000  0.678168  0.062137
salary   0.678168  1.000000  0.067629
subsidy  0.062137  0.067629  1.000000
返回一个相关系数矩阵
            emp_id       age     salary    subsidy
emp_id    1.000000 -0.029849  -0.143666   0.043537
age      -0.029849  1.000000   0.678168   0.062137
salary   -0.143666  0.678168   1.000000   0.067629
subsidy   0.043537  0.062137   0.067629   1.000000
```

注意 计算相关系数的 corr() 函数只会对数据框中的数据列进行计算。

📝 项目实践

1. 项目描述

完成创建员工收入信息的数据集，并对该数据集进行增、删、改、查的操作。

（1）创建一个包含有 5 位员工姓名、性别、年龄和月工资收入的数据集，数据集中的数据读者可以自拟。

（2）选择数据集中月工资收入这列数据。

（3）增加一位员工收入信息，数据为（赵一平，男，34，7000）。

（4）将员工姓名为"李明"的月工资收入修改为 8000。

（5）删除第 2 位员工的数据。

（6）筛选出月工资收入大于 6000 元的员工的数据。

2. 程序代码设计

示例代码 test7-20.py。

```python
# -*- coding: utf-8 -*-
import pandas as pd
dt = {'name': ['张艳', '李明', '王勇','刘江','王芳'], 'sex':\
['女','男','男','男','女'],'age': [20, 25,39,26,23],'salary':\
[3000,3500,5000,2800,2600]}
df = pd.DataFrame(dt)
print('员工基本情况',df)
print(df['salary'])
df.loc['add_row'] = ['赵一平','男',34,7000]
print(df)
df['salary'][df['name']=='李明']=8000
print(df)
df.drop([1], axis=0, inplace=True)
print(df)
df=df[df['salary'] > 6000]
print(df)
```

📝 本章小结

本章首先介绍了 pandas 的作用及安装方法，重点介绍 pandas 的两种数据结构 Series 和 DataFrame 的创建与常用操作，pandas 的索引机制原理及索引的使用，以及 pandas 数据结构之间的相互运算及函数运用。然后介绍了文本文件、Excel 文件、数据库文件和 JSON 文件的读/写操作。最后介绍几种常用的数据分析方法，包括基本统计分析、分组分析、分布分析、交叉分析、结构分析和相关分析等。

◥ **思考练习** ▬▬▬▬▬▬▬▬▬▬▬▬▬▬▬▬▬▬

编程题

（1）创建一个 DataFrame，表示张艳、李明期中、期末各科成绩。

（2）在 DataFrame 对象中增加一列期评综合成绩，该列值是按照期中 40%、期末 60%的比例计算出来的。

（3）计算张艳、李明的最高成绩、最低成绩和平均成绩。

（4）格式化 DataFrame 中的成绩数据，使成绩数据保留一位小数。

第8章
用pandas进行数据预处理

学习目标

①掌握重复值、缺失值和异常值的处理。
②掌握数据合并和数据抽取。
③掌握重塑层次化索引、映射与数据转换。

④掌握排列与随机抽样。
⑤掌握日期和字符串处理。

8.1 数据清洗

在数据分析前，首先要进行数据采集。通常，采集到的原始数据大多数是不完整和不一致的"脏"数据，无法直接进行数据挖掘。为了提高数据挖掘的质量，产生了数据预处理技术。数据预处理包括数据清理、数据集成、数据变换、数据归约等。

数据清洗是发现并纠正数据文件中可识别的错误，如移除重复数据，处理缺失值和空格值，检测和过滤异常值，并检查数据一致性等。通过数据清洗不仅要使通过清洗后的数据变得可用，而且还要使数据变得更加适合进行后续的数据分析工作。

8.1.1 重复值的处理

原始数据集中往往会存在着许多重复数据。所谓重复数据是指在数据结构中所有列的内容都相同，即行重复。而处理重复数据是数据分析中经常要面对的问题之一。pandas 提供了 duplicated()和 drop_duplicates()函数用于标记和删除重复数据。

（1）duplicated()函数

duplicated()函数用于标记 Series 中的值、DataFrame 中的记录行是否重复，重复为 True，不重复为 False。该函数语法格式如下。

```
pandas.DataFrame.duplicated(subset=None,keep='first')
或
pandas.Series.duplicated(keep='first')
```

函数中的参数说明如下。

❏ subset：接收 string 或 sequence，用于识别重复的列标签或列标签序列，默认为列标签，默认值为 None。

❏ keep：接收特定 string，first 表示除了第一次出现外，其余相同的重复项标记为 True；last 表示除了最后一次出现外，其余相同的重复项标记为 True；False 表示将所有重复项标记为 True，默认为 first。

（2）drop_duplicates()函数

drop_duplicates()函数用于删除 Series、DataFrame 中重复记录，并返回删除重复后的结果。该函数语法格式如下。

```
pandas.DataFrame.drop_duplicates(subset=None,keep='first',inplace=False)
或
pandas.Series.drop_duplicates(keep='first', inplace=False)
```

函数中的参数说明如下。

❑ subset: 接收 string 或 sequence, 仅考虑用于标识重复项的某些列, 默认情况下使用所有列, 默认值为 None。

❑ keep: 接收特定 string, first 表示删除重复项并保留第一次出现的项; last 表示除了最后一项外, 删除重复项; False 表示删除所有重复项; 默认为 first。

❑ inplace: 接收 boolean, True 表示直接修改原对象, False 表示创建一个副本, 修改副本, 原对象不变, 默认为 False。

【例 8-1】有一个手机评论数据 Mobile.csv 文件, 该文件的数据列包括手机品牌、价格和评分。现在要求完成去除该文件中的重复值。

其示例代码 test8-1.py 如下。

```
# -*- coding: utf-8 -*-
import pandas as pd
df = pd.read_csv('Mobile.csv',encoding='GBK')
#取 df 中 0-4 列数据
df1 = df.iloc[:,0:4]
print(df1)
#标识重复项
data = df1.duplicated(keep='first')
print(data)
#删除重复项
data1 = df1.drop_duplicates(keep='first')
print(data1)
```

8.1.2 缺失值的处理

在大多数的数据分析应用中, 经常会遇到缺失值, 常见的缺失值处理方式有过滤和填充。在 Python 中, pandas 使用浮点值 NaN 表示浮点数和非浮点数组中的缺失值, 同时 Python 内置 None 值也会被当作缺失值。在处理缺失值之前, 首先要判断缺失值是否存在, 然后再对缺失值进行删除、填充或者不处理的操作。

1. 判断缺失值的函数

在 pandas 中判断缺失值的函数如下。

（1）isnull()函数

isnull()函数语法格式: isnull(obj)。其中, 参数 obj 表示接收标量或数组, 用于检查空值或缺失值的对象; 如果有空值或缺失值则返回 True, 否则返回 False。

（2）notnull()函数

notnull()函数语法格式: notnull(obj)。其中, 参数 obj 接收 ndarray 或对象值, 用于检查不为空值或缺失值的对象; 如果有空值或缺失值则返回 False, 否则返回 True。

通过 isnull()函数和 sum()函数可以获得 Series 和 DataFrame 中缺失值的数量。

2. 处理缺失值的方法

数据缺失值的处理方法有以下 3 种。

❑ 删除含有缺失值的记录。

❑ 进行数据插补。

❏ 不处理空值或缺失值。

（1）删除含有缺失值的记录

在数据分析中，如果数据集的样本很大，并且在删除含有缺失值的记录后，不会影响分析结果的客观性和准确性时，一般使用 dropna()函数直接将空值或缺失值的数据删除。

dropna()函数的语法格式如下。

```
DataFrame.dropna(axis=0,how='any',thresh=None,subset=None,inplace=False)
```

函数中的参数说明如下。

❏ axis：指定删除方向，当 axis=0 按行删除,axis=1 按列删除，默认为 0。

❏ how：取值为"all"表示这一行或列中的元素全部缺失（为 NaN）才删除这一行或列；取值为"any"表示这一行或列中只要有缺失值，就删除这一行或列。

❏ thresh：一行或一列中至少出现了 thresh 个才删除。

❏ subset：在某些列的子集中选择出现了缺失值的列删除，不在子集中的含有缺失值的列或行不会被删除。

❏ inplace：筛选缺失值后，获得的新数据是存为副本还是直接在原数据上进行修改。

【例 8-2】导入 Excel 成绩表 grade.xls 中的 grade1 表，完成各种不同情况下删除缺失值的操作。其示例代码 test8-2.py 如下。

```
# -*- coding: utf-8 -*-
import pandas as pd
#导入成绩数据
df = pd.read_excel('d:\data\grade.xls',sheet_name='grade1')
#所有值全为缺失值才删除
df1 = df.dropna(how='all')
#输出 df1 的前 5 行
print(df1.head())
#删除至少出现过两个缺失值的行
df1 = df.dropna(thresh=2,axis=0)
#输出 df1 的前 10 行
print(df1.head(10))
#删除 subset 中指定的列含有缺失值的行
df1 = df.dropna(subset=['exam'])
#输出 df1 的前 5 行
print(df1.head())
#删除含有缺失值的列
print(df.dropna(axis=1))
#只要有缺失值就删除，并且直接在原数据上进行修改
df1 = df.dropna(how='any',inplace=True)
print(df)
```

（2）数据插补法

在数据分析中，如果数据集的样本比较少或者由于删除含有缺失值的记录，会影响到数据分析结果的客观性和准确性，就需要根据数据插补的方法来选择填充值，然后再使用 fillna()函数对空值或缺失值进行填充。

fillna()函数的语法格式如下。

```
DataFrame.fillna(value=None,method=None,axis=None,inplace=False,limit=None,
downcast=None,**kwargs)
```

函数中的参数说明如下。

❏ value：接收常数、dict、Series 或 DataFrame，表示填充缺失值的值。

❑ method：表示填充缺失值的方法，method 的取值为{ 'pad','ffill','backfill','bfill',None}。pad/ffill：用前一个非缺失值去填充该缺失值。backfill/bfill：用下一个非缺失值去填充该缺失值。None：指定一个值去替换缺失值（缺省默认这种方式）。

❑ axis：指定填充方向，当 axis=1 按列填充，axis=0 按行填充。

❑ inplace：接收 True 或 False。True 表示直接修改原对象，False 表示创建一个副本，修改副本，原对象不变，默认为 False。

❑ limit：表示限制填充的个数，如果 limit=2，则只填充两个缺失值。

❑ downcast：默认为 None，如果需要将填充的值向下转换为适当的相等数据类型的数值，如将 float64 数据类型转换为 int64 数据类型时，则此参数的值为'infer'。。

注意

method 参数不能与 value 参数同时出现。

在选取填补缺失值的数据时，除了选择常量 0 或者通过指定 method 方式来选择填充缺失值的数据外，还可以根据数据插补方法来选择填充值。常用数据插补方法见表 8-1。

表8-1 数据插补方法

插补方法	描述
均值/中位数/众数插补	根据属性值的类型，用该属性取值的均值/中位数/众数进行插补
使用固定值	将缺失值属性使用一个常量值替换
最近临插补	在记录中找到与缺失样本最接近的样本的该属性值插补
回归方法	对带有缺失值的变量，根据已有的数据和与其有关的其他变量（因变量）的数据建立拟合模型来预测缺失的属性值
插值法	插值法是利用已知点建立常用的插值函数 $f(x)$，未知值由对应点 x 求出的函数值 $f(x)$ 近似替代

【例 8-3】导入 Excel 成绩表 grade.xls 中的 grade1 表，完成以下操作。

（1）查看该表前 5 行的缺失值，分别用常数 0 和字典填充缺失值，但不修改原数据。

（2）分别指定不同的 method 参数，观察填充缺失值情况。

（3）将 Normal 属性的缺失值用中位数替换，exam 属性的缺失值用均值替换。

（4）用常数 0 填充缺失值，并修改原数据。

其示例代码 test8-3.py 如下。

```
# -*- coding: utf-8 -*-
import pandas as pd
#导入成绩数据
df = pd.read_excel('d:\data\grade.xls',sheet_name='grade1')
#1.查看前面5行
print(df.head())
#2.查看缺失值的数量
print(df.isnull().sum())
#3.用常量0填充
df1 = df.fillna(0)
print(df1.head())
#4.用字典填充
df2 = df.fillna({'Normal':60,'exam':40})
print(df2.head())    #修改副本
#观察原来数据df没有改变
```

```
print(df.head())
#5.指定 method = 'ffill'/'pad': 用前一个非缺失值去填充该缺失值
df2 = df.fillna(method='ffill')
print(df2.head())
#指定 method = 'bfill'/'backfill': 用下一个非缺失值填充该缺失值
df2 = df.fillna(method='bfill')
print(df2.head())
#6.将 exam 列的缺失值用均值替换
exa_mea = df['exam'].fillna(df['exam'].mean())
print(exa_mea.head())
#将 Normal 列的缺失值用中位数替换
Nor_med = df['Normal'].fillna(df['Normal'].median())
print(Nor_med.head())
#7.指定 inplace 参数为 True
print(df.fillna(0,inplace=True))
#观察原来数据 df 发生改变
print(df.head())
```

8.1.3 异常值的处理

在数据分析中,除了常见的重复值和缺失值外,还会遇到一类非正常的数据,即异常值。所谓异常值,就是在数据集中存在不合理的值,又称离群点。例如,年龄为负数,成绩大于 100 或小于零,商品评分超出 5 分或商品日销售量远远超过年销售量等,都属于异常值。从集合角度来看,异常值即离群点。因此,为了处理异常值,首先是判别数据集中是否存在离群点,然后再对离群点的数据进行处理。

1. 判别数据集中异常值的方法

(1)散点图分析

通过绘制数据集中某些属性值的散点图,可观察这些属性值中的数据是否存在超出正常范围的离群点,从而发现数据集中的异常值。

(2)简单统计分析

对数据集中的属性值进行描述性的统计,从中可发现哪些数据是不合理的。例如,年龄属性值的区间规定为[0:150],如果数据集样本中的年龄值不在该区间范围内,则表示该样本的年龄属性属于异常值。

(3)3σ 原则

3σ 原则是指当数据服从正态分布时,根据正态分布的定义可知,距离平均值 3σ 之外的概率为 $P(|x-\mu|>3\sigma)\leqslant 0.003$,这属于极小概率事件,在默认情况下,可以认定距离超过平均值 3σ 的样本是不存在的。因此,当样本距离平均值大于 3σ 时,则认定该样本为异常值。

(4)箱线图分析

箱线图提供了一个识别异常值的标准,即大于或小于箱线图设定的上下界的数值即为异常值。箱线图可参见第 6 章中的图 6-9。

在箱线图上定义了上四分位和下四分位,上四分位设置为 U,表示所有样本中只有 1/4 的数值大于 U;同理,下四分位设置为 L,表示所有样本中只有 1/4 的数值小于 L。同时,设置上四分位与下四分位的插值为 IQR,即 $IQR=U-L$,那么,上界为 $U+1.5IQR$,下界为 $L-1.5IQR$。箱线图在选取异常值方面比较客观,在识别异常值方面有一定的优越性。

2. 异常值的处理方法

常用的异常值处理方法有以下 4 种。

(1)删除含有异常值的记录。

(2)将异常值视为缺失值,按照缺失值的处理方法来处理。

（3）用平均值来修正异常值。

（4）对异常值不处理。

在异常值处理时，有些异常值可能含有有用信息，因此，如何判定和处理异常值，需视情况而定。在数据量较多时，可用散点图和描述性的统计来查看数据基本情况，发现异常值，并借助箱线图进行监测。

【例8-4】现有一个餐厅销售数据表 sale.xls，在该数据表中有日期和销量两列数据，要求分析该数据表中销量数据的异常值，并将异常值用销量数据的中位数替换。

数据分析思路：首先读取 sale.xls 文件中的数据，并对销量数据进行描述性的统计分析。通过描述性的统计分析发现异常值，然后，运用散点图寻找异常值，最后，将异常值用销量数据的中位数替换。

其示例代码 test8-4.py 如下。

```python
# -*- coding: utf-8 -*-
import numpy as np
import pandas as pd
import matplotlib.pyplot as plt
#导入数据
data = pd.read_excel('d:/data/sale.xls')
#通过描述性的统计发现异常值
print(data.describe())
#通过散点图发现 6 个异常值
data1=data.T
#得到日期数据
date=data1.values[0]
#得到销量数据
sale=data1.values[1]
#绘制散点图
plt.plot(date,sale,'o')
plt.show()
#将异常值用中位数替换
data['销量'][(data['销量'] < 400) | (data['销量'] > 5000)] = 2655.85
```

通过销售数据散点图寻找异常值，其散点图如图8-1所示。

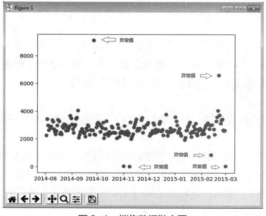

图8-1　销售数据散点图

8.2　数据合并

在数据采集时，往往会将数据分散存储于不同的数据集中。而在数据分析时，常常又需要通过一个或多个键将两个数据集的行连接起来，或者沿着一条轴将多个数据堆叠到一起，以实现数据合并操作。数据合并操作类似于数据库中运用 SQL 语句的 JOIN 连接来实现多表查询。通过数据合并，可以将多个数据集整合到一个数据集中。在 pandas 中，常用的数据合并函数有 merge()、join()、concat()、append() 和 combine_first()。

8.2.1 按键连接数据

1. merge()函数
在 pandas 中，通过两个数据集中一个或多个键来合并数据时，可使用 merge()函数，该函数的语法格式如下。

```
pandas.merge(left,right,how='inner',on=None,left_on=None,right_on=None,
left_index=False,right_index=False,sort=False,suffixes=('_x','_y'),
copy=True, indicator=False)
```

函数中的参数说明如下。
❑ left：参与合并的左侧 DataFrame。
❑ right：参与合并的右侧 DataFrame。
❑ how：表示连接方式，取值 { inner,outer,left,right }，默认为 inner 内连接，其结果是取两个数据集中键值交集的数据；outer 外连接，其结果是取两个数据集中键值并集的数据，对不匹配的键所对应的数据用 NaN 填充；left 左连接，取左侧全部数据，右侧取与左侧相匹配的键所对应的数据，不匹配的键所对应的数据用 NaN 填充；right 右连接，取右侧全部数据，左侧取与右侧相匹配的键所对应的数据，不匹配的键所对应的数据用 NaN 填充。
❑ on：表示用于连接的列名，必须同时存在于左右两个 DataFrame 对象中，如果未传递且 left_index 和 right_index 为 False，则 DataFrame 中列的交集将作为连接键。
❑ left_on：表示左侧 DataFarme 中用作连接键的列，可以是列名、索引级名称，也可以是长度等于 DataFrame 长度的数组。
❑ right_on：表示右侧 DataFarme 中用作连接键的列，可以是列名、索引级名称，也可以是长度等于 DataFrame 长度的数组。
❑ left_index：如果为 True，则使用左侧 DataFrame 中的索引（行标签）作为其连接键。
❑ right_index：如果为 True，则使用右侧 DataFrame 中的索引（行标签）作为其连接键。
❑ sort：如果为 True，则将合并的数据进行排序，默认为 False，在大多数情况下设置为 False 可以提高性能。
❑ suffixes：字符串值组成的元组，用于指定当左右 DataFrame 存在相同列名时，在列名后面附加的后缀名称，默认为('_x','_y')，例如，左右两个 DataFrame 对象都有'data'，则结果中就会出现'data_x'和'data_y'。
❑ copy：默认为 True，表示总是将数据复制到数据结构中，大多数情况下设置为 False 可以提高性能。
❑ indicator：默认为 False，如果设置为 True，将显示合并数据中每行来源的信息添加到名为 _merge 的列中输出，例如，只来自左边(left_only)、两者(both)、只来自右边（right_only）。

【例 8-5】创建产品信息（info）和产品销售（sale）数据集，并完成下列对产品信息和产品销售数据集的数据合并操作。
（1）使用默认连接方式连接产品信息和产品销售数据集。
（2）按照指定"产品编号"列名合并产品信息和产品销售数据集。
（3）分别用 left、right、outer 连接方式连接数据集。
（4）根据"产品编号"和"品牌"多个键进行连接。

179

（5）对重复的列名处理。

（6）将索引作为连接的键。

其示例代码 test8-5.py 如下。

```python
# -*- coding: utf-8 -*-
import pandas as pd
#创建产品信息（info）和产品销售（sale）数据集
info = pd.DataFrame({'产品编号':list('ABCD'),'类型名称':['电视机',
                    '手机','电脑','空调'],'品牌':['格力','康佳',
                    '海信','TCL']},index=range(1001,1005))
info.columns.name='产品信息'
info.index.name='编号'
print(info)
sale = pd.DataFrame({'产品编号':list('ABECDF'),'品牌':['格力',
                    '康佳','海信','TCL','康佳','格力'],'价格'
                    :[3600,1500,4500,2000,2300,3500]},index=
                    range(1001,1007))
sale.columns.name='产品销售'
sale.index.name='编号'
print(sale)


#1. 使用默认连接方式连接产品信息和产品销售数据集
print(pd.merge(info,sale))
#2. 按照指定"产品编号"列名合并产品信息和产品销售数据集
print(pd.merge(info,sale,on='产品编号'))
#3.分别用 left、right、outer 连接方式连接数据集
print(pd.merge(info,sale,how='left'))
print(pd.merge(info,sale,how='right'))
print(pd.merge(info,sale,how='outer'))


#4. 根据"产品编号"和"品牌"多个键进行连接
print(pd.merge(info,sale,on=['产品编号','品牌']))
#5.对重复的列名进行处理
print(pd.merge(info,sale,on='产品编号',suffixes=('_1','_2')))
#6.将索引作为连接的键
print(pd.merge(info,sale,on=['产品编号','品牌'],left_index=True,
            right_index=True ))
```

2. join()函数

除了 merge()函数外，还可以使用 join()函数来实现根据特定的列和索引进行合并数据的操作。join()函数默认是通过 index 进行连接的，也可以通过设置参数"on"来指定连接的列。join()函数的语法格式如下。

```
left.join(right,on='keys')
```

函数功能：将 left 的'keys'列和 right 的索引作为关键字进行比较，相同的进行合并。其等效于 pandas.merge(left,right,left_on='key',right_index=True,how='left')。

示例代码 example8-1.py 如下。

```python
# -*- coding: utf-8 -*-
import numpy as np
import pandas as pd
```

```
left = pd.DataFrame({'one':np.arange(4),'two':list('abcd'),
                     'key': ['K0', 'K1', 'K0', 'K1']})
right = pd.DataFrame({'three':[4,5],'four': ['e', 'f']},
                     index=['K0', 'K1'])
result = left.join(right, on='key')
print(left,'\n',right,'\n',result)
```

运行输出结果如下。

```
   one two key
0    0   a  K0
1    1   b  K1
2    2   c  K0
3    3   d  K1
     three four
K0       4    e
K1       5    f
   one two key  three four
0    0   a  K0      4    e
1    1   b  K1      5    f
2    2   c  K0      4    e
3    3   d  K1      5    f
```

8.2.2 沿轴连接数据

1. concat()函数

在 pandas 中, 利用 concat()函数可以沿轴对数据进行简单的连接。concat 方法相当于数据库中的全连接(Union All), 可以指定按某个轴进行连接,也可以指定 join 连接的方式（只有 outer、inner 两种）。与数据库不同的是 concat 方法不能去重, 如要实现去重的效果, 可以使用 drop_duplicates 方法。轴向连接数据就是单纯地将两个表拼接, 这个过程也被称作连接（concatenation）、绑定（binding）或堆叠（stacking）。

concat()函数的语法格式如下。

```
pandas.concat(objs,axis=0,join='outer',join_axes=None,ignore_index=False,
keys=None,levels=None,names=None,verify_integrity=False,copy=True, sort=
False)
```

函数中的参数说明如下。

❑ objs: 需要连接的对象集合, 一般是 Series、DataFrame、list 或 dict。

❑ axis: 表示数据合并的轴方向, 默认为 0, axis=0 表示纵向, axis=1 表示横向。

❑ join: 表示连接方式, 取值 { outer, inner }, 默认为 outer 外连接, 其结果是取所连接的数据集中键值并集的数据, 取值为 inner 内连接, 其结果是取所连接的数据集中键值交集的数据。

❑ join_axes: 接收列表, 表示自定义索引对象的列表。

❑ ignore_index: 接收 boolean 值, 默认为 False, 如果为 True, 请不要使用串联轴上的索引值, 生成的轴将被标记为 0, …, $n-1$。

❑ keys: 接收序列, 默认值为 None, 使用传递的键作为最外层构建层次索引, 如果为多索引, 应使用元组。

❑ levels: 接收列表的序列, 默认为 None, 用于构建 MultiIndex（层次索引）的特定级别。

❑ names: 接收列表, 默认为 None, 表示 MultiIndex（层次索引）的级别的名称。

❑ verify_integrity: 接收 boolean 值, 默认为 False, 检查新连接的轴是否包含重复项。

❑ copy: 接收 boolean 值, 默认为 True, 如果为 False, 表示不复制数据。

❏ sort：如果为 True，则将合并的数据进行排序，默认为 Falsc，但在横向外连接或者 ignore_index=True 时要设置此参数。

【例 8-6】使用 concat()函数，通过选择不同的参数，观察实现多个数据集的沿轴连接的效果。

其示例代码 test8-6.py 如下。

```python
# -*- coding: utf-8 -*-
import numpy as np
import pandas as pd
#定义 3 个 Series
s1 = pd.Series([0, 1, 2], index=['a', 'b', 'c'])
s2 = pd.Series([3, 4, 5, 6], index=['d', 'e', 'f', 'g'])
s3 = pd.Series([7, 8, 9], index=['h', 'i', 'j'])
print('将 s1,s2,s3 纵向外连接')
result = pd.concat([s1, s2, s3])
print(result)
print('将 s1,s2,s3 横向外连接')
result =pd.concat([s1, s2, s3], axis=1,sort=False)
print(result)
print('将 s1*2,s3 纵向外连接')
s4 = pd.concat([s1 * 2, s3])
print(s4)
print('将 s1,s4 横向外连接')
result = pd.concat([s1, s4], axis=1,sort=False)
print(result)

print('将 s1,s4 横向内连接')
result = pd.concat([s1, s4], axis=1, join='inner')
print(result)
print('将 s1,s4 横向外连接,自定义索引')
result = pd.concat([s1, s4], axis=1, join_axes=[['a', 'c', 'b', 'e']],
                   sort=False)
print(result)
print('将 s1,s2,s3 纵向外连接，设置层次索引')
result = pd.concat([s1, s1, s3], keys=['one', 'two', 'three'])
print(result)

print('将 s1,s2,s3 横向外连接，设置层次索引')
result = pd.concat([s1, s2, s3], axis=1, keys=['one', 'two', 'three'],
                   sort=False)
print(result)
#定义 2 个 DataFrame
df1 = pd.DataFrame(np.arange(6).reshape(3, 2), index=['a', 'b', 'c'],
            columns=['one', 'two'])
df2 = pd.DataFrame(5 + np.arange(4).reshape(2, 2), index=['a', 'c'],
            columns=['three', 'four'])
print('将 df1,df2 横向外连接，设置层次索引')
result = pd.concat([df1, df2], axis=1, keys=['level1', 'level2'],
                   sort=False)
print(result)
```

```
print('使用字典设置层次索引,横向外连接')
result = pd.concat({'level1': df1, 'level2': df2}, axis=1, sort=False)
print(result)
print('将 df1,df2 横向外连接，设置层次索引和设置层次索引的级别名称')
result = pd.concat([df1, df2], axis=1, keys=['level1', 'level2'],
                   names=['upper', 'lower'],sort=False)
print(result)
#将两个不相同的列的数据框合并
df1 = pd.DataFrame(np.random.randn(3, 4), columns=['a', 'b', 'c', 'd'])
df2 = pd.DataFrame(np.random.randn(2, 3), columns=['b', 'd', 'a'])
print('df1,df2 纵向外连接,忽略原 index,重建索引')
print(pd.concat([df1, df2], ignore_index=True,sort=False))
```

总结出 concat()函数具有以下特点。

（1）当 concat()函数作用于 Series 时，如果 axis=0，类似于 union（数据联合）；如果 axis=1，则组成一个 DataFrame，索引是 union 后的结果，列是类似 join 后的结果。

（2）通过参数 join_axes=[]指定自定义索引。

（3）通过参数 keys=[]创建层次化索引。利用 keys 参数可以为合并后的数据集增加一个键，通过该键指明合并数据集中不同的数据来源。

（4）通过参数 ignore_index=True 可重建索引。利用该参数可以实现将两个不同的列的 DataFrame 合并，其中无效的值用 NaN 表示。

2. append()函数

append()函数是 concat()函数的简略形式，但是 append()函数只能在 axis=0 上进行数据合并。append()函数的语法格式如下。

```
left.append(right)  或  left.append(right,ignore_index=True)
```

该函数的功能为：将 left 指定数据集与 right 指定数据集进行纵向合并。其中，DataFrame 与 Series 进行合并时，需要使用参数 ignore_index=True。

其示例代码 example8-2.py 如下。

```
# -*- coding: utf-8 -*-
import numpy as np
import pandas as pd
left = pd.DataFrame({'one':np.arange(4),'two':list('abcd')})
right = pd.DataFrame({'three':[4,5],'four': ['e', 'f']})
s1 = pd.Series([0, 1, 2], index=['a', 'b', 'c'])
result = left.append(right,sort=False)
result1 = left.append(s1,ignore_index=True)

print('左边数据: ','\n',left,'\n','右边数据: ','\n',
      right,'\n','合并数据: ','\n',result)
print('左边数据: ','\n',left,'\n','右边数据: ','\n',
      s1,'\n','合并数据: ','\n',result1)
```

最后一条输出语句的输出结果如下。

```
左边数据:
   one two
0   0   a
1   1   b
2   2   c
3   3   d
```

```
右边数据:
a    0
b    1
c    2
dtype: int64
合并数据:
   one  two    a    b    c
0  0.0    a  NaN  NaN  NaN
1  1.0    b  NaN  NaN  NaN
2  2.0    c  NaN  NaN  NaN
3  3.0    d  NaN  NaN  NaN
4  NaN  NaN  0.0  1.0  2.0
```

8.2.3　合并重叠数据

前面介绍了按列或者按行连接数据的方法，但在数据合并处理中，还有一种数据组合的处理方法，那就是合并重叠数据。

合并重叠数据使用 combine_first() 函数，该函数的语法格式如下。

```
obj1.combine_first(obj2)
```

其中，obj1 为函数调用对象的数据集；obj2 为函数参数对象的数据集。

该函数的作用是用函数参数对象中的数据为函数调用对象的缺失数据"打补丁"，即填充函数调用对象中的数据缺失值。

其示例代码 example8-3.py 如下。

```
# -*- coding: utf-8 -*-
import numpy as np
import pandas as pd


s1 = pd.Series([2,np.nan, 4.2, np.nan, 5.5, np.nan],
               index=['a', 'b', 'c', 'd', 'e', 'f'])
s2 = pd.Series(np.arange(len(s1), dtype=np.float64),
               index=['a', 'b', 'c', 'd', 'e', 'f'])
result = s2[:-3].combine_first(s1[3:])
print(s1,'\n',s2,'\n',result)
df1 = pd.DataFrame({'a': [np.nan,2., 4., np.nan],
                    'b': [1.,np.nan, 3., np.nan],
                    'c': range(2, 18, 4)})
df2 = pd.DataFrame({'a': [3., np.nan,5., 7., 9.],
                    'b': [np.nan, 2., 4., 6., 8.]})
result1 = df1.combine_first(df2)
print(df1,'\n',df2,'\n',result1)
```

最后一条输出语句的输出结果如下。

```
     a    b   c
0  NaN  1.0   2
1  2.0  NaN   6
2  4.0  3.0  10
3  NaN  NaN  14
     a    b
0  3.0  NaN
```

```
1  NaN  2.0
2  5.0  4.0
3  7.0  6.0
4  9.0  8.0
      a    b     c
0  3.0  1.0   2.0
1  2.0  2.0   6.0
2  4.0  3.0  10.0
3  7.0  6.0  14.0
4  9.0  8.0   NaN
```

8.3 数据抽取

数据抽取，也称为数据拆分，它是通过保留、抽取源数据表中的某些字段、记录的部分信息来形成一些新字段和新记录。例如，在手机号码里包含运营商、地区和号码段等信息，通过数据抽取获得相应的字段后，就可以对相应的数据进行分析。

8.3.1 字段抽取与拆分

1. 字段抽取

字段抽取是根据已知列数据的开始和结束位置，抽取出新的列。字段抽取采用 slice()函数，该函数的语法格式如下。

```
Series.str.slice(start=None, stop=None)
```

函数中的参数说明如下。

❑ start: 表示字段抽取的开始位置。

❑ stop: 表示字段抽取的结束位置。

例如，手机号码 1857332XXXX 中前 3 位 185 表示运营商，中间 4 位 7332 表示地区，后面 4 位 XXXX 是号码段。

2. 字段拆分

字段拆分是按照固定的字符，拆分已有的字符串。字符分割函数有正序分割列 split()函数和逆序分割列 rsplit()函数，其中，split()函数的语法格式如下。

```
Series.str.split(sep=None, n=-1, expand=False)
```

函数中的参数说明如下。

❑ sep: 表示用于分割字符的字符串，默认使用空白分割。

❑ n: 接收整数，默认为-1，表示分割的列数。

❑ expand: 接收布尔值，默认为 False，如果为 True，返回数据框（DataFrame）或复杂索引（MultiIndex）；如果为 False，返回序列（Series）或者索引（Index）。

例如，在"商品信息"字段中包含品牌、分类和型号等信息，为了便于数据分析，需要将"商品信息"字段拆分为"品牌""分类"和"型号"等字段。如"Haier 冰箱 BCD-630WBGUU1"，可拆分为品牌为"Haier"，分类为"冰箱"，型号为"BCD-630WBGUU1"。

【例 8-7】在商品销售.xls 文件中包含了用户 ID、商品信息、单价、数量和电话等数据字段，现要求完成下列分类统计计算。

（1）按品牌分类统计商品销售数量。

（2）按商品种类分类统计商品销售数量。

（3）按地区分类统计商品销售数量。

程序设计思路：首先导入商品销售.xls数据，然后，将"商品信息"字段拆分为"品牌""分类"和"型号"3个字段，再分别按"品牌"和"分类"字段进行分类统计计算。同时，从"电话"字段中抽取出地区号，按地区号分类统计商品销售数量。

其示例代码test8-7.py如下。

```
# -*- coding: utf-8 -*-
import numpy as np
import pandas as pd
#导入数据
data = pd.read_csv('d:\data\goods_sales.csv',encoding='GBK')
print(data)
#将商品信息拆分成3列的数据框
newData = data['商品信息'].str.split(';', 3, True)
newData.columns = ['品牌', '分类','型号']   #设置列名
print(newData)
df = data.drop('商品信息', axis=1).join(newData)
result = df.groupby(by=['品牌'])['数量'].agg({
        '数量':np.sum})
print(result)
result = df.groupby(by=['分类'])['数量'].agg({
        '数量':np.sum})
print(result)

#抽取电话号码地区号
telData = data['电话'].astype(str)
areas = telData.str.slice(3, 7)
print(areas)
newDf = data.drop('电话', axis=1).join(areas)
print(newDf)
result = newDf.groupby(by=['电话'])['数量'].agg({
        '数量':np.sum})
print(result)
```

8.3.2　记录抽取

记录抽取是指根据一定的条件，对数据进行抽取。记录抽取函数的语法格式如下。

```
datafram[condition]
```

（1）函数中的参数说明

其中，condition为过滤条件。函数返回值是DataFram。

（2）常用的条件类型

① 比较运算：大于（＞），小于（＜），大于等于（＞=），小于等于（＜=），不等于（!=）。

② 范围运算：between(left,right)。

③ 空值匹配：pandas.isnull(column)。

④ 字符匹配：str.contains(patten,na=False)，其中na参数是指空值的处理方式，如为False，不匹配空值。例如：

```
df[df.title.str.contains("XX",na=False)]
```

⑤ 逻辑运算：与（＆），或（|），取反（not）。

【例8-8】在商品销售.xls文件中包含了用户ID、商品信息、单价、数量和电话等数据字段，现要求

完成下列记录抽取。

（1）筛选出单价在 3000～5000 的商品。

（2）筛选出商品信息为空的记录。

（3）筛选出商品信息中含有"空调"文字的记录。

其示例代码 test8-8.py 如下。

```python
# -*- coding: utf-8 -*-
import numpy as np
import pandas as pd
#导入数据
df = pd.read_csv('d:\data\goods_sales.csv',encoding='GBK')
print(df[df.单价.between(3000, 5000)])
print(df[pd.isnull(df.商品信息)])
print(df[df.商品信息.str.contains('空调', na=False)])
```

8.4 重塑层次化索引

在数据处理时，有时需要对数据的结构进行重排，也称作是重塑（Reshape）或者轴向旋转（Pivot）。而运用层次化索引可为 DataFrame 的数据重排提供良好的一致性。在 pandas 中提供了实现重塑的两个函数，即 stack()函数和 unstack()函数。

常见的数据层次化结构有两种，一种是表格，如图 8-2 所示；另一种是"花括号"，如图 8-3 所示。

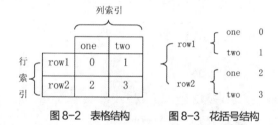

图 8-2　表格结构　　　图 8-3　花括号结构

表格在行列方向上均有索引（类似于 DataFrame），花括号结构只有"列方向"上的索引（类似于层次化的 Series），结构更加偏向于堆叠（Series-stack）。stack()函数会将数据从"表格结构"变成"花括号结构"，即将其行索引变成列索引，反之，unstack()函数将数据从"花括号结构"变成"表格结构"，即要将其中一层的列索引变成行索引。

1. stack()函数

stack()函数的语法格式如下。

```
DataFrame.stack(level=-1,dropna=True)
```

函数中的参数说明如下。

❑ level：接收 int、str、list，默认为-1，表示从列轴到索引轴堆叠的级别，定义为一个索引或标签，或者索引或标签列表。

❑ dropna：接收布尔值，默认为 True，表示是否在缺失值的结果框架/系列中删除行。将列级别堆叠到索引轴上可以创建原始数据帧中缺失的索引值和列值的组合。

函数返回值为 DataFrame 或 Series。

2. unstack()函数

unstack()函数的语法格式如下。

```
DataFrame.unstack(level=-1, fill_value=None)
```

或

```
Series.unstack(level=-1, fill_value=None)
```

函数中的参数说明如下。

❏ level：接收 int、string 或其中的列表，默认为-1（最后一级），表示 unstack 索引的级别或级别名称。

❏ fill_value：如果取消堆栈，则用此值替换 NaN 缺失值，默认为 None。

函数返回值为 DataFrame 或 Series。

使用 stack()、unstack()函数的示例代码 example8-4.py 如下。

```python
# -*- coding: utf-8 -*-
import numpy as np
import pandas as pd
#创建 DataFrame
data = pd.DataFrame(np.arange(4).reshape((2, 2)),
                index=pd.Index(['row1', 'row2'], name='rows'),
                columns=pd.Index(['one', 'two'], name='cols'))
print(data)
#使用 stack()函数改变 data 层次化结构
result = data.stack()
print('data 改变成"花括号"结构','\n',result)
print('恢复到原来结构','\n',result.unstack())
print(result.unstack(0))
print(result.unstack('rows'))


#创建 Series
s1 = pd.Series([0, 1, 2, 3], index=['a', 'b', 'c', 'd'])
s2 = pd.Series([4, 5, 6], index=['c', 'd', 'e'])
data2 = pd.concat([s1, s2], keys=['one', 'two'])
print(data2)
print('将 data2 改变成表格结构','\n',data2.unstack())
#使用 stack()函数改变成"花括号"结构，并删除缺失值行
print(data2.unstack().stack())
#使用 stack()函数改变成"花括号"结构，不删除缺失值行
print(data2.unstack().stack(dropna=False))
#用字典创建 DataFrame
df = pd.DataFrame({'left': result, 'right': result + 3},
                columns=pd.Index(['left', 'right'], name='side'))
print(df)
#使用 unstack()、stack()函数
print(df.unstack('rows'))
print(df.unstack('rows').stack('side'))
```

8.5 映射与数据转换

映射就是创建一个映射关系列表，把元素和一个特定的标签或者字符串绑定起来。定义映射关系最好使用字典。例如：

```
map={'label1':'value1','label2':'value2',…}
```

在 pandas 中提供了利用映射关系来实现某些操作的函数，具体如下。

❏ replace()函数：替换元素。

❑ map()函数：新建一列。

❑ rename()函数：替换索引。

8.5.1 用映射替换元素

在数据处理时，经常会遇到需要将数据结构中原来的元素根据实际需求替换成新元素的情况。要想用新元素替换原来元素，就需要定义一组映射关系。在映射关系中，将旧元素作为键，新元素作为值。例如，创建字典 fruits 用于指明水果标识和水果名称的映射关系。

```
fruits={101:'orange',102:'apple',103:'banana'}
```

如要将用于存储水果标识、水果数量和单价的 DataFrame 对象中的水果标识替换成水果名称，就需要运用 replace()函数，通过 fruits 映射关系来实现元素的替换。

replace()函数的基本语法格式如下。

```
obj.replace(to_replace=None,value=None,inplace=False,limit=None,regex=
False,method='pad')
```

函数中的参数说明如下。

❑ obj：DataFrame 或 Series 对象。

❑ to_replace：接收 str、regex、list、dict、Series、int、float 或者 None，表示将被替换的值。

❑ value：接收标量、字典、列表、str、正则表达式，默认为 None；用于替换与 to_replace 匹配的任何值的值；对于 DataFrame，可以使用值的 dict 来指定每列使用哪个值（不在 dict 中的列将不会被填充）；还允许使用正则表达式、字符串和列表或这些对象的 dict。

❑ inplace：接收布尔值，默认为 False，如果是 True，将修改原来的数据。

❑ limit：接收 int，默认为 None，用于限制填充次数。

❑ regex：接收 bool 或与 to_replace 相同的类型，默认为 False，表示是否将 to_replace 或 value 解释为正则表达式，如果是 True，那么 to_replace 必须是一个字符串，当是正则表达式或正则表达式的列表、字典或数组时，to_replace 必须为 None。

❑ method：取值为{'pad', 'ffill', 'bfill', 无}，表示替换时使用的方法，与缺失值填充方法类似，当 to_replace 是标量、列表或元组时，值为 None。

【例 8-9】利用 replace()函数和映射关系实现将水果数据框中水果标识替换成水果名称。

示例代码 test8-9.py 如下。

```
# -*- coding: utf-8 -*-
import numpy as np
import pandas as pd
#创建水果标识与水果名称的映射关系
fruits = {101:'orange',102:'apple',103:'banana'}
#创建水果数据框 DataFrame
data = pd.DataFrame({'fru_No':[101,102,103],'fru_Num':[1000,2000,3000]
                    ,'price':[3.56,4.2,2.5]})
#用映射替换 fru_No 列的元素
newDf = data.replace(fruits)
print(newDf)
```

replace()函数应用的示例代码 example8-5.py 如下。

```
# -*- coding: utf-8 -*-
import numpy as np
import pandas as pd
from pandas import Series,DataFrame
s = Series([-1000,-999,2,3,4,5,-2000])
```

```
#单数值替换
print(s.replace(-2000,np.nan))
#将多个数值替换
print(s.replace([-1000,-999],0))
#不同的值进行不同的替换
print(s.replace([-1000,-999],[np.nan,0]))
#用字典方式进行不同的替换
print(s.replace({-1000:np.nan,-999:0,-2000:np.nan}))
```

8.5.2 用映射添加元素

在【例 8-9】中介绍了利用函数和映射来实现将水果标识替换成水果名称的方法。但是有时需要保留水果标识，将水果名称添加到数据集中。那么，这时可利用 map()函数，通过构建 fruits 映射关系来实现元素的添加。

map()函数是作用于 Series 或 DataFrame 对象的一列，它接收一个函数或表示映射关系的字典作为参数，它的基本语法格式如下。

```
Series.map(arg,na_action=None)
```

函数中的参数说明如下。

❑ arg：接收 function、dict 或 Series，表示映射通信。

❑ na_action：取值为{无，'忽略'}，默认值为 None，如果为'忽略'，则传播 NA 值，而不将它们传递给映射对应关系。

【例 8-10】利用 map()函数和映射关系实现将水果名称添加到水果数据框中。

示例代码 test8-10.py 如下。

```
# -*- coding: utf-8 -*-
import pandas as pd

#创建水果标识与水果名称的映射关系
fruits = {101:'orange',102:'apple',103:'banana'}
#创建水果数据框 DataFrame
data = pd.DataFrame({'fru_No':[101,102,103],'fru_Num':[1000,2000,3000],'price':
                    [3.56,4.2,2.5]})
#用映射为 data 添加 fru_name 列元素
data['fru_name'] = data['fru_No'].map(fruits)
print(data)
```

8.5.3 重命名轴索引

在数据处理中，有时需要使用映射关系转换轴标签。pandas 的 rename()函数是以表示映射关系的字典对象作为参数，替换轴的索引标签。

rename()函数的基本语法格式如下。

```
DataFrame.rename(mapper=None,index=None,columns=None,axis=None,copy=True,
inplace=False,level=None)
或
Series.rename(index=None,**kwargs)
```

函数中的参数说明如下。

❑ mapper、index、columns：接收 dict 或 function，表示将 dict 或函数转换为应用于该轴的值，使用 mapper 参数要指定映射器；使用 columns 参数可重命名各列。

❑ axis：接收 int 或 str，可选，表示映射器定位的轴，可以是轴名称（"index"，"columns"）或数字（0,1），默认为 "index"。

❑ copy：接收 boolean，默认为 True，表示是否复制数据。

❑ inplace：接收 boolean，默认为 False，如果为 True，将会修改原来的数据。

❑ level：接收 int 或 level name，默认为 None，如果是 MultiIndex，只重命名指定级别中的标签。

rename() 函数返回值是 DataFrame 或 Series。

【例 8-11】利用 rename() 函数和映射关系重命名水果数据框的行索引和列索引。

示例代码 test8-11.py 如下。

```python
# -*- coding: utf-8 -*-
import pandas as pd

#创建行索引的映射关系
reindex = {0:'row1',1:'row2',2:'row3'}
#创建水果数据框 DataFrame
data = pd.DataFrame({'fru_No':[101,102,103],'fru_Num':[1000,2000,3000],'price':
                    [3.56,4.2,2.5]})
#用映射重命名水果数据框的行索引,产生新 DataFrame,但原数据不改变
newDf = data.rename(reindex)
print(newDf,'\n',data)
#用映射重命名水果数据框的行索引,产生新 DataFrame,但原数据改变
newDf = data.rename(reindex,inplace=True)
print(newDf,'\n',data)


#创建列索引的映射关系
recolumns = {'fru_No':'col1','fru_Num':'col2','price':'col3'}
#用映射重命名水果数据框中的行索引和列索引
newDf = data.rename(index=reindex,columns=recolumns)
print(newDf)
#用映射重命名水果数据框的单个行索引和单个列索引
newDf = data.rename(index={0:'row1'},columns={'fru_No':'col1'})
print(newDf)
```

注意 rename() 函数返回一个经过改动的新 DataFrame 对象，但原 DataFrame 对象仍保持不变，如果要改变调用函数的对象本身，可使用 inplace 选项，并将其值设置为 True。

8.6 排列与随机抽样

1. 排列

利用 numpy.random.permutation() 函数，可以返回一个序列的随机排列。将此随机排列作为 take() 函数的参数，通过应用 take() 函数就可实现按此随机排列来调整 Series 对象或 DataFrame 对象各行的顺序。其示例代码 example8-6.py 如下。

```python
# -*- coding: utf-8 -*-
import numpy as np
import pandas as pd
#创建 DataFrame
```

```
df = pd.DataFrame(np.arange(12).reshape(4,3))
print(df)

#创建随机排列
order = np.random.permutation(4)
#通过随机排列调整 DataFrame 各行顺序
newDf = df.take(order)
print(newDf)
```

2. 随机抽样

随机抽样是指随机从数据中按照一定的行数或者比例抽取数据。随机抽样的函数如下。

```
numpy.random.randint(start,end,size)
```

函数中的参数说明如下。

❑ start: 随机数的开始值。

❑ end: 随机数的终止值。

❑ size: 抽样个数。

通过 numpy.random.randint()函数产生随机抽样的数据，通过应用 take()函数就可实现随机抽取 Series 对象或 DataFrame 对象中的数据。其示例代码 example8-7.py 如下。

```
# -*- coding: utf-8 -*-
import numpy as np
import pandas as pd
#创建 DataFrame
df = pd.DataFrame(np.arange(12).reshape(4,3))
print(df)
#随机抽样
order = np.random.randint(0,len(df),size=3)
#通过随机抽样抽取 DataFrame 中的行
newDf = df.take(order)
print(newDf)
```

8.7　日期转换、日期格式化和日期抽取

1. 日期转换

日期转换是指将字符型的日期格式的数据转换成为日期型数据的过程。日期转换函数 to_datetime() 的语法格式如下。

```
pandas.to_datetime(dateString,format)
```

函数中的参数说明如下。

❑ dateString: 表示字符型时间列。

❑ format: 表示时间日期格式，格式代码见表 8-2。

表 8-2　时间日期格式代码

代码	注释
%Y	4 位数的年
%y	2 位数的年
%m	2 位数的月，取值范围[01,12]
%d	2 位数的日，取值范围[01,31]

代码	注释
%H	小时（24 小时制），取值范围[00,23]
%M	2 位数的分钟，取值范围[00,59]
%S	2 位数的秒，取值范围[00,61]，有闰秒
%W	用整数表示的星期几，取值范围[0（星期天），6]
%F	%Y-%m-%d 简写形式，例如 2018-09-20
%D	%m/%d/%y 简写形式

2. 日期格式化

日期格式化是将时间日期型数据，按照指定格式，转为字符型数据。日期格式化函数如下。

```
df_dt.apply(lambda x: datetime.strftime(x, format))
```
或
```
df_dt.dt.strftime(format)
```

函数中的参数说明如下。

❑ df_dt：表示数据框中时间列名。

❑ format：表示时间日期格式，见表 8-2。

3. 日期抽取

日期抽取是指从日期格式中抽取出需要的部分属性。抽取语法如下。

```
df_dt.dt.property
```

参数说明如下。

❑ df_dt：表示数据框中时间列名。

❑ property：表示时间属性，见表 8-3。

表 8-3　时间属性

属性	注释
second	秒，取值范围[00,61],有闰秒
minute	分钟，取值范围[00,59]
hour	小时（24 小时制），取值范围[00,23]
day	日，取值范围[01,31]
month	月，取值范围[01,12]
year	年
weekday	用整数表示星期几，取值范围[0（星期天），6]

其示例代码 example8-8.py 如下。

```python
# -*- coding: utf-8 -*-
import pandas as pd
from datetime import datetime
#导入股票数据
df = pd.read_excel('d:\data\沪深股票股本变动数据.xlsx',
                   sheet_name='sharedata')
#查看 df 中每个字段数据类型，发现 df['日期']是 int64
print(df.info())
#将 int 转换成 str
df_date = df['日期'].apply(str)
#用 to_datetime()函数将字符串转换成时间格式,并增加'时间'字段
```

```
df['时间'] = pd.to_datetime(df_date,format='%Y/%m/%d')
print(df['时间'])

#将日期格式化，并增加'格式化日期'字段
df['格式化日期1'] = df.时间.apply(lambda x: datetime.
                           strftime(x, format='%Y-%m-%d'))
df['格式化日期2'] = df.时间.dt.strftime('%Y-%m-%d')
print(df['格式化日期1'],'\n',df['格式化日期2'])

#抽取'时间'字段中的值
df['时间.年'] = df['时间'].dt.year

df['时间.月'] = df['时间'].dt.month
df['时间.周'] = df['时间'].dt.weekday
df['时间.日'] = df['时间'].dt.day
df['时间.时'] = df['时间'].dt.hour
df['时间.分'] = df['时间'].dt.minute
df['时间.秒'] = df['时间'].dt.second
print(df['时间.年'],df['时间.月'],df['时间.周'],df['时间.日'])
print(df['时间.时'],df['时间.分'],df['时间.秒'])
```

8.8 字符串处理

　　Python 语言由于在处理字符串和文本方面非常方便，因而深受欢迎。大多数字符串操作使用 Python 内置函数就能轻松实现。对于字符串匹配及其他更为复杂的字符串处理，就需要使用正则表达式。

8.8.1 内置的字符串处理方法

　　在 pandas 字符串操作中，常用的字符串处理方法如下。

1. 字符串拆分

　　split()函数的作用是通过指定分隔符对字符串进行切片，如果参数 num 有指定值，则仅分隔 num 个子字符串，其语法格式如下。

```
str.split(str="", num=string.count(str))
```

该函数参数说明如下。

❑ str：表示字符串的分隔符，默认为所有的空字符，包括空格、换行"\n"、制表符"\t"等。

❑ num：表示分割次数。

函数返回值为分割后的字符串列表。

示例代码 example8-9.py 如下。

```
# -*- coding: utf-8 -*-
str = "#this is string example##"
print(str.split(' '))
print(str.split(' ',str.count(' ')))
print(str.split(' ',2))
```

2. 移除字符串头尾指定的字符

　　strip()函数可用于移除字符串头尾指定的字符（默认为空格），其语法格式如下。

```
str.strip(chars)
```

该函数中参数 chars 表示移除字符串头尾指定的字符。

函数返回值为移除字符串头尾指定的字符生成的新字符串。

示例代码 example8-10.py 如下。

```
# -*- coding: utf-8 -*-
str = "#this is string example##"
print(str.strip('#'))
```

3. 字符串连接

join()函数可以将字符串、元组、列表中的元素以指定的字符(分隔符)连接成一个新的字符串,其语法格式如下。

```
'sep'.join(seq)
```

该函数参数说明如下。

❑ sep: 表示字符串的分隔符,可以为空。

❑ seq: 表示要连接的元素序列、字符串、元组、字典。

函数返回值为一个以分隔符 sep 连接各个元素后生成的字符串。

除了 join()函数外,还可以用"+"号将多个字符串连接起来。

示例代码 example8-11.py 如下。

```
# -*- coding: utf-8 -*-
arr = ['a','b','c']
str = arr[0]+':'+arr[1]+':'+arr[2]
print(str)
str1 = ':'
str2=arr
print(str1.join(str2))
```

4. 判断是不是子字符串

判断是不是子字符串可以使用 in 关键字,或者使用 find()函数和 index()函数判断一个子字符串的位置。

find()函数用于查找子字符串,若找到返回从 0 开始的下标值,若找不到返回-1。其语法格式如下。

```
str.find(chars)
```

该函数中参数 chars 表示要查找的子字符串。

函数返回值为返回子字符串第一次出现的位置的下标值。

index()函数用于在字符串里查找子串第一次出现的位置,类似字符串的 find 方法,不过比 find 方法更好的是,如果查找不到子串,会抛出异常,而不是返回-1,其语法格式如下。

```
str.index(chars)
```

该函数中参数 chars 表示要查找的子字符串。

函数返回值为返回子字符串第一次出现的位置的下标值。

示例代码 example8-12.py 如下。

```
# -*- coding: utf-8 -*-
str = "#this is string example##"
print(str.find('s'))
print(str.index('s'))
if 's' in str:
    print(str.find('s'))

print(str.find('o'))
print(str.index('o'))
```

5. 判断子字符串出现的次数

count()函数可用于统计字符串里某个字符出现的次数,函数的可选参数为字符串搜索的开始与结束位置。其语法格式如下。

```
str.count(sub,start,end)
```

该函数参数说明如下。

❑ sub：表示搜索的子字符串。

❑ start：表示字符串开始搜索的位置，默认为第一个字符，第一个字符索引值为0。

❑ end：表示字符串中结束搜索的位置，默认为字符串的最后一个位置。

函数返回值为返回子字符串在字符串中出现的次数。

示例代码 example8-13.py 如下。

```
# -*- coding: utf-8 -*-
str = "#this is string example##"
print(str.count('s'))
print(str.count('s',0,5))
print(str.count('s',5,len(str)))
```

6. 替换子字符串

replace()函数可将字符串中的 old（旧字符串）替换成 new(新字符串)，如果指定第 3 个参数 max，则替换不超过 max 次。其语法格式如下。

```
str.replace(old, new[, max])
str.count(sub,start= 0,end=len(string))
```

该函数参数说明如下。

❑ old：表示将被替换的子字符串。

❑ new：表示新字符串，用于替换 old 子字符串。

❑ max：可选项，表示替换不超过 max 次。

函数返回值为返回字符串中的 old（旧字符串）替换成 new（新字符串）后生成的新字符串，如果指定第 3 个参数 max，则替换不超过 max 次。

示例代码 example8-14.py 如下。

```
# -*- coding: utf-8 -*-
str = "新浪网 www.sina.com"
print (str.replace('com','cn.com'))
str = "#this is string example##"
str1 = str.replace('is', 'was')
str2 = str1.replace('#','!',2)
print(str1,'\n',str2)
```

8.8.2 正则表达式

正则表达式是一个特殊的字符序列，使用正则表达能很方便地在文中查找和匹配字符串模式。Python 自 1.5 版本起增加了 re 模块，re 模块使 Python 语言拥有全部的正则表达式功能。

单条正则表达式通常被称作 regex，它是根据正则表达式语言编写的字符串。Python 内置的 re 模块用于操作 regex 对象。只有使用 import re 语句，先导入 re 模块，才能使用正则表达式。re 模块所提供的函数分为 3 类：模式匹配、替换和拆分。下面将主要介绍 Python 中常用的正则表达式处理函数。

1. compile()函数

compile()函数用于编译正则表达式，生成一个正则表达式(Pattern)对象，供 match()和 search()这两个函数使用，其语法格式如下。

```
re.compile(pattern[,flags])
```

该函数参数说明如下。

❑　pattern：表示一个字符串形式的正则表达式。

❑　flags：可选，表示匹配模式，如忽略大小写、多行模式等，具体参数见正则表达式修饰符 flags
参数。

re.compile()函数返回值为 RegexObject 对象。

2．正则表达式对象

正则表达式对象也称为 RegexObject 对象。

（1）正则表达式修饰符

正则表达式修饰符——标志（flags）参数见表 8-4。

表 8-4　正则表达式修饰符——标志（flags）参数

参数	说明
re.I	使匹配对大小写不敏感
re.L	做本地化识别（locale-aware）匹配
re.M	多行模式，影响"^"和"$"
re.S	使"."匹配包括换行在内的所有字符，除了换行符外
re.U	根据 Unicode 字符集解析字符。这个标志影响"\w""\W""\b""\B"
re.X	为了增加可读性，忽略空格和"#"后面的注释

（2）正则表达式模式

正则表达式模式是使用特殊的语法来表示一个正则表达式，它的规则如下。

❑　正则表达式模式中的字母和数字匹配相同的字符串。

❑　多数字母和数字前加一个反斜杠时会拥有不同的含义。

❑　标点符号只有被转义时才匹配自身，否则它们表示特殊的含义。

❑　反斜杠本身需要使用反斜杠转义。

❑　由于正则表达式通常都包含反斜杠，如模式元素 r'\t'，等价于'\\t'。因此，正则表达式中一般都使
用 r'…'（raw 字符串）来定义规则字符串。

正则表达式模式语法中的特殊元素见表 8-5，如果使用模式的同时提供了可选的标志参数，某些模
式元素的含义会改变。

表 8-5　正则表达式模式语法中的特殊元素

模式	说明
^	匹配字符串的开头
$	匹配字符串的末尾
.	匹配任意字符，除了换行符，当 re.DOTALL 标记被指定时，则可以匹配包括换行符的任意字符
[…]	用来表示一组字符，单独列出，例如[amk]匹配'a'、'm'或'k'
[^…]	不在[]中的字符，例如[^abc]匹配除了 a、b、c 之外的字符
re*	匹配 0 个或多个的表达式
re+	匹配 1 个或多个的表达式
re?	匹配 0 个或 1 个由前面的正则表达式定义的片段，非贪婪方式
re{n}	精确匹配 n 个前面表达式。例如，o{2}不能匹配"Boy"中的"o"，但是能匹配"foot"中的两个"o"
re{n,}	匹配 n 个前面表达式。例如，o{2,}不能匹配"Boy"中的"o"，但能匹配"fooooot"中的所有"o"。o{1,}等价于"o+"，o{0,}则等价于"o*"
re{n,m}	匹配 $n{\sim}m$ 次由前面的正则表达式定义的片段，贪婪方式
a|b	匹配 a 或 b
(re)	匹配括号内的表达式，也表示一个组

续表

模式	说明
(?imx)	正则表达式包含3种可选标志：i、m 或 x，只影响括号中的区域
(?-imx)	正则表达式关闭 i、m 或 x 可选标志，只影响括号中的区域
(?:re)	类似(...)，但是不表示一个组
(?imx:re)	在括号中使用 i、m 或 x 可选标志
(?-imx:re)	在括号中不使用 i、m 或 x 可选标志
(?#...)	注释
(?=re)	前向肯定界定符。如果所含正则表达式以...表示，在当前位置成功匹配时成功，否则失败
(?!re)	前向否定界定符。与肯定界定符相反，当所含表达式不能在字符串当前位置成功匹配时成功
(?>re)	匹配的独立模式，省去回溯
\w	匹配字母、数字及下划线
\W	匹配非字母、数字及下划线
\s	匹配任意空白字符，等价于 [\t\n\r\f]
\S	匹配任意非空字符
\d	匹配任意数字，等价于[0-9]
\D	匹配任意非数字
\Z	匹配字符串结束，如果存在换行，只匹配到换行前的结束字符串
\z	匹配字符串结束
\G	匹配最后匹配完成的位置
\b	匹配一个单词边界，也就是指单词和空格间的位置。例如，'er\b'可以匹配 "never" 中的 "er"，但不能匹配 "verb" 中的 "er"
\B	匹配非单词边界，"er\B" 能匹配 "verb" 中的 "er"，但不能匹配 "never" 中的 "er"
\n, \t	匹配一个换行符，匹配一个制表符
\1...\9	匹配第 *n* 个分组的内容

3. re.match()函数

re.match()函数尝试从字符串的起始位置匹配一个模式，如果不是起始位置匹配成功的话，match()就返回 None。其语法格式如下。

```
re.match(pattern,string, flags=0)
```

该函数参数说明如下。

❑ pattern：表示匹配的正则表达式。

❑ string：表示要匹配的字符串。

❑ flags：标志位，用于控制正则表达式的匹配方式，例如：是否区分大小写，多行匹配等，具体见表 8-4。

函数返回值为 match()函数从字符串开头开始匹配，匹配成功 re.match()函数返回一个匹配的对象。如果第一个字符就不匹配，它不会再搜索字符串内部。如果没能找到任何匹配的子串，将返回 None。

match()函数可以使用 group(num)或 groups()匹配对象函数来获取匹配表达式。

示例代码 example8-15.py 如下。

```
# -*- coding: utf-8 -*-
import re
# 在起始位置匹配,匹配对大小写不敏感
print(re.match(r'(w*)', 'WWW.baidu.com',re.I).span())
```

```
print(re.match(r'[com]', 'www.baidu.com')) #没有匹配
str = "#this is String example##"
pattern = re.compile(r'(.*) is (.*)')
m_Obj = re.match(pattern, str)
if m_Obj:
    print('m_Obj.group():', m_Obj.group())
    print('m_Obj.group(1):', m_Obj.group(1))
    print('m_Obj.group(2):', m_Obj.group(2))
else:
    print('No match!!')
str1 = "www.sina.com,www.163.com"
pattern = re.compile(r'(\D*\d*)')
m_Obj = re.match(pattern, str1)
print('m_Obj.group():', m_Obj.group())
```

4. re.search()函数

re.search()函数扫描整个字符串并返回第一个成功的匹配。其语法格式如下。

```
re.search(pattern,string, flags=0)
```

该函数参数说明如下。

❑ pattern：表示匹配的正则表达式。

❑ string：表示要匹配的字符串。

❑ flags：标志位，用于控制正则表达式的匹配方式，例如：是否区分大小写，多行匹配等，具体见表 8-4。

函数返回值为匹配成功 re.search()函数返回一个匹配的对象，否则返回 None。

与 match()函数相同，search()函数也可以使用 group(num)或 groups()匹配对象函数来获取匹配表达式。

示例代码 example8-16.py 如下。

```
# -*- coding: utf-8 -*-
import re
print(re.search(r'(w*)', 'www.baidu.com').span())  # 在起始位置匹配
print(re.search(r'[com]', 'www.baidu.com').span())  # 不在起始位置匹配


str1 = "www.163.com,www.51job.com"
pattern = re.compile(r'\d{3}|\d{2}')
m_Obj = re.search(pattern, str1)
print('m_Obj.group():', m_Obj.group())
```

 注意 re.match()函数只匹配字符串的开始，如果字符串开始不符合正则表达式，则匹配失败，函数返回 None；而 re.search()函数匹配整个字符串，直到找到一个匹配。

5. 检索和替换

re 模块提供了 re.sub()函数用于替换字符串中的匹配项。其语法格式如下。

```
re.sub(pattern, repl, string, count=0, flags=0)
```

该函数参数说明如下。

❑ pattern：表示正则表达式中的模式字符串。

❑ repl：表示替换的字符串，也可为一个函数。

❑　　string：表示要被查找/替换的原始字符串。

❑　　count：表示模式匹配后替换的最大次数，默认为 0，表示替换所有的匹配。

示例代码 example8-17.py 如下。

```
# -*- coding: utf-8 -*-
import re
str = "#This is String example##"
#删除字符串中的前后#号
sub_str = re.sub(r'^#*|#*$', '', str)
print(sub_str)
#将字符串中的空格替换成"-"
new_sub_str = re.sub(' ', '-', sub_str)
print(new_sub_str)


# 删除 tel 字符串中圆括号
tel = '(0731)22768450'
num = re.sub(r'\D', '', tel)
print('电话号码是:', num)
```

6.　findall()函数

findall()函数可在字符串中找到正则表达式所匹配的所有子串，并返回一个列表，如果没有找到匹配的子串，则返回空列表。其语法格式如下。

```
pattern.findall(string[, pos[, endpos]])
```

该函数参数说明如下。

❑　　pattern：表示匹配的正则表达式。

❑　　string：表示待匹配的字符串。

❑　　pos：可选参数，表示指定字符串的起始位置，默认为 0。

❑　　endpos：可选参数，表示指定字符串的结束位置，默认为字符串的长度。

> **注意**
>
> match()函数和 search()函数只匹配一次，findall()函数匹配所有项。

示例代码 example8-18.py 如下。

```
# -*- coding: utf-8 -*-
import re
#查找字符串中的数字，返回列表
pattern = re.compile(r'\d+')
num1 = pattern.findall('www.163.com,www.51job.com')
print(num1)
num2 = pattern.findall('www.163.com,www.51job.com',0,7)
print(num2)
```

7.　re.finditer()函数

finditer()函数与 findall()函数类似，可在字符串中找到正则表达式所匹配的所有子串，并把它们作为一个迭代器返回。其语法格式如下。

```
re.finditer(pattern, string, flags=0)
```

该函数参数说明如下。

❑　　pattern：表示匹配的正则表达式。

❑　　string：表示待匹配的字符串。

❏ flags：标志位，用于控制正则表达式的匹配方式，例如，是否区分大小写、多行匹配等。具体见表 8-4。

示例代码 example8-19.py 如下。

```
# -*- coding: utf-8 -*-
import re
# 查找字符串中的数字,返回一个迭代器
num = re.finditer(r'\d+','abc32sa21hh56j10df')


for i in num:
    print (i.group())
```

8. re.split()函数

split()函数按照能够匹配的子串将字符串分割后返回列表。其语法格式如下。

```
re.split(pattern, string[, maxsplit=0, flags=0])
```

该函数参数说明如下。

❏ pattern：表示匹配的正则表达式。

❏ string：表示待匹配的字符串。

❏ maxsplit：表示分隔次数，maxsplit=1 分隔一次，默认为 0，不限制次数。

❏ flags：标志位，用于控制正则表达式的匹配方式，例如，是否区分大小写、多行匹配等。具体见表 8-4。

示例代码 example8-20.py 如下。

```
# -*- coding: utf-8 -*-
import re
#删除 str 字符串中的空格
str = "This is String example! "
str_list = str.split(' ')
new_str_list = ''.join(str_list)
print(new_str_list)
#将 str 字符串按空格拆分成列表
str_list = re.split(' ', str)
print(str_list)
```

8.8.3 矢量化的字符串函数

在使用 pandas 的 DataFrame 数据框的过程中，如果需要处理一些字符串的特性，例如判断某列是否包含一些关键字或求某列的字符长度时，通过 Series 的 str 列内置的方法进行处理会很方便。下面将介绍 Series 类的 str 自带的方法。

1. cat()字符串连接

cat()函数可实现元素级的字符串连接操作，并可指定分隔符。其语法格式如下。

```
Series.str.cat(others=None, sep=None, na_rep=None)
```

该函数参数说明如下。

❏ others：表示 Series、Index、DataFrame、np.ndarray（一维或二维）和其他类似字符串的列表。

❏ sep：表示连接分隔符，取值 string 或 None，默认为 None。

❏ na_rep：当 na_rep 为 None，序列中的 NaN 值将被忽略，如果指定，将用该字符代替。

2. split()切分字符串

split()函数可根据分隔符或正则表达式对字符串进行拆分。其语法格式如下。

```
Series.str.split(pat=None, n=-1, expand=False)
```

该函数参数说明如下。

❏   pat：表示要拆分的字符串或正则表达式，如果未指定，则拆分空格。

❏   n：表示限制输出中的分割数，无、0 和-1 将被解释为返回所有拆分。

❏   expand：将拆分的字符串展开为单独的列，如果为 True，则返回 DataFrame/MultiIndex 扩展维度；如果为 False，则返回包含字符串列表的 Series/Index。

3. get()获取指定位置的字符串

get()函数可获取各元素的第 i 个字符。其语法格式如下。

```
Series.str.get(i)
```

其中，参数 i 表示指定位置。

示例代码 example8-21.py 如下。

```python
# -*- coding: utf-8 -*-
import numpy as np
import pandas as pd


#1 cat()
s = pd.Series(['a', 'b', np.nan, 'd'])
print(s.str.cat(['A', 'B', 'C', 'D'], sep=','))
print(s.str.cat(['A', 'B', 'C', 'D'], sep=',', na_rep='-'))

#2 split()
s = pd.Series(["this is good text", "but this is even better"])
print(s.str.split("is", n=1, expand=True))
#3 get()
s = pd.Series(["String",
               (1, 2, 3),
               ["a", "b", "c"],
               123, -456,
               {1:"Hello", "2":"World"}])
print(s.str.get(1))
```

除了 cat()、split()和 get()函数外，Series 类的 str 自带的其他函数，即矢量化的字符串函数见表 8-6，其函数语法格式是 Series.str.函数名(参数)。

表 8-6   矢量化的字符串函数

函数	说明
contains	返回表示各字符串时含有指定模式的布尔型数组
count	模式出现的次数
endswith	对各个元素执行 x.endswith(pattern)
startswith	对各个元素执行 x.startswith(pattern)
findall	计算各字符串的模式列表
join	根据指定的分隔符，将 Series 中各个元素的字符串连接起来
len	计算字符串长度
lower、upper	lower 函数是将所有字符转换为小写；upper 函数是将所有字符转换为大写
match	根据指定的正则表达式对各个元素执行 re.match
pad	在字符串的左边或右边或两边添加空白符
center	相当于在字符串的两边添加空白符
repeat	重复值，如 s.str.repeat(3)相当于对各个字符串执行 x * 3

续表

函数	说明
replace	用指定字符串替换找到的模式
slice	对 Series 的各个字符串进行子串截取
strip	去除两边空白符
lstrip	去除左边空白符
rstrip	去除右边空白符

◼ 项目实践

1. 项目描述

根据美国农业部（USDA）制作的一份关于食物营养信息的数据库，该数据的 JSON 数据结构中除了包含了每种食物的"id""description""tags""manufacturer"、"group"属性外，还包含了"portions"和"nutrients"这两个列表，其中"nutrients"列表中包含了营养成分和份量。要求对 USDA 食物营养信息的 JSON 数据完成食物类别的分布情况和全部食物营养成分的数据分析。

2. 项目设计思路

（1）导入 USDA 食物营养数据的 JSON 数据文件。

（2）查看食物营养数据集的记录数和字段名属性。

（3）查看食物营养数据集中营养成分（nutrients）所包含的信息。

（4）创建包含食物的名称、分类、编号、制造商等信息表，分析食物类别的分布情况。

（5）先创建食物营养数据集中的全部食物营养成分数据表，然后再进行数据分析。

（6）对全部食物营养成分数据进行去除重复值操作。

（7）将包含食物的名称、分类、编号、制造商等信息表与食物营养成分数据表合并。

3. 程序代码设计

示例代码 test8-12.py 如下。

```python
# -*- coding: utf-8 -*-
import pandas as pd
import json

#导入 JSON 数据文件
db = json.load(open('d:/data/foods-2011-10-03.json'))
#计算数据集的记录数
print(len(db))
#查看记录所包含的全部属性
print(db[0].keys())
#查看营养成分列表
print(db[0]['nutrients'][0])
#将营养成分的列表数据生成 DataFrame
nutrients = pd.DataFrame(db[0]['nutrients'])
print(nutrients[:7])
#生成包含 info_keys 列名的 DataFrame
info_keys = ['description', 'group', 'id', 'manufacturer']
info = pd.DataFrame(db, columns=info_keys)
print(info[:5])
#查看食物类别分布情况
```

```
print(pd.value_counts(info.group)[:10])

#将全部的营养数据整合放在一个表中
nutrients = []
for rec in db:
    fnuts =pd.DataFrame(rec['nutrients'])
    #给 fnuts 表添加一列数据,将每条的 id 添加到 fnuts 的 id
    fnuts['id'] = rec['id']
    nutrients.append(fnuts)
#将所有的表整合到一起
nutrients = pd.concat(nutrients, ignore_index=True)
print(nutrients)

#查看是否有重复项
print(nutrients.duplicated().sum())
#删除重复项
nutrients = nutrients.drop_duplicates()
print(nutrients)
#因为大的 DataFrame 和小的里面中都有 gruop 和 description,这里要重命名
col_mapping = {'description' : 'food',
               'group'       : 'fgroup'}
info = info.rename(columns=col_mapping, copy=False)
print(info)
col_mapping = {'description' : 'nutrient',
               'group' : 'nutgroup'}
nutrients = nutrients.rename(columns=col_mapping, copy=False)
print(nutrients)
#将 info 表与 nutrients 表合并
ndata = pd.merge(nutrients, info, on='id', how='outer')
print(ndata)
```

本章小结

本章首先重点介绍了利用 pandas 实现对重复值、缺失值和异常值的数据清洗方法,还介绍了按键连接数据、沿轴连接数据和合并重叠数据的数据合并方法,以及字段拆分与抽取和记录抽取方法。同时,还介绍了重塑层次化索引、利用映射实现数据转换、数据排列与随机抽样、日期转换、日期格式化和日期抽取、字符串处理方法等。

思考练习

1. 简答题

（1）为什么要进行数据清洗?数据清洗包括哪些方面?

（2）什么是重复值?如何处理重复值?

（3）pandas 是如何表示缺失值的?处理缺失值的方法有哪些?

（4）如何判断和发现异常值?如何处理异常值?

（5）数据合并有哪些方法？它们之间的特点是什么？

（6）如何实现字段拆分和抽取？如何进行记录抽取？

（7）简述重塑层次化索引的步骤。

（8）简述利用映射实现数据转换的过程。

（9）实现字符串拼接、拆分、查找和替换的方法是什么？

2. 编程题

（1）对文件 movies.csv 中电影信息数据进行清洗和整理，编程统计并输出影片 A 的上映天数和日平均票房（日平均票房指文件中所有涉及城市的总平均票房）。

（2）编写程序，利用柱状图画出影片 A、B、C 的周平均票房（周平均票房指文件中的所有涉及城市周票房总平均），y 轴表示票房收入，单位万元；x 轴表示电影名称，电影名称的排列从左至右以 A、B、C 为准，要求将输出的柱状图保存成图像文件。

第9章
机器学习库scikit-learn
入门

09

学习目标

① 了解机器学习的基本概念。
② 了解 scikit-learn 机器学习库的基本概念。
③ 掌握 scikit-learn 的安装与使用。
④ 掌握 Seaborn 绘图方法及使用。
⑤ 掌握使用 scikit-learn 进行机器学习的方法。

9.1 机器学习概述

传统的计算机处理过程是给计算机输入一串指令，然后，计算机将遵照这些指令一步步执行下去，最终会得到一个有明确因果关系的结果。但是，机器学习与传统的计算机处理方式的不同之处在于，机器学习不是根据接收的输入指令，而是根据接收的输入数据来执行各种工作的方法。机器学习理论主要是设计和分析一些让计算机可以自动"学习"的算法。机器学习算法是一类从数据中自动分析获得规律，并利用规律对未知数据进行预测的算法。由于学习算法中涉及了大量的统计学理论，机器学习与统计推断学的联系尤为密切，因而也被称为统计学习理论。

1. 机器学习的定义

机器学习是人工智能的一个分支，从广义上来说，机器学习是一种能够赋予机器学习的能力，这种学习能力是不需要通过编程来实现的。但从实践的意义上来说，机器学习是一种利用数据，训练出模型，然后使用模型预测未知属性的方法。下面通过一个机器学习的案例来理解机器学习的定义。

在现实生活中，银行经常会收到客户的贷款申请，这时银行就需要根据客户的年龄、是否有工作、是否有住房和信贷情况等项来预测是否批准客户的贷款申请。在预测是否批准客户的贷款申请时，首先是根据客户贷款申请的历史数据，运用机器学习算法，通过训练获得机器学习模型。一般机器学习模型至少考虑两个量：一个是因变量，也就是希望预测的结果，即贷款是否被批准的判断。另一个是自变量，即用来预测贷款是否被批准的量，如年龄和是否有工作等。而用于预测贷款是否被批准的机器学习模型，也称为决策树，如图 9-1 所示。

另外，影响贷款是否被批准还与是否有

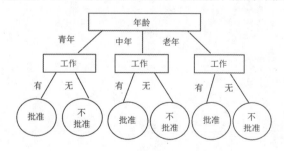

图9-1　预测贷款申请决策树

住房和信贷情况等方面的因素有关，因此，可通过增加自变量，将这些因素综合考虑到机器学习的模型中。

由此可见，机器学习就是将历史数据通过机器学习算法进行处理，这个处理过程在机器学习中叫作"训练"，处理的结果称之为"模型"，可用来对新的数据进行预测。对新数据的预测过程在机器学习中叫作"预测"。"训练"与"预测"是机器学习的两个过程，"模型"是训练过程的中间输出结果，"训练"产生"模型"，"模型"指导"预测"。机器学习流程如图 9-2 所示。

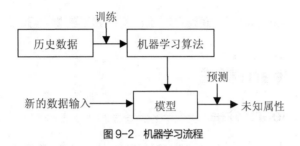

图 9-2　机器学习流程

在机器学习中，一种通用的做法是将数据分为两个部分，一部分用于学习，称为训练集（Training Set），另一部分用于测试，称为测试集（Testing Set）。训练集中的数据是有标记的，而测试集的数据是没有标记的。机器学习目标就是要寻找一个函数，该函数是通过学习后所获得的最佳模型。所谓最佳模型是指通过该模型学习后的输出值与实际的真实值的误差最小，只有寻找到最佳模型时，机器学习的模型才算是训练好了。

2. 机器学习框架

根据机器学习的定义，总结出机器学习框架如下。

（1）机器学习分为两个阶段，一个是"训练"阶段，另一个是"预测"阶段。

（2）机器学习的步骤如下。

① 先定义一些函数，这些函数是根据不同的参数建立起来的，不同参数的组合可构建不同的函数（模型）。

② 定义一个度量标准，用于衡量函数（模型）的优劣。

③ 根据度量标准，从所定义的一些函数（模型）中选择一个最佳的函数（模型）。

④ 将"训练"好的函数（模型）应用到测试集的数据中，以完成数据的预测。

3. 机器学习的问题

机器学习的问题一般是通过 n 个样本数据（训练样本）去预测未知的数据（测试样本）属性。如果每个样本包含有多个属性（多维数据）被称为特征（Features）。机器学习的问题分为监督学习和非监督学习两大类。

（1）监督学习

监督学习是从给定的训练数据集中学习出一个函数，当新的数据到来时，可以根据这个函数预测结果。监督学习的训练样本包含对应的"标签"，如识别问题。训练集包括输入和输出，也就是特征和目标，其中目标是由人工标注的"标签"。常见的监督式学习算法包括回归分析和统计分类。

① 回归（Regression）：样本标签包括一个或多个连续变量，预测是一个连续值。回归算法就是试图将输入变量和输出用一个连续函数对应起来。回归包括线性回归和逻辑回归，例如，可以用线性回归来预测一套二手房的售价。

② 分类（Classification）：样本属于两类或者多类，分类器从已知类别的数据进行训练，然后去预测未知类别的数据。另一种理解是，分类就是离散监督学习的一种形式，即给定有限的类别（Categories），在给定的 n 个样本中，为每一个样本标注正确的类别。例如，先将图片分类为"猫"或"狗"，然后，再对每个数据点进行类别标签或与数值相关标签的标注，最后准确识别新照片上的动物（分类）。

③ 监督学习的算法包括线性回归、逻辑回归、神经网络和 SVM（支持向量机）。

（2）非监督学习

非监督学习的训练样本不包含对应的"标签"，常见的非监督式学习算法有聚类算法。

4. 机器学习的应用

机器学习已经有了十分广泛的应用，例如：数据挖掘、计算机视觉、自然语言处理、生物特征识别、搜索引擎、医学诊断、检测信用卡欺诈、证券市场分析、DNA 序列测序、语音和手写识别、战略游戏和机器人运用等。

机器学习还与人工智能和深度学习有密切的关系，人工智能是机器学习的父类，深度学习则是机器学习的子类。

9.2 scikit-learn 概述

9.2.1 scikit-learn 介绍

scikit-learn（简记 sklearn），是面向 Python 的免费机器学习库。sklearn 不仅包括分类、回归、聚类算法，如 SVM、随机森林、K-means 等，而且还包括降维、模型选择和数据预处理等机器学习算法。sklearn 支持 NumPy 和 SciPy 数据结构，以及 Matplotlib 库。

1. sklearn 的数据表示

机器学习是从数据创建模型，因此，在机器学习中，首先应考虑如何表示数据，以便于计算机理解。sklearn 中数据表示的最佳方式就是数据表。一个基本的数据表就是一个二维数据网格，其中行表示数据集的各个元素，也称为样本，列表示这些元素（样本）的特定定量信息。

2. 特征矩阵

在 sklearn 中，数据表的信息是二维数组或矩阵，也称之为特征矩阵。特征矩阵中样本（即行）是指数据集描述的各个对象。例如，样本可能是一朵花、一个人、一个文档、一个图像、一个声音文件、一个视频、一个天文物体，或者是用一组定量测量来描述的任何东西。特征（即列）是指以定量方式描述每个样本的不同观察结果。特征通常是实值，但在某些情况下可能是布尔值或离散值。

按照惯例，特征矩阵通常被存储在一个名为 X 的变量中。特征矩阵假设为二维的，形状为 [n_samples, n_features]，并且常使用 NumPy 数组或 pandasDataFrame 来存放，有些 scikit-learn 模型也接收 SciPy 稀疏矩阵。

3. 目标数组

在 scikit-learn 模型中，除了特征矩阵外，通常还使用标签或目标数组，按照惯例，通常称为 y。目标数组通常是一维的，长度为 n_samples，通常包含在 NumPy 数组或 pandasSeries 中。目标数组可以是连续的数值或用数字表示的离散分类与标签。虽然一些 scikit-learn 估计器会以二维[n_samples, n_targets]目标数组的形式处理多个目标值，但最常见的还是一维目标数组。

目标数组与其他特征列的不同之处在于，目标数组的特征通常是从数据中预测的数量，在统计学上，它属于因变量。在使用 scikit-learn 模型时，经常要从 DataFrame 提取特征矩阵和目标数组。

4. scikit-learn 的估计器 API

通常，使用 scikit-learn 估计器 API 的步骤如下。

（1）通过从 scikit-learn 库中导入适当的估计类来选择一类模型。

（2）通过使用所需的值实例化此类，来选择模型超参数。

（3）将数据排列成特征矩阵和目标向量。

（4）通过调用模型实例的 fit()方法，使用模型来拟合数据。

（5）将模型应用于新数据：

❑ 对于监督学习，通常使用 predict()方法预测未知数据的标签。

❑ 对于非监督学习，经常使用 transform() 或 predict() 方法来转换或预测数据的属性。

9.2.2 scikit-learn 测试、安装和导入

在 NumPy、SciPy 库安装成功后，接着就可以安装 scikit-learn 库。scikit-learn 库与 NumPy 库相同，也需要单独安装，安装步骤如下。

1. 测试 Python 环境中是否安装 scikit-learn

在 Windows 操作系统下，按【Windows】+【R】键，进入 cmd 命令窗口，输入"python"命令，按【Enter】键，进入 Python 命令窗口。在 Python 命令窗口中输入"from scikit_learn import *"命令，导入 scikit_learn 模块，如果在命令窗口中出现"ModuleNotFoundError：No module named 'scikit_learn'"的错误提示，则需要安装 scikit_learn 软件包，否则表明已安装了 scikit_learn 软件包。

2. 在 Windows 操作系统下安装 scikit_learn 软件包的方法

（1）首先访问 https://www.lfd.uci.edu/~gohlke/pythonlibs/ 网址，然后根据计算机上安装的 Python 版本和操作系统版本来选择下载 scikit_learn 软件包。例如，在 Windows（64 位）操作系统下安装了 Python 3.6，则选择下载的 scikit_learn 软件包为 scikit_learn-0.19.2-cp36-cp36m-win_amd64.whl。

（2）将下载的软件包复制在 Python 安装目录的 Scripts 文件夹下，例如 Python 3.6 安装目录为 D:\Python，则将下载的软件包复制到 D:\Python\Scripts 目录下。

（3）按【Windows】+【R】键，进入 cmd 命令窗口。

（4）在 cmd 命令窗口中输入"pip install D:\Python\Scripts\scikit_learn-0.19.2-cp36-cp36m-win_amd64.whl"命令，按【Enter】键，进入 scikit_learn 模块安装，安装界面如图 9-3 所示。

（5）安装成功就会提示"Successfully installed scikit-learn-0.19.2"。

图 9-3　安装 scikit_learn 软件包

3. PyCharm 安装 scikit-learn 的方法

在 PyCharm 安装 scikit-learn 的方法与安装 NumPy 的方法相似，区别在于选择【Existing Environment】项，单击【Interpreter】栏的下拉列表，选择 D:/python/python.exe（即 Python 安装路径），单击【OK】按钮后，选择添加 scikit_learn 软件包。

9.3 第一个机器学习程序

下面以银行审批客户贷款申请为例，学习如何运用 scikit-learn 库的决策树模型来预测是否批准客户的贷款申请。

【例 9-1】现有一个"货款申请.xls"文件，该文件中存储了申请贷款人的"年龄""是否有工作""批准"等 3 列信息，其中，"年龄"列分为青年、中年和老年共 3 种情况，分别用数字 0、1、2 表示；"是

否有工作"列分为"无工作"和"有工作"两种情况，分别用数字 0、1 表示；"批准"列的取值是根据决策树模型（见图 9-1）确定的，如果批准用数字"1"表示，不批准用数字"0"表示。要求用机器学习方法来预测一个无工作青年人和一个有工作老年人的贷款申请是否能获得批准。

其示例代码 test9-1.py 如下。

```
# -*- coding: utf-8 -*-
import pandas as pd
#导入 sklearn 库中的决策树 tree
from sklearn import tree
#导入数据集
df = pd.read_excel('d:\data\贷款申请表.xls',sheet_name='loans')
print(df)

#取特征（features），标签(labels)
feature=df.loc[0:,'年龄':'工作']
labels =df['批准']
print(feature)
print(labels)
#创建决策树对象
clf = tree.DecisionTreeClassifier()

clf = clf.fit(feature,labels)
#预测无工作青年人和有工作老年人申请贷款能否批准
print('无工作青年人',clf.predict([[0,0]]))
print('有工作老年人',clf.predict([[2,1]]))
```

运行结果如下。

```
无工作青年人 [0]
有工作老年人 [1]
```

9.4 使用 scikit-learn 进行机器学习

在 9.3 节中介绍了一个简单的机器学习案例，本节将通过鸢尾花卉（Iris）数据集案例，介绍使用 scikit-learn 进行机器学习的方法。

使用 scikit-learn 进行机器学习的步骤如下。

① 准备数据集。主要是进行数据清洗和数据特征提取（包括特征矩阵、目标数组和特征归一化等），以及将数据集划分为训练集和测试集。

② 选择模型。根据机器学习问题选择相应的模型，如分类模型、回归模型和聚类模型。

③ 训练模型。通过经验设定参数或用交叉验证确定最优参数来训练模型。

④ 测试模型。用测试集数据进行测试和识别验证。

在鸢尾花卉（Iris）数据集的数据清洗中，利用 Seaborn 绘图工具查看数据分布，发现数据的异常值是非常方便的，因此，先介绍 Seaborn 绘图工具的运用。

9.4.1 Seaborn 绘图

1. Seaborn 简介

Seaborn 是 Python 的数据可视化工具之一，它其实是在 Matplotlib 的基础上进行了更高级的 API 封装。Seaborn 可视为 Matplotlib 的补充，而不是替代，使用 Seaborn 可以更轻松地画出更漂亮的图形。Seaborn 的特点如下。

- ❑ 内置数个经过优化的样式效果。
- ❑ 增加调色板工具，可以很方便地为数据搭配颜色。
- ❑ 单变量和双变量分布绘图更为简单，可用于对数据子集相互比较。
- ❑ 对独立变量和相关变量进行回归拟合和可视化更加便捷。
- ❑ 对数据矩阵进行可视化，并使用聚类算法进行分析。
- ❑ 基于时间序列的绘制和统计功能，具有更加灵活的不确定度估计。
- ❑ 基于网格绘制出更加复杂的图像集合。

除此之外，Seaborn 对 Matplotlib 和 pandas 的数据结构高度兼容，非常适合作为数据挖掘过程中的可视化工具。

2. Seaborn 安装

Seaborn 依赖于 Matplotlib、NumPy、SciPy 和 pandas，与这些库一样是需要单独安装的。下面介绍用 pip 安装 Seaborn 的方法。

（1）按【Windows】+【R】键，进入 cmd 命令窗口。

（2）在 cmd 命令窗口中输入"pip install seaborn"命令，按【Enter】键，进入 Seaborn 模块安装界面，如图 9-4 所示。

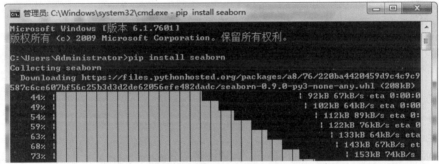

图 9-4　安装 seaborn 软件包

（3）安装成功就会提示"Successfully installed seaborn-0.9.0"。

3. Seaborn 绘图函数

Seaborn 共有 50 多个 API 类，相比于 Matplotlib 数千个的规模，可谓极为精简。下面介绍 Seaborn 常用的绘图函数。

（1）set() 函数

set() 是样式设置语句，它可对原图样式进行快速优化，如使用 set() 可以设置默认样式。其语法格式如下。

```
seaborn.set(context='notebook', style='darkgrid', palette='deep',
font='sans-serif', font_scale=1, color_codes=False, rc=None)
```

参数说明如下。

- ❑ context：该参数控制着默认的画幅大小，取值范围为{paper, notebook, talk, poster}。其中，poster>talk>notebook>paper。
- ❑ style：该参数控制默认样式，取值范围为{darkgrid, whitegrid, dark, white, ticks}。
- ❑ palette：该参数为预设的调色板。取值范围为{deep, muted, bright, pastel, dark, colorblind}。
- ❑ font：用于设置字体。
- ❑ font_scale：用于设置字体大小。
- ❑ color_codes：表示不使用调色板而采用先前的'r'等色彩缩写。

注意

set()样式设置语句需要放置在 Matplotlib 原本的绘图语句前面。

（2）displot()函数

displot()集合了 hist()直方图与核函数估计 kdeplot 的功能，其语法格式如下。

```
seaborn.distplot(a, bins=None, hist=True, kde=True, rug=False, fit=None,
hist_kws=None, kde_kws=None, rug_kws=None, fit_kws=None, color=None,
vertical=False, norm_hist=False, axlabel=None, label=None, ax=None)
```

参数说明如下。

- ❑ a: 表示数据来源，接收 Series、一维数组、list。
- ❑ bins: 表示矩形图数量。
- ❑ hist: 表示是否显示直方图。
- ❑ kde: 表示是否显示核函数估计图。
- ❑ rug: 用于控制是否显示观察的小细毛（边际毛毯）。
- ❑ fit: 用于控制拟合的参数分布图形。
- ❑ vertical: 表示显示正交控制。

示例代码 example9-1.py 如下。

```
# -*- coding: utf-8 -*-
import seaborn as sns
import matplotlib.pyplot as plt
import numpy as np
x = np.random.normal(size=200)
sns.distplot(x)
plt.show()
```

（3）barplot()函数

barplot()用于描述某种变量分布的平均值，其语法格式如下。

```
seaborn.barplot(x=None,y=None,hue=None,data=None,order=None,hue_order=None,
ci=95, n_boot=1000, units=None, orient=None, color=None, palette=None,
saturation=0.75, errcolor='.26', errwidth=None, capsize=None, ax=None,
estimator=<function mean>, **kwargs)
```

参数说明如下。

- ❑ x、y、hue: 设置 x、y 以及颜色控制的变量。
- ❑ data: 表示输入的数据集。
- ❑ order、hue_order: 表示控制变量绘图的顺序。
- ❑ estimator: 设置每类变量的计算函数，默认为平均值，可以修改为 max、median、min 等。
- ❑ ax: 用于设置子图位置。
- ❑ orient: 用于控制绘图的方向，取值{v,h},分别表示绘图为水平或者竖直方向。
- ❑ capsize: 表示设置误差棒帽条的宽度。

示例代码 example9-2.py 如下。

```
# -*- coding: utf-8 -*-
import seaborn as sns
import matplotlib.pyplot as plt
sns.set(style='whitegrid')
tips = sns.load_dataset("tips") #载入自带数据集
ax = sns.barplot(x="day", y="total_bill", hue="sex", data=tips)
```

```
plt.show()
```

（4）countplot()函数

countplot()函数用来计数，其语法格式如下。

```
seaborn.countplot(x=None, y=None, hue=None, data=None, order=None,
hue_order=None, orient=None, color=None, palette=None, saturation=0.75,
ax=None, **kwargs)
```

参数说明如下。

- ❑ x、y、hue：设置 x、y 以及颜色控制的变量。
- ❑ data：表示输入的数据集。
- ❑ order、hue_order：用于控制变量绘图的顺序。
- ❑ orient：用于控制绘图的方向，取值{v,h},分别表示绘图为水平或者竖直方向。
- ❑ color：表示颜色。
- ❑ palette：表示调色板颜色。
- ❑ ax：用于设置子图位置。

示例代码 example9-3.py 如下。

```
# -*- coding: utf-8 -*-
import seaborn as sns
import matplotlib.pyplot as plt
sns.set(style='whitegrid')
titanic = sns.load_dataset("titanic")   #载入自带数据集
print(titanic)
sns.countplot(x="alone", hue="who", data=titanic)
plt.show()
```

（5）boxplot()函数

boxplot()函数可以表示数据的位置和分散情况，还能区分异常点。用该函数可绘制箱式图，其语法格式如下。

```
seaborn.boxplot(x=None, y=None, hue=None, data=None, order=None, hue_order
=None, orient=None, color=None, palette=None, saturation=0.75, width=0.8,
fliersize=5, linewidth=None, whis=1.5, notch=False, ax=None, **kwargs)
```

函数中大部分参数与 countplot()函数参数相同，少数不同参数采用默认值。

示例代码 example9-4.py 如下。

```
# -*- coding: utf-8 -*-
import seaborn as sns
import matplotlib.pyplot as plt
sns.set(style='whitegrid')
tips = sns.load_dataset("tips") #载入自带数据集
sns.boxplot(x="day", y="total_bill", hue="smoker",data=tips)
plt.show()
```

（6）lmplot()函数

lmplot()函数是一种集合基础绘图与基于数据建立回归模型的绘图方法。旨在创建一个方便拟合数据集回归模型的绘图方法，利用'hue'、'col'、'row'参数来控制绘图变量。其语法格式如下。

```
seaborn.lmplot(x,y,data,hue=None,col=None,row=None,palette=None,col_wrap
=None,size=5,aspect=1,markers='o',sharex=True,sharey=True,hue_order=None,
col_order=None,row_order=None,legend=True,legend_out=True,x_estimator
=None,x_bins=None,x_ci='ci',scatter=True,fit_reg=True,ci=95,n_boot=1000,
units=None,order=1,logistic=False,lowess=False,robust=False,logx=False,
```

213

```
x_partial=None,y_partial=None,truncate=False,x_jitter=None,y_jitter=None,
scatter_kws=None,line_kws=None)
```

参数说明如下。

- ❑ x,y：接收 string，表示横纵坐标的列名。
- ❑ data：表示输入的数据集。
- ❑ hue,col,row：接收 string，定义数据子集的变量，并在不同的图像子集中绘制。
- ❑ palette：表示调色板颜色。
- ❑ size：接收 scalar（标量），定义子图的高度，为可选项。
- ❑ markers：可选项，定义散点的图标。
- ❑ col_wrap：接收 int，可选项，设置每行子图数量。
- ❑ order：接收 int，可选项，表示多项式回归，设定为指数。
- ❑ logistic：接收 bool，可选项，表示逻辑回归。
- ❑ logx：接收 bool，可选项，转化为 log(x)。

以 Seaborn 内置的 tips 小费数据集为例，该数据集的部分数据如下。

```
   total_bill   tip     sex smoker   day    time  size
0       16.99  1.01  Female     No   Sun  Dinner     2
1       10.34  1.66    Male     No   Sun  Dinner     3
2       21.01  3.50    Male     No   Sun  Dinner     3
```

运用 lmplot() 方法研究小费 tips 与总消费金额 total_bill 在吸烟与不吸烟人之间的关系。其示例代码 example9-5.py 如下。

```python
# -*- coding: utf-8 -*-
import seaborn as sns
import matplotlib.pyplot as plt


sns.set(style='whitegrid')
tips = sns.load_dataset("tips")  #载入自带数据集
print(tips)
#研究小费 tips 与总消费金额 total_bill 在吸烟与不吸烟人之间的关系
g = sns.lmplot(x="total_bill", y="tip", row="smoker",data=tips)
plt.show()
```

运行输出结果如图 9-5 所示。

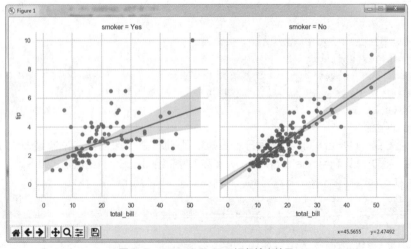

图 9-5　example9-5.py 运行输出结果

（7）pairplot()函数

pairplot()函数可绘制多变量图，使用 pairplot()函数可以绘制 x 的每一维度与对应 y 的散点图。通过设置 size 和 aspect 参数可调节显示的大小和比例，其语法格式如下。

```
seaborn.pairplot(data, hue=None, hue_order=None, palette=None, vars=None,
x_vars=None, y_vars=None, kind='scatter', diag_kind='hist',markers=None,
size=2.5, aspect=1, dropna=True, plot_kws=None, diag_kws=None, grid_kws=None)
```

基本参数说明如下。

❑ data：表示输入的数据集。

❑ hue：接收 string，使用指定变量为分类变量画图。

❑ hue_order：用字符串列表，调整调色板中 hue 变量的级别。

❑ palette：表示调色板颜色。

❑ size：接收 numeric，表示图的尺度大小（正方形），默认为 6。

❑ markers：可选项，使用不同的形状表示散点的图标。

示例代码 example9-6.py 如下。

```
# -*- coding: utf-8 -*-
import pandas as pd
import matplotlib.pyplot as plt
import seaborn as sns
from sklearn import datasets

#绘制多变量图
iris = sns.load_dataset("iris")
sns.pairplot(iris)
plt.show()
```

9.4.2 准备数据集

准备数据集就是将数据采集中所收集到的数据样本用二维数组或矩阵表示，其中每一行表示一个样本的数据，每一列表示样本的特定定量信息（特征值）。二维数组的形状为[n_samples，n_features]，n_samples 表示数据集中样本总数，n_features 表示数据集中特征个数。然后确定数据集中的特征矩阵和目标数据，并进行特征归一化和数据清洗。最后，将整个数据集划分为训练集和测试集。

1. Iris 数据集

Iris 数据集是常用的分类实验数据集，它是由著名的英国统计学家和生物学家 Ronald Fisher 在 1936 发表的论文中提出的。Iris 也称鸢尾花卉数据集，在这个数据集中，包括了三类不同的鸢尾属植物：Iris Setosa、Iris Versicolour、Iris Virginica。每类鸢尾属植物收集 50 个样本，整个数据集一共包含了 150 个样本。每个样本包含有 4 个特征，分别如下：

❑ sepal_length（花萼长度）；

❑ sepal_width（花萼宽度）；

❑ petal_length（花瓣长度）；

❑ petal_width（花瓣宽度）。

以上 4 个特征的单位都是厘米（cm）。通常使用 m 表示样本量的大小，n 表示每个样本所具有的特征数。因此在该数据集中，m=150,n=4。

通过 Iris 数据集中的 150 个样本测量数据，根据样本数据中的 4 个特征，通过机器学习建立数据模型，用于预测鸢尾花卉属于 Iris Setosa（山鸢尾）、Iris Versicolour（杂色鸢尾），以及 Iris Virginica（弗吉尼亚鸢尾）中的哪一个种类。

Iris 数据集（部分数据）文本格式如下。

```
sepal_length,sepal_width,petal_length,petal_width,class
5.1,3.5,1.4,0.2,Iris-setosa
4.9,3,1.4,0.2,Iris-setosa
4.7,3.2,1.3,0.2,Iris-setosa
4.6,3.1,1.5,0.2,Iris-setosa
5,3.6,1.4,0.2,Iris-setosa
5.4,3.9,1.7,0.4,Iris-setosa
4.6,3.4,1.4,0.3,Iris-setosa
```

其中，第一行表示数据属性名称，从第二行开始表示样本数据。

2. 特征矩阵

在 Iris 数据集中，特征是 sepal_length、sepal_width、petal_length 和 petal_width 等，特征矩阵就是由 150 样本和 4 列特征数据组成的矩阵。

3. 目标数组

在 Iris 数据集中，class 列是由鸢尾花分类的名称（也称为标签的名称）组成的一维数组。在 scikit-learn 中，需要将标签的名称[Iris-setosa, Iris-versicolour, Iris-virginica]分别用数字 0、1、2 表示，即将 class 列由标签的名称组成的一维数组转换成由数字标签组成的一维数组，由数字标签组成的一维数组称为目标数组。

4. 特征归一化

在机器学习中，提取某个样本特征的过程，称为特征工程。在同一个样本中，由于各特征的评价指标不同，往往会使各特征具有不同的量纲和量纲单位，从而造成各特征的数值大小范围不一致。为了消除指标之间的量纲影响，需要对数据进行归一化处理，以解决数据指标之间的可比性问题。所谓特征归一化，就是将各特征的数值进行缩放，使特征的数值大小范围转换为相同的区间。

在 sklearn 中最常用的特征归一化方法有 MinMaxScaler()和 StandardScaler()。

另外，在特征归一化时，还需要使用 sklearn 库中数据预处理函数 fit_transform()和 transform()，其中，fit_transform()是先拟合数据，再进行数据标准化，而 transform()则是直接进行数据标准化。所以，fit_transform()一般用于训练集数据，而 transform()则用于测试集数据。

（1）归一化

在 sklearn 中，MinMaxScaler()可单独地缩放和转换每个特征，使这些特征值能转变到训练集所给定的范围内，即在 0 和 1 之间，从而实现特征归一化。

① MinMaxScaler()的语法格式如下。

```
sklearn.preprocessing.MinMaxScaler(feature_range=(0,1),copy=True)
```

参数说明如下。

❑ feature_range：接收 tuple（min, max），默认=（0,1），表示期望的转换数据范围。

❑ copy：接收 boolean，可选项，默认为 True。设置为 False 表示不创建副本。

② MinMaxScaler()归一化的公式如下。

```
X_std = (X - X.min(axis=0)) / (X.max(axis=0) - X.min(axis=0))
X_scaled = X_std * (max - min) + min
```

公式中的变量说明如下。

❑ X：表示矩阵。

❑ X_std：表示将 X 归一化到[0，1]之间。

❑ X.min(axis=0)：表示列最小值。

❑ max，min：表示 MinMaxScaler()中参数 feature_range 的取值范围，即转换后最终结果的大小范围。

示例代码 example9-7.py 如下。

```
# -*- coding: utf-8 -*-
import numpy as np
from sklearn.preprocessing import MinMaxScaler
data=[[1100,8],[1567,2],[1348,4],[1671,7]]
scaler = MinMaxScaler()
X_train = scaler.fit_transform(data)   #转换成[0,1]之间的归一化数值
print(X_train)
```

运行结果如下：

```
[[0.          1.         ]
 [0.8178634   0.         ]
 [0.43432574 0.33333333]
 [1.          0.83333333]]
```

（2）标准化

在 sklearn 中，StandardScaler()是通过删除均值和缩放到单位方差来标准化特征的。

① StandardScaler()的语法格式如下。

```
sklearn.preprocessing.StandardScaler(copy=True,with_mean=True,with_std=True)
```

参数说明如下。

❑ copy：接收 boolean，默认为 True。如果为 True，表示创建数据副本，为 False，表示不复制只进行缩放。

❑ with_mean：接收 boolean，默认为 True。如果为 True，则在缩放之前将数据居中。当在稀疏矩阵上尝试时不起作用（并且会引发异常）。

❑ with_std：接收 boolean，默认为 True。如果为 True，则将数据缩放为单位方差或单位标准差。

② StandardScaler()标准化的方式是用每个特征减去列均值，再除以列标准差。

示例代码 example9-8.py 如下。

```
# -*- coding: utf-8 -*-
import numpy as np
from sklearn.preprocessing import StandardScaler
data=[[1100,8],[1567,2],[1348,4],[1671,7]]
scaler = StandardScaler()
X_train = scaler.fit_transform(data) #转换标准化数值
print(X_train)
```

运行结果如下：

```
[[-1.46673356  1.15311332]
 [ 0.66379388 -1.36277029]
 [-0.33531856 -0.52414242]
 [ 1.13825824  0.73379939]]
```

5. 数据清洗

Iris 数据集的数据清洗主要是查找缺失值和异常值，然后判断是否需要对数据集进行修补或剔除。下面通过 Jupyter Notebook 进行数据清洗操作。

Iris 数据集的数据清洗步骤及相关代码如下。

（1）导入相关库和 Iris 数据集

```
In [1]: import pandas as pd
        import matplotlib.pyplot as plt
        import seaborn as sns
In [2]: iris_df= pd.read_csv('d:\data\iris.txt',sep=',')
```

```
In [3]: iris_df
```

（2）查看缺失值的数量

```
In [4]: iris_df.isnull().sum()
```

从输出结果中发现 petal_width_cm 列中有 5 个缺失值。

（3）通过 describe()寻找缺失值、异常值数据所在项

```
In [5]: iris_df.describe()
```

从输出结果中，观察统计函数中 count、min、max 参数。

（4）通过 lmplot()线性回归模型，寻找 class(种类)项中的异常值

```
In [6]: sns.lmplot(x='sepal_length', y='sepal_width',\
                    col='class', data=iris_df)
```

从输出结果中发现原本只有 3 种鸢尾花，但却出现了 5 种，其中出现两个错误编码，即 Iris-setossa 和 versicolor。同时，发现 sepal_width 和 sepal_length 有异常值。

（5）处理 class(种类)项中的异常值

将错误编码 Iris-setossa 和 versicolor 用正确编码 Iris-setosa 和 Iris-versicolor 替换。

```
In [7]: iris_df.loc[iris_df['class'] == 'versicolor', 'class'] =\
        'Iris-versicolor'
        iris_df.loc[iris_df['class'] == 'Iris-setossa', 'class'] =\
        'Iris-setosa'
In [8]: sns.lmplot(x='sepal_length', y='sepal_width', col='class',\
                    data=iris_df)
```

（6）处理 sepal_width（花萼宽度）小于 2.5 厘米的异常值

处理方法如下。

❑ 通过直方图查看 Iris Setosa（山鸢尾）这一种类花的 sepal_width（花萼宽度）的数据分布。

❑ 发现 sepal_width（花萼宽度）有小于 2.5 厘米异常值。

❑ 删除花萼宽度小于 2.5 厘米的异常值，并用直方图查看处理后的数据分布。

代码如下。

```
In [9]: iris_df.loc[iris_df['class'] == 'Iris-setosa','sepal_width'].hist()
In [10]: iris_df = iris_df.loc[(iris_df['class'] != 'Iris-setosa') | \
                               (iris_df['sepal_width'] >= 2.5)]
In [11]: iris_df.loc[iris_df['class'] == 'Iris-setosa',\
                     'sepal_width'].hist()
```

（7）处理 sepal_length（花萼长度）接近于 0 的异常值

处理方法如下：

❑ 列出 Iris-versicolor（弗吉尼亚鸢尾）这一种类花的 sepal_length（花萼长度）接近于 0 的数值。

❑ 这些接近于 0 的数值的计量单位为 “米”，要转换为 “厘米”，因此，将它们乘 100。

❑ 通过直方图查看数据分布。

代码如下。

```
In [12]: iris_df.loc[(iris_df['class'] == 'Iris-versicolor') & \
                     (iris_df['sepal_length'] < 1.0)]
In [13]: iris_df.loc[(iris_df['class'] == 'Iris-versicolor') &\
                     (iris_df['sepal_length'] < 1.0),\
                     'sepal_length'] *= 100.0
In [14]: iris_df.loc[iris_df['class'] == 'Iris-versicolor', \
                     'sepal_length'].hist()
```

（8）处理缺失值

❑ 列出缺失值的样本

```
In [15]: iris_df.loc[(iris_df['sepal_length'].isnull()) | \
                     (iris_df['sepal_width'].isnull()) |\
                     (iris_df['petal_length'].isnull()) | \
                     (iris_df['petal_width'].isnull())]
```

观察输出结果，发现缺失值都属于 Iris-setosa 类的 petal_width（花瓣宽度）属性，因此，可以用 petal_width（花瓣宽度）的平均值来填补缺失值。

❑ 用平均值来填补缺失值。

```
In [16]: avg_value = iris_df.loc[iris_df['class'] == 'Iris-setosa',\
                                 'petal_width'].mean()
         iris_df.loc[(iris_df['class'] == 'Iris-setosa') &
                     (iris_df['petal_width'].isnull()),
                     'petal_width'] = avg_value
         iris_df.loc[(iris_df['class'] == 'Iris-setosa') &
                     (iris_df['petal_width'] == avg_value)]
```

❑ 删除缺失值。

```
In [17]: iris_df.dropna(inplace=True)
```

（9）将标签名称转换成标签

```
In [18]: class_mapping = {'Iris-setosa':0,
                          'Iris-versicolor':1,
                          'Iris-virginica':2}
         iris_df['class'] = iris_df['class'].map(class_mapping)
```

（10）保存处理后的数据

```
In [19]: iris_df.to_csv('d:/data/iris-clean.csv', index=False)
```

数据清洗的要点如下。

① 数据编码方式要正确。

② 数据取值范围要在合理的区间。

③ 处理缺失值可采用替换或删除方法。

④ 不要手工整理数据，因为这很难重现。

⑤ 使用程序代码可较好地记录数据处理的过程。

⑥ 除了用图表展示数据外，还可用图表发现异常数据。

6. 划分 trainset（训练集）和 testset（测试集）

在 sklearn 中，使用 train_test_split()函数可以很方便地将数据划分为 trainset（训练集）和 testset（测试集）。该函数的功能是从样本中随机按比例选取训练集和测试集。函数的调用形式如下。

```
X_train,X_test,y_train,y_test = train_test_split(train_data,train_target,
test_size=0.3,random_state=0)
```

参数说明如下。

❑ train_data：表示训练集的特征矩阵。

❑ train_target：表示训练集的目标数组。

❑ test_size：表示样本占比。如果为整数表示全部样本数量。

❑ random_state：表示随机数生成器的种子。相同的种子，产生的随机数相同。不同的种子，产生不同的随机采样结果。设置该参数可确保每次随机分割得到相同的结果。

❑ X_train、y_train：表示训练集中的特征矩阵和目标数组。

❑ X_test、y_test：表示测试集中的特征矩阵和目标数组。

调用 train_test_split()函数时，需要导入相应的软件包，其代码如下。
```
from sklearn.model_selection import train_test_split, cross_val_score
```

其示例代码 example9-9.py 如下。

```python
# -*- coding: utf-8 -*-
import numpy as np
from sklearn.model_selection import train_test_split, cross_val_score
X, y = np.arange(18).reshape((6, 3)), range(6)

X_train, X_test, y_train, y_test = \
    train_test_split(X, y, test_size=0.3,random_state=32)
print('训练集特征矩阵',X_train,'\n 测试集特征矩阵',X_test)
print('训练集目标数组',y_train,'\n 测试集目标数组',y_test)
```

9.4.3 选择模型

在 sklearn 机器学习中，当准备好数据集后，接着就是根据机器学习问题选择相应的模型。例如，Iris 数据集属于机器学习中的分类问题，因此，应选择分类模型。

1. 选择模型的流程

在 sklearn 官网（http://scikit-learn.org/stable/tutorial/machine_learning_map/index.html）提供了一个选择模型的流程图，如图 9-6 所示。

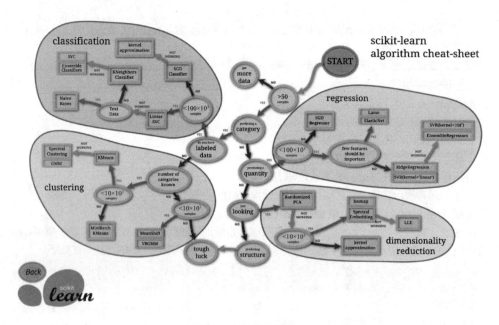

图 9-6　选择模型流程图

在该流程图上，蓝色圆圈内是判断条件，绿色方框内是可以选择的模型。在流程图中有分类、回归、聚类、降维四类算法，其中分类和回归是监督式学习，即每个数据对应一个 label（标签），聚类是非监督式学习，没有 label（标签），还有一类是降维。降维就是当数据集有很多属性的时候，可以通过降维算法把属性归纳起来。例如数据集中有 20 个属性，将其变成 2 个属性。应注意的是，降维不是挑选出 2 个属性，而是压缩成 2 个属性，这 2 个属性要集合了原 20 个属性的所有特征，相当于提取出重要的信息，不重要的信息丢弃。

从 START 开始，首先看数据的样本是否大于 50。如果样本小于 50 则需要收集更多的样本数据。如果样本大于 50 就先判断预测的是否是一个分类，如果预测的是一个分类，就判断预测的数据是否有标签，如果预测的数据有标签就选择分类模型，否则就选择聚类模型。如果预测不是一个分类，而是数量，就选择回归模型。当然还要考虑数据大小，例如 100×10^3 就是一个阈值。另外，在流程图中，单击任何一个绿色方框就可以查看相应模型的 API 文档。

2. 应用模型

sklearn 有许多种类的数据集，数据集种类及导入方法如下。

❑ 自带的小数据集（Packaged Dataset）：sklearn.datasets.load_<name>。

❑ 可在线下载的数据集（Downloaded Dataset）：sklearn.datasets.fetch_<name>。

❑ 计算机生成的数据集（Generated Dataset）：sklearn.datasets.make_<name>。

❑ svmlight/libsvm 格式的数据集:sklearn.datasets.load_svmlight_file(...)。

其中 sklearn 自带的小数据集导入方法为：sklearn.datasets.load_<name>，自带的小数据集名称（name）如下。

❑ 鸢尾花数据集 iris()。

❑ 手写数字数据集 digits()。

❑ 乳腺癌数据集 breast_cancer()。

❑ 糖尿病数据集 diabetes()。

❑ 波士顿房价数据集 boston()。

❑ 体能训练数据集 linnerud()。

用户可以选择 sklearn 自带的数据集，也可以选择自行数据处理后的数据集进行练习。

【例 9-2】以 sklearn 自带的鸢尾花数据集 iris() 和 9.4.2 节数据清洗后保存的数据 iris-clean.csv 为例，使用 KNN 分类器模型进行训练和预测。

（1）KNN 分类器

KNN 分类器是最简单最初级的分类器，它将全部的训练数据所对应的类别都记录下来，当测试对象的属性和某个训练对象的属性完全匹配时，便可以对其进行分类。

KNN 分类器是依据 K 近邻(K-nearest Neighbors,KNN)算法进行分类的。KNN 算法的核心思想是如果一个样本在特征空间中 k 个最相邻的样本中的大多数属于某一个类别，则该样本也属于这个类别，并具有这个类别上样本的特性。该方法在确定分类决策上只依据最邻近的一个或者几个样本的类别来决定待分样本所属的类别。KNN 方法在类别决策时，只与极少量的相邻样本有关。由于 KNN 方法主要靠周围有限的邻近的样本，而不是靠判别类域的方法来确定所属类别的，因此对于类域的交叉或重叠较多的待分样本集来说，KNN 方法较其他方法更为适合。

在 scikit-learn 中，与近邻法这一大类相关的类库都在 sklearn.neighbors 包中。KNN 分类树的类是 KNeighborsClassifier，KNN 回归树的类是 KNeighborsRegressor，KNN 分类和回归的类参数完全一样。

（2）使用 KNN 分类器模型的步骤

① 导入 KNN 模块：from sklearn.neighbors import KNeighborsClassifier。

② 导入 sklearn 自带的鸢尾花数据集 iris()，其代码如下。

```
from sklearn import datasets
iris = datasets.load_iris()
```

③ 将整个数据集分为训练集和测试集，包括特征矩阵和目标数组。

④ 建立模型：clf = KNeighborsClassifier()。

⑤ 用.fit()训练模型：clf.fit(X_train, y_train)。

⑥ 用.predict()进行预测：clf.predict(X_test)。

⑦ 用.score()计算准确率：clf.score(X_test, y_test,sample_weight=None)。

⑧ 保存模型：当模型训练好后，可以保存模型，以便下次可直接调用。保存模型需要导入 pickle 库，保存模型的代码如下。

```python
with open('d:/data/knn_model.pkl', 'wb') as f:
    pickle.dump(knn_model, f)
```

⑨ 读取保存模型：代码如下。

```python
with open('d:/data/knn_model.pkl', 'rb') as f:
    model = pickle.load(f)
```

⑩ 绘制 distplot 图形，判断模型的表现与训练集选择的关系。

示例代码 test9-2.py 如下。

```python
# -*- coding: utf-8 -*-
import pandas as pd
from sklearn import datasets
from sklearn.model_selection import train_test_split, cross_val_score
from sklearn.neighbors import KNeighborsClassifier
import seaborn as sns
import matplotlib.pyplot as plt
import pickle
#创建自定义函数
def knn_function(X,y):
    #划分训练集和测试集，其中 test_size=0.3，即测试集占总数据的 30%
    X_train, X_test, y_train, y_test = \
        train_test_split(X, y, test_size=0.3)
    clf = KNeighborsClassifier()# 建立模型
    clf.fit(X_train, y_train)  # 用.fit()训练模型
    #用.predict()进行预测，输出模型预测的值
    predict_test = clf.predict(X_test)
    print('预测的值','\n',predict_test)
    print('真实的值','\n',y_test)  # 输出真实的值，与预测的值对比
    #计算准确率
    score = clf.score(X_test, y_test, sample_weight=None)
    print('准确率','\n',score)
    return clf


#导入自带的数据集
iris = datasets.load_iris()
#查看数据集
print(iris.data)
print(iris.data.shape)
print(iris.target_names)
print(iris.target)
#获取特征矩阵和目标数组（标签）
iris_X = iris.data
iris_y = iris.target
#调用函数
knn_function(iris_X,iris_y)


#导入 iris-clean.csv 数据集
```

```
iris= pd.read_csv('d:\data\iris-clean.csv')
#获取特征矩阵和目标数组（标签）
iris_X = iris.loc[0:,'sepal_length':'petal_width']
iris_y = iris['class']
#调用函数
knn_model = knn_function(iris_X,iris_y)

# 保存模型
with open('d:/data/knn_model.pkl', 'wb') as f:
    pickle.dump(knn_model, f)

# 读取保存模型
with open('d:/data/knn_model.pkl', 'rb') as f:
    model = pickle.load(f)

#绘制distplot图形
model_accuracies = []
for repetition in range(1000):
    X_train, X_test, y_train, y_test = \
        train_test_split(iris_X, iris_y, test_size=0.3)
    # 通过读取保存模型 knn_model.pkl 代码,建立模型 model
    score = model.score(X_test, y_test, sample_weight=None)
    model_accuracies.append(score)
sns.distplot(model_accuracies)
plt.show()
```

观察运算结果可知，准确率为 0.9777。通过绘制 distplot（直方图与核密度估计图）图形，可以观察到模型的表现与训练集的选择有很大关系，这种现象被称为"过度拟合"。即模型针对训练集的分类表现太好，而对那些没有见过的数据则表现很差。distplot 图形如图 9-7 所示。

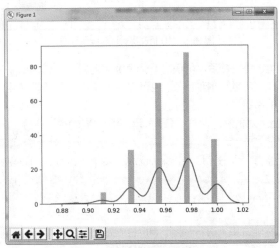

图 9-7 直方图与核密度估计图

9.4.4 调整参数训练和测试模型

1. 超参数与调参

在 sklearn 中，机器学习的模型一般都有超参数。所谓的超参数是指在模型开始学习过程之前人为

223

预先定义的参数，而不是通过训练得到的参数数据。这些参数用于定义模型更高层次的概念，如模型复杂性、学习能力等。通过调整超参数来训练模型的过程称为调参。调参的目的是寻找最佳模型，使训练后的模型检测样本更精确。调参可以看作一个多元函数优化问题。

在机器学习中，与超参数对应的有模型参数，模型参数是指模型在学习过程中学习的参数。如 KNN 模型只有超参数，没有模型参数。KNN 模型中最常用的超参数是 n_neighbors，也称为 K 参数，K 参数表示是从训练集中找到和新数据最接近的 *K* 条记录。

调参就是寻找 *K* 取多少值时为最优值。寻找最优超参数的方法，一种是依靠经验取值，另一种是依靠实验确定，如通过交叉验证（cross_validation）来验证模型优劣。

2. K 折交叉验证

K 折交叉验证的过程如下。

① 首先将整个数据集分为训练集和测试集两个部分。

② 使用不重复抽样将训练集的数据随机分为 *K* 份。

③ 将 *K*-1 份数据用于模型训练，剩下那一份数据用于验证模型。

④ 重复第三步 *K* 次，并保证每重复一次所选择的验证集和训练集是不相同的。

⑤ 重复 *K* 次后将得到 *K* 个模型和它的评估结果。为了减小由于数据分割引入的误差，通常 K 折交叉验证要随机使用不同的划分方法重复 *p* 次，常见的有 10 次 10 折交叉验证。然后计算 K 折交叉验证结果的平均值，并将该平均值作为参数/模型的性能评估。

使用 K 折交叉验证一旦寻找到最优参数，就要使用这组参数在原始数据集上的训练模型作为最终的模型。

10 折交叉验证过程如图 9-8 所示。其中黑色方框表示验证集，白色方框表示训练集。

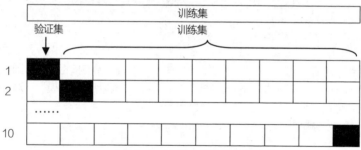

图 9-8　10 折交叉验证过程示意图

在 sklearn 中，当模型训练完成后，可获得 Estimator 对象 clf，该对象是从训练数据学习中得到的。Estimator 对象的参数可以在训练前初始化，也可以在训练之后更新，使用 clf.get_params() 可返回 Estimator 对象之前定义的参数。

score() 可对 Estimator 对象进行评分，分类模型使用"准确率"评分（Accuracy），代码如下。

```
cross_val_score(clf, X_train, y_train, cv=10, scoring='accuracy')
```

回归模型使用"决定系数"评分（Coefficient of Determination），代码如下。

```
cross_val_score(clf, X_train, y_train, cv=10,scoring='neg_mean_squared_
error')
```

3. 测试模型

模型训练完成后，可在测试集上进行预测。利用.predict(X_test) 可返回测试样本的预测标签，而利用.score(X_test,y_test) 可根据预测值和真实值计算评分。

【例 9-3】以 sklearn 自带的鸢尾花数据集 iris() 为例，选择 KNN 模型，调整超参数 *K* 值，用 10 折交叉验证判断 *K* 值为 1~25 时的最优值。

其示例代码 test9-3.py 如下。

```
# -*- coding: utf-8 -*-
```

```
from sklearn.model_selection import train_test_split, cross_val_score
from sklearn import datasets
from sklearn.neighbors import KNeighborsClassifier
import matplotlib.pyplot as plt

iris = datasets.load_iris()
X = iris.data
y = iris.target
#划分训练集和测试集，测试集占总数据的33%，随机种子为10
X_train, X_test, y_train, y_test = train_test_split(X,y,test_size=0.33,
                                                    random_state=10)

k_range = range(1, 26)
v_scores = []
for n in k_range:
    clf = KNeighborsClassifier(n)
    scores = cross_val_score(clf, X_train, y_train, cv=10,
                             scoring='accuracy')
    cv_scores.append(scores.mean())

plt.plot(k_range, cv_scores)
plt.xlabel('K')
plt.ylabel('Accuracy')
plt.show()

#选择最优的K
best_clf = KNeighborsClassifier(n_neighbors=5)
best_clf.fit(X_train, y_train)
print('参数',best_clf.get_params())
print('准确率',best_clf.score(X_test, y_test))
print('预测的值',best_clf.predict(X_test))
```

运行结果如图 9-9 所示。从图中可见 K 为 5 时是最佳值。

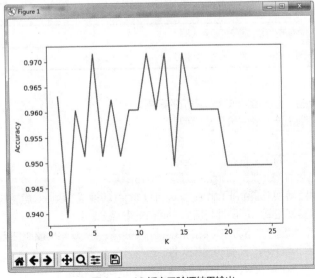

图 9-9 10 折交叉验证结果输出

选择最优的 K=5，在测试集中预测，输出结果如下。

```
参数{'algorithm': 'auto', 'leaf_size': 30, 'metric': 'minkowski', 'metric_params':
None, 'n_jobs': 1, 'n_neighbors': 5, 'p': 2, 'weights': 'uniform'}
准确率 0.96
预测的值 [1 2 0 1 0 1 2 1 0 1 1 2 1 0 0 2 1 0 0 0 2 2 2 0 1 0 1 1 1 2 1 1 2 2 2 0 2 0
2 2 2 0 0 1 0 1 0 1 2 2 2]
```

◤ 项目实践

1. 项目描述

以 sklearn 自带的波士顿房价数据集 boston()为例，该数据集中的每一行数据都是对波士顿周边或城镇房价的描述，包含有 14 个房屋属性，具体见表 9-1。

表 9-1　波士顿房价数据集中房屋属性

属性	描述
CRIM	城镇人均犯罪率
ZN	住宅用地所占比例
INDUS	城镇中非住宅用地所占比例
CHAS	CHAS 虚拟变量,用于回归分析
NOX	环保指数
RM	每栋住宅的房间数
AGE	1940 年以前建成的自住单位的比例
DIS	距离 5 个波士顿的就业中心的加权距离
RAD	距离高速公路的便利指数
TAX	每一万美元的不动产税率
PRTATIO	城镇中的教师学生比例
B	城镇中的黑人所占比例
LSTAT	地区中有多少房东属于低收入人群
PRICE	自住房屋房价中位数（也就是均价）

要求完成下列任务。

（1）通过绘制散点图，分析影响波士顿房价的因素。

（2）选择、训练和测试波士顿房价预测模型。

2. 项目设计思路

（1）导入 sklearn 自带的波士顿房价数据集。

（2）查看 boston.data、boston.target 数据和数据形状。

（3）将 boston.data 转换成 DataFrame,boston.target 转换成 Series,房屋属性名转换成 Series。

（4）自定义函数以实现绘制房屋属性与房屋中间价的散点图。

（5）分别绘制 13 个房屋属性与房屋均价的散点图，通过散点图观察房屋属性与房屋均价相关性，发现 CRIM、RM、LSTAT 与 PRICE 有明显相关性。

（6）绘制归一化前['CRIM','RM','LSTAT']这 3 个特征的多变量图。

（7）进行特征归一化，并绘制归一化后['CRIM','RM','LSTAT']这 3 个特征的多变量图。

（8）获取特征矩阵和目标数组（标签），划分训练集和测试集。

（9）建立线性回归模型,训练模型和测试模型。

（10）保存模型。

3. 程序代码设计

示例代码 test9-4.py 如下。

```python
# -*- coding: utf-8 -*-
import pandas as pd
from sklearn import datasets
from sklearn.model_selection import train_test_split, cross_val_score
import seaborn as sns
import matplotlib.pyplot as plt
from sklearn.preprocessing import MinMaxScaler
from sklearn.linear_model import LinearRegression
import pickle
#导入自带的数据集
boston = datasets.load_boston()
#查看数据集
print(boston.data)
print(boston.data.shape)
print(boston.target)
print(boston.target.shape)
#将 boston.data 转换成 DataFrame，将 boston.target 转换成 Series
boston_df= pd.DataFrame(boston.data)
boston_target = pd.Series(boston.target)


#将房屋属性名转换成 Series
boston_df.columns = pd.Series(boston.feature_names)
print(boston_df.head())
print(boston_df.info())
#自定义函数，实现绘制房屋属性与房屋均价的散点图
def scatter_show(X,y):
    plt.style.use('seaborn-whitegrid')
    plt.scatter(X, boston_target)
    plt.xlabel(y)
    plt.ylabel('PRICE')
    plt.show()


#分别绘制 13 个房屋属性与房屋均价的散点图
for y in boston_df.columns:
    X=boston_df[y]
    scatter_show(X,y)


#绘制归一化前['CRIM','RM','LSTAT']这 3 个特征的多变量图
features = boston_df[['CRIM','RM','LSTAT']]
sns.pairplot(features)
plt.show()
#特征归一化
```

```
scaler = MinMaxScaler()
for feature in boston_df.columns:
    boston_df['Nor_'+feature]=scaler.fit_transform(boston_df[[feature]])
print('归一化',boston_df)

#绘制归一化后['CRIM','RM','LSTAT']这3个特征的多变量图
features = boston_df[['Nor_CRIM','Nor_RM','Nor_LSTAT']]
sns.pairplot(features)
plt.show()

#获取特征矩阵和目标数组（标签）
X = boston.data
y = boston.target
#划分训练集和测试集，其中test_size=0.3，即测试集占总数据的30%
X_train, X_test, y_train, y_test = \
    train_test_split(X, y, test_size=0.3,random_state=7)

lr_model = LinearRegression()#建立线性回归模型
lr_model.fit(X_train, y_train)#训练模型
print(lr_model.get_params())#返回参数

print(lr_model.score(X_train, y_train))#用训练集给模型评分
print(lr_model.score(X_test, y_test))#用测试集给模型评分

# 保存模型
with open('d:/data/lr_model.pkl', 'wb') as f:
    pickle.dump(lr_model, f)
```

◣ 本章小结

本章首先介绍了机器学习的基本概念和机器学习的流程，然后介绍 scikit-learn 机器学习库的安装与使用，以及利用 scikit-learn 库实现简单机器学习的程序。在机器学习的过程中，为了更好地观察数据分布，介绍了 Seaborn 绘图库的使用。最后通过 Iris 数据集机器学习案例，重点介绍使用 scikit-learn 进行机器学习的流程，同时，在项目实践中，根据波士顿房价数据集，分析了影响波士顿房价的因素，以及如何建立房价的预测模型。

◣ 思考练习

1. 简答题

（1）什么是机器学习？机器学习的基本流程是什么？

（2）机器学习的问题分为几类？每一类的机器学习问题中各有哪些算法？

（3）scikit-learn 库有什么作用？它的简称是什么？

（4）在 scikit-learn 中，数据是如何表示的？数据分为哪些部分？

（5）在机器学习中，什么是特征归一化？为什么要进行特征归一化？

（6）在 scikit-learn 中，特征归一化有几种方法？如何实现特征归一化？

（7）简述使用 scikit-learn 进行机器学习的流程。

（8）什么是超参数？为什么要调参？调参的方法有哪些？举例说明调参的作用。

（9）简述交叉验证的原理。

2. 编程题

（1）以 sklearn 自带的手写数字数据集 digits()为例，使用 scikit-learn 库对该数据集进行机器学习的训练，构建机器学习的预测模型。

（2）以 sklearn 自带的体能训练数据集 linnerud()为例，使用 scikit-learn 库对该数据集进行机器学习的训练，构建机器学习的预测模型。

第 10 章
电影数据分析项目

10

学习目标

① 了解电影数据分析项目。
② 熟悉电影数据分析流程。
③ 掌握数据预处理方法。

④ 掌握数据分析方法。
⑤ 掌握数据可视化方法。

10.1 项目描述

IMDB（Internet Movie Data Base，互联网电影数据库）是目前全球互联网中最大的一个电影资料库，在该电影资料库中有丰富的电影作品信息，包括影片演员、导演、电影题材、片长、剧情关键字、分级、评分等关于影片的基本信息，其中使用最多的就是 IMDB 的评分。

IMDB 创建于 1990 年 10 月 17 日，从 1998 年开始成为亚马逊公司旗下网站。IMDB 正式启动于 1993 年，目前已经成为互联网上第一个完全以电影为内容的网站。与之相似的国内网站有豆瓣网站。

在电影数据分析项目中，选择的数据集是从 IMDB 网站上抓取的 5043 部电影数据，该数据集称为 IMDB5000 部电影数据集，文件名为 movie_metadata.csv。在该电影数据集中包含有 28 个属性，4906 张海报，电影时间跨度超过 100 年，共有 66 个国家及地区的影片，并包括 2399 位导演和数千位演员的信息。其中，IMDB5000 部电影数据集的 28 个属性信息见表 10-1。

表 10-1　IMDB5000 部电影数据的属性信息

变量	描述
movie_title	电影片名
color	画面颜色
genres	电影题材
duration	电影时长
director_name	导演姓名
actor_1_name	男一号演员姓名
actor_2_name	男二号演员姓名
actor_3_name	男三号演员姓名
num_critic_for_reviews	评论家评论的数量
num_user_for_reviews	用户的评论数量
director_facebook_likes	脸书喜欢该导演的人数
actor_1_facebook_likes	脸书上喜爱男一号的人数
actor_2_facebook_likes	脸书上喜爱男二号的人数

续表

变量	描述
actor_3_facebook_likes	脸书上喜爱男三号的人数
gross	总票房
num_voted_users	参与投票的用户数量
cast_total_facebook_likes	脸书上投喜爱的总数
movie_facebook_likes	脸书上被点赞的数量
facenumber_in_poster	海报中的人脸数量
plot_keywords	剧情关键字
country	国家及地区
content_rating	电影分级
budget	制作成本
title_year	电影年份
imdb_score	IMDB 上的评分
movie_imdb_link	IMDB 地址
aspect_ratio	画布的比例
language	语言

要求根据 IMDB5000 部电影数据集进行下列数据分析。

（1）电影出品国及地区的情况分析。

（2）电影数量的分析。

（3）电影类型的分析。

（4）电影票房统计及电影票房相关因素分析。

（5）电影评分统计及电影评分相关因素分析

下面将根据数据分析的问题，利用 Jupyter Notebook 集成开发环境说明电影数据分析项目的操作步骤及相关程序代码。

10.2 准备数据

在项目描述中，已经阐述了 IMDB5000 部电影数据分析的具体要求，并介绍了电影数据集 "movie_metadata.csv" 的结构。在确定了数据分析问题后，下面的步骤是准备数据。

在准备数据中，主要的任务是导入 "movie_metadata.csv" 数据集，其程序代码如下。

```
In [1]: import pandas as pd
        import matplotlib.pyplot as plt
In [2]: #加载数据
        movies_df = pd.read_csv('d:/data/movie_metadata.csv',encoding="GBK")
In [3]: movies_df.head()      #输出默认前 5 行
In [4]: movies_df.info()      #输出 movies_df 的信息
        movies_df.describe()  #输出 movies_df 的基本统计量和分位数等值
```

10.3 数据清洗

当数据导入完成后，下一步要完成的工作就是数据清洗。在电影数据分析项目中，数据清洗的主要任务是对原始数据集进行缺失值和重复值的处理。其程序代码如下。

1. 统计每列缺失值个数

```
In [5]: column_null_number = movies_df.isnull().sum()
```

231

```
In [6]: print('每列缺失值个数','\n',column_null_number)
```

2. 删除任何含有缺失值的行

```
In [7]: movies_df_nonull = movies_df.dropna()
In [8]: print('每列缺失值个数','\n',movies_df_nonull.isnull().sum())
```

3. 删除重复数据

```
In [9]: movies_df_new = movies_df_nonull.drop_duplicates(keep='first')
```

4. 查看数据清洗后信息

```
In [10]: movies_df_new.count()
In [11]: movies_df_new.head()    #输出默认前5行
```

5. 输出 movies_df_new 的基本统计量和分位数等值

```
In [12]: movies_df_new.describe()
```

通过删除缺失值和重复数据，获得一个数据清洗后的"干净"数据 movies_df_new，有效数据记录为 3723 条。

10.4 数据分析与数据可视化

在电影数据分析项目中，数据分析主要内容和相关程序代码如下。

1. 电影出品国及地区的情况分析

（1）统计每个国家及地区出品的电影数量

```
In [13]: country_group = movies_df_new.groupby('country').size()
In [14]: country_group
```

（2）显示电影出品数量排名前 10 位的国家及地区

```
In [15]: group_head_10=country_group.sort_values(ascending=False).head(10)
In [16]: group_head_10
```

（3）绘制电影出品数量排名前 10 位的柱形图（见图 10-1）

```
In [17]: group_head_10.plot(kind = 'bar')
Out[17]
```

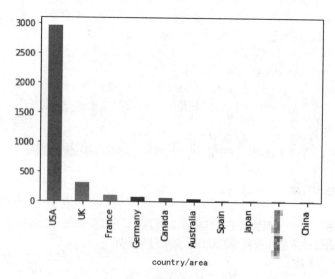

图 10-1　电影上映数量排名前 10 位国家及地区

2. 电影数量分析

（1）按年份统计每年的电影数量

```
In [18]: group_year= movies_df_new.groupby('title_year').size()
In [19]: group_year
```

（2）绘制每年的电影数量图形（见图 10-2）

```
In [20]: group_year.plot()
Out[20]
```

<matplotlib.axes._subplots.AxesSubplot at 0x8535e80>

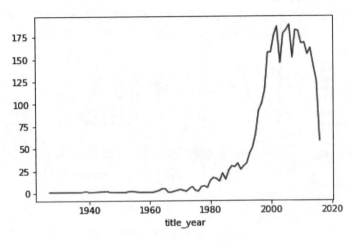

图 10-2　每年的电影数量

（3）按年份统计每年电影总数量、彩色影片数量和黑白影片数量并绘制图形（见图 10-3）

<matplotlib.legend.Legend at 0x8970630>

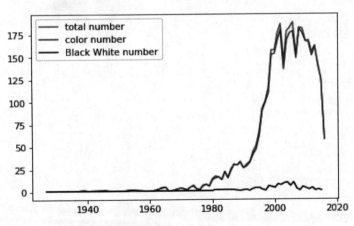

图 10-3　每年的电影总数量、彩色影片数量和黑白影片数量

```
In [21]: movies_df_new['title_year'].value_counts().sort_index().\
                    plot(kind='line',label='total number')
         movies_df_new[movies_df_new['color']=='Color']['title_year'].\
                    value_counts().sort_index().plot(kind='line',\
                    c='red',label='color number')
```

```
        movies_df_new[movies_df_new['color']!='Color']['title_year'].\
                value_counts().sort_index().plot(kind='line',c='black',\
                                label='Black White number')
        plt.legend(loc='upper left')
Out[21]
```

3. 电影类型的分析

根据电影数据集中影片类型属性的格式，如"Action|Adventure|Fantasy|Sci-Fi"可见，影片类型是由表示影片类型关键字组成，每个影片类型关键字用"|"分隔符分隔。

（1）计算不同类型的电影数量

首先用 for 循环语句遍历 movies_df_new 数据框中电影类型（Genres）列，用 split()分隔该列中的每一行的字符串，并将分隔的字符串保存到 types 列表中，然后将列表转换成 types_df 数据框，再计算每一个电影类型数量。

```
In [22]:types = []
        for tp in movies_df_new['genres']:
            sp = tp.split('|')
            for x in sp:
                types.append(x)
            types_df = pd.DataFrame({'genres':types})
In [23]: types_df_counts = types_df['genres'].value_counts()
In [24]: types_df_counts
Out[24]: Drama          1876
         Comedy         1455
         Thriller       1105
         Action          951
         Romance         851
         Adventure       773
         Crime           704
         Fantasy         504
         Sci-Fi          492
         Family          440
         Horror          386
         Mystery         378
         Biography       238
         Animation       196
         War             150
         Music           149
         Sport           147
         History         147
         Musical          96
         Western          57
         Documentary      45
         Film-Noir         1
         Name: genres, dtype: int64
```

（2）绘制不同类型的电影数量图形（见图 10-4）

```
In  [25]: types_df_counts.plot(kind='bar')
          plt.xlabel('genres')
          plt.ylabel('number')
          plt.title('genres&number')
```

```
Out[25]
```

Text(0.5, 1.0, 'genres&number')

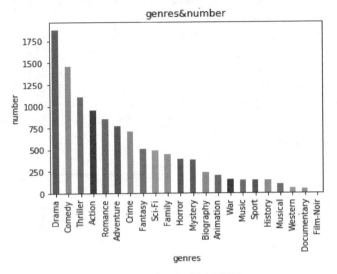

图 10-4　不同类型的电影数量

（3）绘制各个电影类型的比例饼图（见图 10-5）

```
In [26]: b1 = types_df_counts/types_df_counts.sum()
         explode = (b1>=0.06)/20+0.02
         types_df_counts.plot.pie(autopct='%1.1f%%',figsize=(8,8),\
                            label='',explode=explode)
         plt.title('Movie Type Proportional Distribution Map')
Out[26]
```

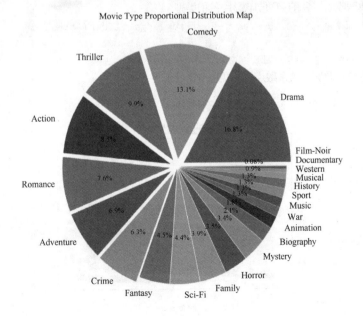

图 10-5　电影类型的分布比例

4. 电影票房统计及电影票房相关因素的分析

（1）每年票房统计

```
In  [27]: year_gross = movies_df_new.groupby('title_year')['gross'].sum()
```

（2）绘制每年票房统计图（见图10-6）

```
In  [28]: year_gross.plot(figsize=(10,5))
          plt.xticks(range(1915,2018,5))
          plt.xlabel('year')
          plt.ylabel('gross')
          plt.title('year&gross')
Out[28]
```

Text(0.5, 1.0, 'year&gross')

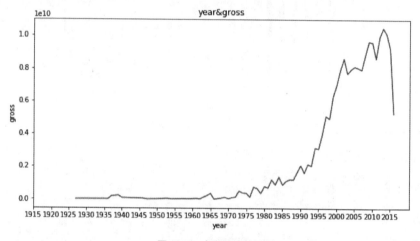

图10-6　每年票房统计图

（3）查看票房收入排名前20位电影片名和类型

```
In  [29]: movie_grose_20 = movies_df_new.sort_values(['gross'],\
                                          ascending=False).head(20)
In  [30]: movie_grose_20[['movie_title','gross','genres']]
```

（4）电影评分与票房的关系散点图（见图10-7）

Text(0.5, 1.0, 'imdb_score&gross')

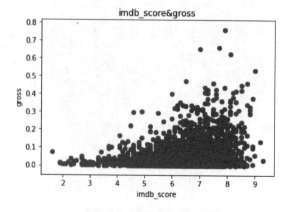

图10-7　电影评分与票房的关系

```
In [31]: plt.scatter(x= movies_df_new.imdb_score,y= \
                      movies_df_new.gross/1000000000)
         plt.xlabel('imdb_score')
         plt.ylabel('gross')
         plt.title('imdb_score&gross')
Out[31]
```

（5）电影时长与票房的关系散点图（见图 10-8）

```
In [32]: plt.scatter(x= movies_df_new.duration,y= \
                      movies_df_new.gross/1000000000)
         plt.xlabel('duration')
         plt.ylabel('gross')
         plt.title('duration&gross')
Out[32]
```

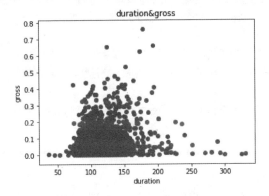

图 10-8　电影时长与票房的关系

5. 电影评分统计及电影评分相关因素分析

（1）显示在 IMDB 网站上评分排名前 20 位电影的片名和评分。

```
In [33]: movie_score_20 = movies_df_new.sort_values(['imdb_score'],\
                                              ascending=False).head(20)
In [34]: movie_score_20[['movie_title','imdb_score']]
```

（2）评分与受欢迎程度的关系散点图（见图 10-9）

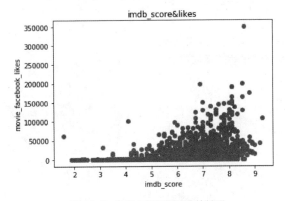

图 10-9　评分与受欢迎程度的关系

```
In [35]: plt.scatter(x= movies_df_new.imdb_score,y= \
                     movies_df_new.movie_facebook_likes)
         plt.xlabel('imdb_score')
         plt.ylabel('movie_facebook_likes')
         plt.title('imdb_score&likes')
Out[35]
```

6. 分析总结

（1）电影高产地区主要集中在欧美。

（2）电影产业的高速发展始于20世纪90年代，彩色电影发展迅速，其中剧情片（Drama）、喜剧片（Comedy）、惊悚片（Thriller）、动作片（Action）、爱情片（Romance）是所有电影类型中产量较高的几种类型。

（3）电影票房收入从20世纪90年代后高速增长。

（4）票房收入排名前20位的电影主要有《阿凡达》《泰坦尼克号》《侏罗纪世界》和《复仇者联盟》等，类型主要为科幻、爱情、动作和冒险类，说明这类电影一般情况能产生较高的票房收益。

（5）评分前20位的电影主要有《肖申克的救赎》《教父》《蝙蝠侠：黑暗骑士》《教父2》和《黄金三镖客》等。

（6）评分与受欢迎程度之间相关性不是很明显，但是大部分受欢迎度高的影片，评分也是高的。

（7）从电影时长与票房的关系可见，电影时长过短或过长票房效果都不佳，一般电影时长在90～160分钟最佳。

（8）评分与票房之间相关性不是很明显，但是大部分评分高的影片，票房基本上也较高。

◤ 本章小结

本章通过IMDB5000部电影数据分析项目，介绍数据分析的流程、数据预处理方法，以及数据分析与数据可视化的方法，并通过数据分析结果获得数据分析的相关结论。

◤ 思考练习

编程题：利用IMDB5000部电影数据集进行下列数据分析。

（1）电影时长与受欢迎程度的关系分析。

（2）评分排名前20位的导演。

（3）拍摄电影数最多的前10位导演。

（4）票房排名前10位的导演。

（5）票房排名前5位的男一号演员姓名。

（6）排名前10位最受欢迎的男一号演员。

参考文献

[1] Ivan Idris. Python 数据分析基础教程：NumPy 学习指南[M]. 2 版. 张驭宇，译.北京：人民邮电出版社，2014.

[2] Fabio Nelli. Python 数据分析实战[M]. 杜晓春，译. 北京：人民邮电出版社，2016.

[3] Wes McKinney. 利用 Python 进行数据分析[M]. 唐学韬，译. 北京：机械工业出版社，2014.

[4] 黄红梅，张良均. Python 数据分析与应用[M].北京：人民邮电出版社，2018.